위해분석 기반

식품 위해관리 개론

강 길 진 지음

光 文 閣
www.kwangmoonkag.co.kr

머리말

식품 안전관리 분야는 식품 제조 · 가공, 식품영양과 함께 식품에 있어서 필수불가결한 학문이다. 식품 분야 기술 자격(면허)증도 식품(제조)기사, 영양사, 식품안전(위생) 관리사로 나누고 있다. 하지만 식품안전 관련 교육은 식품가공이나 식품영양보다는 다소 열악한 상태가 아닌가 싶다. 주 전공 서적도 《식품위생학》, 《식품위생법규》, 《HACCP 제도》, 그리고 일부 식품 독성학 정도이다. 이 책 《식품 위해관리 개론》은 식품 안전관리에 한 차원 높은 교육을 위해 식품위생학과 HACCP를 기초로 하여 실제로 실무에 적용할 수 있도록 하였으며, 특히 식품 위해관리 전문가로서의 자질을 갖출 수 있는 내용으로 하려고 노력하였다.

식품안전은 우리가 섭취하는 식품이 인체에 위해우려가 발생하지 않도록 농장에서 식탁까지 모든 식품 처리 과정에서 위해요소의 오염과 발생을 방지하는 것이다. 이를 위해 정부는 관련 규정과 절차 등을 정하고, 식품산업계(취급자)는 이를 따르도록 하고 있다. 산업계는 정부의 규정만 지킨다고 식품안전을 확보했다고 볼 수 없으며, 스스로 식품안전을 위해 HACCP 도입 등 자체 노력을 하여야 한다. 따라서 식품의 위해관리는 정부와 산업계가 손을 맞잡고 공동으로 협력할 때만이 완벽하게 이루어진다.

한편, 식품의 생산 · 제조 · 유통 과정에서 경제적 이익을 목적으로 위해요소를 의도적으로 사용하거나 관리를 소홀히 하는 것은 식품안전이나 식품 위해관리와는 다소 거리가 먼 범죄나 테러로서 형사적 범법 행위이다. 이는 식품위생이나 식품안전이라는 범위를 벗어난 하나의 식품 방어 체계로서 관리한다.

여기서 다루는 내용은 식품에 존재할 수 있는 위해요소로부터 인체 위해 우려를 최소화할 수 있는 식품의 위해관리에 대한 것이다.

그 첫 번째가 식품의 위해관리 기본 원칙은 식품 중 유해물질 검출 유무가 아닌, 검출된 해당 식품 섭취로 인한 유해물질의 인체 유입되는 양이 중요하다는 것이다. 식품 중 검출량이 다소 높다 할지라도 소비자가 섭취하는 양이 적다면 우리 몸에 유입되는 유해물질 양은 미미할 뿐이다.

유해물질이 식품에 존재할 경우 존재하는 함량과 그 식품 섭취량, 그리고 그 물질의 독성 정도에 근거하여 인체 위해 여부(위해평가)를 따져서 관리한다. 즉 식품 중 유해물질은 검출량(함량) 관리에서 식품 섭취로 인한 인체 노출량으로 관리하는 것이다.

식품으로 인한 유해물질의 인체 노출량 관리는 우선, 식품 중 유해물질, 즉 위해요소의 위해 정도를 결정하여 인체 건강을 해할 우려가 있는 경우는 식품의 섭취를 금지시키고, 그다음은 식품을 통한 위해요소가 인체에 위해 우려가 없도록 허용기준(잔류허용기준, 최대 기준 등)을 설정하여 기준을 초과한 식품을 차단시키고, 마지막으로 식품의 생산, 제조, 저장, 저장, 유통 중 위해요소의 잔류나 오염, 생성 등을 경감시켜 최소화할 수 있는 관리기준으로 사전에 위해요소를 차단시킨다. 이로써 인체로 들어오는 유해물질의 양, 즉 노출량이 최소화되도록 관리하는 것이다. 한편, 식품 중 유해물질의 안전관리도 식품에서 검출 유무가 아닌 과학적 평가를 통하여 안전 여부를 따지고 있다는 것을 소비자들이 이해하는 데 도움이 되었으면 하는 바람이다.

두 번째는 식품의 안전성 평가에 대한 이해이다. 먼저 독성평가는 원료에 대하여 식용 여부를 결정하고, 부득이하게 식품에 존재할 수 있는 위해요소에 대해서는 그 독성을 결정하여 그 식품에 어느 정도 허용해도 되는지를 결정하는 기준(인체 노출 안전기준)을 제시한다. 그다음으로 위해요소의 독성 정도(인체 노출 안전기준)를 따져서 식품에 어느 정도 허용할 것인가를 결정(위해평가)하고 식품별로 위해요소별 한계(안전)기준을 설정하여 관리한다. 그리고 마지막으로 식품에 대한 위해요소의 안전기준 준수 여부를 시험검사로 평가(규정평가)하여 위해요소를 관리한다.

지금까지는 식품 위해관리의 대부분이 화학적 위해요소에 대한 것이었다면 향후에는 기후 변화 등에 따라 생물학적 위해요소에 대한 것이 늘어날 전망이다. 기후 변화 등 환경 변화뿐만 아니라 저출산 고령화로 소비 패턴의 변화, 제4차 산업혁명으로 신소재 식품의 등장에 의한 다양한 위해요소들은 미래 사회에서 식품 안전을 위협하고 있다. 기후 변화에 따른 기온 상승으로 새로운 세균, 곰팡이, 바이러스 등의 미생물이 출현하여 질병이나 식중독을 일으킬 가능성이 높아졌다. 또한, 해수의 기온상승과 염분 상승에 따른 신종 미생물 출현, 기생충 증가, 어패류의 독소 생성 등에 따른 식품에 대한 위해는 지속적으로 증가할 것 같다. 앞으로 생물학적 위해요소에 대한 위해관리가 중요해졌다.

이 책은 그동안 식품을 연구하고 식품안전 관련 업무를 수행하면서 식품산업계 일선 현장의 식품 취급자나 식품안전 정책을 수행하는 분들에게 조금이나마 도움이 되었으면 하는 마음으로 그동안의 경험을 바탕으로 저술하였다. 한편, 학계에서도 식품안전 전문가를 배양하는데 조금이나마 도움이 되었으면 하는 바람이다. 다소 미흡하고 부족한 부분이 있더라도 양해해 주시고 앞으로 좀 더 체계적인 내용이 되도록 고언을 부탁드리고 싶다. 끝으로 어려운 출판 환경에도 흔쾌히 이 책을 출판해준 광문각 박정태 회장님과 임직원들에게 고마움을 전한다.

목차

1 | 식품안전과 위해관리

2 | 식품 위해분석

3 | 식품 안전성 평가

4 | 식품 위해관리 기준

5 | 식품 중 유해물질 위해관리

6 | 식품 생산 · 제조 · 유통 단계별 위해관리

7 | 식품의 안전성 확보 절차

부 록

CHAPTER 01

식품안전과 위해관리

1. 식품안전의 이해

   1) 식품위생과 안전성

   2) 식품안전과 식품방어

2. 식품 위해관리

   1) 위해분석기반 위해관리

   2) 사전예방 위해관리

   3) 식품사고 위해관리

CHAPTER 01

식품안전과 위해관리

1. 식품안전의 이해

1) 식품위생과 안전성

- 식품위생(food hygiene) : 식품 중 위해요소를 관리(안전성)하고 인간이 섭취하는 식품의 적합성(품질)을 추구하기 위해 필요한 조건과 수단(법령, 규정, 조치). 즉 식품의 안전성과 적합성을 확보하고 이를 보장하기 위한 수단과 방법
- 모든 식품 사슬 과정에서 식품의 안전성과 적합성은 보장되어야 한다.

㉠ 식품 안전성(food safety) : 식품을 만들어(생산, 제조, 조리 등) 섭취함에 있어, 식품의 무해성과 소비자 건강에 나쁜 영향을 미치지 않음을 보장하는 것

㉡ 식품 적합성(food suitability) : 식품의 고유 특성(맛, 향, 식감, 외형 등 성상)에 관한 것으로, 소비자가 식품을 섭취함에 있어, 허용 가능한 품질(식품의 소비자 수용성)을 보장하는 것

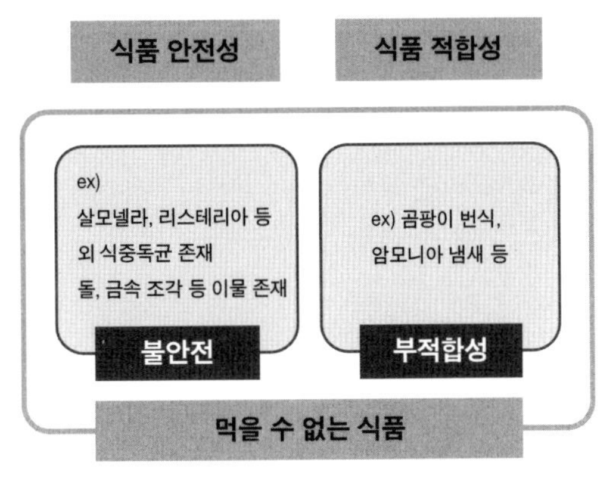

[그림 1-1] 식품위생 모식도

세계보건기구(WHO)에서는 식품위생을 식품 원료의 재배 · 생산 · 제조로부터 유통 과정을 거쳐 최종적으로 사람에게 섭취되기까지의 모든 단계에 걸친 식품의 안전성(Safety), 건전성(Soundness), 완전성(Wholesomeness)을 **확보하기 위한 모든 수단**이라고 정의하고 있다.

식품의 안전성은 인체 유해 여부를 따지는 철저한 과학에 기반한 것이다. 반면 건전성과 완전성은 식품으로서의 가치를 따지는 것으로 손상, 결점, 병충해 등으로 부터 품질이 온전해야 하고 영양, 건강, 기호성 등의 건강 유지를 위한 유용성이 확보되는 것을 말한다.

(1) 식품 안전성(food safety)

식품의 생산 유통 소비의 모든 단계(개발, 생산, 제조, 저장, 운송, 유통, 소비)에서 모든 위해요소(hazards)를 관리하는 것이다. 즉 위해요소(hazards)를 확인, 분석, 평가하고 허용 가능한 수준으로 관리하는 것이다.

이처럼 식품의 안전성 확보를 위한 위해관리는 식품 중 위해요소에 대하여 위해평가 결과나 기타 영향 요소들을 검토하여 적절한 예방책과 관리 대안을 마련하여 위해요소를 안전하게 관리하는 것이다.

1 **유해물질, 위해요소(Hazard)** : 잠재적으로 건강에 나쁜 영향을 미칠 수 있는 생물학적, 화학적, 물리적 인자(물질, 성분), 위해를 야기시키는 위협적 요소들이다. 흔히 화학적 위해요소는 유해물질이라 부른다.

2 **식품 안전성(food safety) 평가** : 식품생산 유통 소비의 모든 단계(개발, 생산, 제조, 저장, 운송, 유통, 소비)에서 모든 위해요소(hazards)를 확인, 분석, 평가하고 이 위해요소가 함유 또는 오염되어 있는 식품을 섭취 시 인체 건강에 얼마나 나쁜 영향을 미칠지를 밝혀내는 것이다.

2) 식품안전과 식품 방어

식량 안보는 모든 사람이 항상 건강하고 활동적인 삶을 위하여 식품을 섭취하는 데 있어서, 물리적 경제적으로 충분하고, 안전하고, 영양가 있는 식품을 확보하는 것이다. 안전한 식량의 확보(식품 보호 시스템)는 식품 안전 체계와 식품 방어 체계에 의해 이루어질 수 있다.

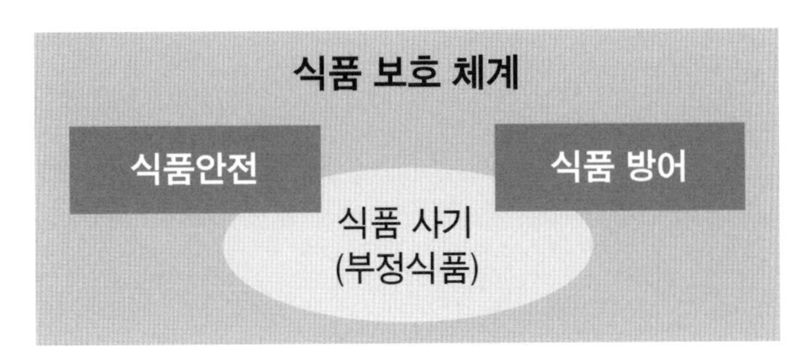

[그림 1-2] 식품 보호 체계

식품의 완벽한 안전성 확보를 위해서는 불량(不良)식품을 차단하는 식품안전 체계와 부정(否定)식품(식품 사기)을 차단하는 식품 방어 체계의 차이를 알아야 한다.

[표 1-1] 식품안전과 방어 체계

	식품안전 체계	식품 방어 체계
식품 안전 시스템	실패, 실수 (불량식품)	사기, 공격, 위험 (부정식품)
위해요소	주로 알려진 물질	예기치 않은 물질
위해수준	저농도(수준)	고농도(수준)
규정	규정내 존재 (기준규격 적부로 판단)	규정 밖 존재 (의도적 사기여부 판단)
발생 현상	있을 법함	있을 것 같지 않음
벌칙	행정 체제	범죄적 처벌
행위	비의도적	의도적
목적		경제적 이익, 테러

불량식품과 부정식품은 모두 규정을 어긴 식품으로 정상적으로 유통될 수 없는 것 들이다. 그러면 이들 차이는 무엇일까? 식품의 안전관리는 불량식품과 부정식품을 근절시키는 일이고 그 방법은 조금씩 다르다.

불량식품은 관련 규정을 지키기 위해 노력하였으나 의도하지 않게 정상의 궤도를 벗어나 규정을 어긴 식품을 말한다. 반면 부정식품은 경제적 이익이나 테러 등의 목적을 가지고 의도적으로 부정(사기)하게 만든 식품을 말한다. 따라서 위해성도 불량식품보다는 부정식품이 클 수 있으며, 행정 벌칙 또한 부정식품이 강하다. 이들의 관리 방법은 고의적으로 부정하게 제조한 부정식품의 경우, 위해평가 등의 과학적 기반으로 관리하는 것이 무의미하며, 원천적 저지를 위한 식품 방어 체계가 필요하다. 반면 불량식품의 경우 위해분석 등을 통하여 과학적 기반으로 관리할 수 있는 식품안전관리 체계로 관리한다. 즉 국가에서는 안전관리 제도를 만들고, 회사에서는 관련 규정(제도)에 따라 안전한 식품을 제조 · 유통한다.

식품 사기(부정식품)는 부분적 대체(희석 등), 완벽한 대체(기름치를 참치로 대체), 미승인 첨가물에 의한 인위적 품질 조작(발암물질 색소에 의한 명란젓갈 제조, 과산화수소로 표백한 오징어채 등), 허위 표시 · 광고, 오염식품 의도적 유통(유통기한 경과 원료로 제조, 상한 고기 원료 사용 떡갈비 제조 등), 상표명 사기, 원산지 오기(페루산 진미채를 국산, 중국산 쌀을 국산 등), 품질의 마스킹, 위조(타르색소 사용 흰깨를 흑참깨로 둔갑), 무허가 제품 생산, 조작(가짜 참기름, 가짜 벌꿀 등) 등 경제적 이익을 위해 의도적으로 행하는 부정행위이다. 이러한 부정한 행위는 선진국보다는 후진국으로 갈수록 심하게 나타나는 현상이 있다.

(2) 식품안전 정책과 식품 방어 정책의 차이

식품의 관리 시스템은 식품의 위해를 분석하고 관리하는 식품안전 정책과 식품의 테러 위협에 대비하고 경제적 이익을 위해 의도적으로 부정(사기)한 행위를 관리하는 식품 방어 정책으로 나누어 관리되고 있다.

식품안전은 과학적 위해분석을 통하여 통제되고 관리된다. 그러나 식품 방어는 의도적인 식품 테러나 식품 사기를 통제하는 범죄행위 대처로 과학적인 식품 위해관리와는 거리가 멀다 할 수 있다.

식품안전 정책은 모두 식품 위해관리에 집중될 수밖에 없다. 정부의 정책은 새로 개발한 신 식품의 안전성 평가라든지, 환경오염에 의한 유해물질의 식품에 이행 축적되는 것을 최소화할 수 있는 방안, 새로운 식품 제조 기술에 대한 안전성 평가, 식품 매개 질환을 예방할 수 있는 예방 시스템 구축 관리, 신종 발생 유해물질이나 유해 미생물에 대한 관리 방안 등의 안전성을 확보할 수 있는 방안을 만들어 실행하고 관리한다.

2. 식품 위해관리

유해물질과 자동차의 위해관리

자동차는 우리의 일상에서 하루라도 없어서는 안 되는 필수불가결한 교통수단이면서 하나의 위해요소이다. 위해요소인 자동차를 잘 관리해야만 사고가 나지 않는다. 자동차의 위해관리는 어떻게 하고 있는지는 잘 알 것이다. 먼저 타이어만 보더라도 타이어가 많이 닳았는지, 펑크는 나지 않았는지, 공기압은 적절한지 등을 관리해야 한다. 이들이 관리되지 않으면 타이어는 펑크가 날 수 있고, 펑크가 나면 교통사고가 나고 이로 인해 죽을 수도 있다.
식품 속의 유해물질도 마찬가지다. 식품 속의 유해물질은 하나의 위해요소이다. 이를 잘 관리하면 전혀 문제가 없지만, 잘 관리되지 않으면 자동차의 타이어가 펑크 나서 사고로 사망할 수도 있는 것처럼 위해할 수 있다. 자동차의 타이어 등을 관리하는 것처럼 식품 속의 유해물질도 인체에 과도하게 노출되지 않도록 관리하는 것이다. 유해물질을 위해하지 않은 수준으로 관리하기 위하여 기준을 설정하여 관리하고, 생산 환경이나 제조 공정에서의 위해요소에 대한 저감화를 추진하고, 소비자는 하나의 위해요소가 과도하게 섭취되지 않도록 식품의 섭취를 편식이 아닌 골고루 먹는 식습관을 갖도록 한다. 농약이나 식품첨가물도 식품 생산 · 제조에 필수불가결하게 사용하는 물질로 자동차와 마찬가지로 위해요소이다. 하지만 잘 관리될 수 있는 물질만 농약이나 식품첨가물로 허가하고 절차에 따라 농약은 사용 기준과 휴약 기간을 지키고, 식품첨가물도 사용 기준을 잘 관리하면 전혀 문제가 되지 않는다. 그러나 정해진 룰(규칙)에 따라 관리하지 않으면, 즉 자동차 신호등을 안 지키는 것처럼 언제든지 사고가 날 수 있기 때문에 정부는 규정을 만들고, 그 규정을 잘 지키도록 강제하고 그 규정을 지키는지를 관리하는 것이다.

1) 과학 기반 식품 위해관리

사회나 환경에 나타나는 현상을 데이터화해서 분석 · 평가하고 수치화하여 막연한 주관적 상황 파악이 아니라 객관적인 상황 파악을 통하여, 그 수치를 가지고 목표를 정하여 수치를 증가시킬 것인지 감소할 것인지 유지할 것인지의 정책을 수행한다. 그리고 수치화된 목표치 도달 정도를 계속 검증하고 피드백하여 정책 수행을 완성하는 것이 과학(통계) 기반 정책 수행인 것이다.

사회·환경 현상 → 통계화(통계 생산, 통계 처리) → 과학적 분석·평가→ 상황 파악 → 의사결정 → 정책 생산 → 정책 집행 → 정책 검증 및 피드백

※ 사회 현상 → 통계화 → 상황 파악 : 오피니언 마이닝(opinion mining)

과학 기반 식품 위해관리 정책 수행 과정 예시
(중금속 유출 폐광 지역 증가에 따른 중금속 안전관리 대책)

㉠ 사회·환경 현상 : 최근 폐광산의 증가로 우리국민들의 과도한 중금속 축적으로 인한 건강위해가 우려된다.

㉡ 통계화(데이터 생산 전문가) : 우리 국민의 중금속 노출량 파악을 위한 식품별 중금속 함량 모니터링 및 폐광 지역 토양 등 오염도 조사(시험분석 전문가)

㉢ 과학적 분석·평가 : 식품별 중금속 함량 모니터링 결과에 근거한 국민의 중금속 인체 총 노출량 평가(위해평가 전문가)

㉣ 상황 파악 : 폐광산으로 인한 우리 국민들의 중금속 축적이 건강 위해 우려 수준인지 평가(위해평가 전문가)

ⓜ 의사결정 : 인체 노출량이 높아 위해 우려에 영향을 줄 가능성이 있는 중금속 및 폐광에 대한 관리 필요성 정책 결정(기술 행정가, 일반 행정가)

ⓑ 정책 생산 : 식품중 중금속을 관리하는 정책으로 중금속 함량이 높고 자주 섭취하는 식품에 기준 설정 관리, 폐광 지역 누수 방지 등 폐광 관리 방안 강구, 폐광 지역의 중금속 저감화 추진(농지에 대한 복토 등), 오염된 폐광 지역 농산물 재배지 금지(중금속 저감화 후 재배 허용) 등 정책 마련(기술 행정가, 일반 행정가)

ⓢ 정책 집행 : 중금속 기준이 설정된 식품에 대한 수거 검사 후 기준 적합한 식품만 유통하도록 관리 등 정책 수행(시험분석 전문가 등)

ⓞ 정책 검증 및 피드백 : 정책 집행 후 식품 중 중금속 함량이 낮아졌는지, 인체 총 노출량이 감소되는지를 확인하고 변화가 없거나 증가했을 경우 정책 추진 강화 또는 재결정 등 추진(시험분석 및 위해평가 전문가, 행정가)

(1) 식품 위해관리의 기본 원칙

식품의 위해관리 순서는 먼저, 식품 중 문제가 되는 위해요소의 종류를 파악하고, 두 번째로, 파악한 위해요소가 식품 중 어떤 경로로 유입되어 어떻게 존재하는지를 파악하고, 세 번째로, 식품 중 위해요소의 함유량을 분석한다. 네 번째로, 식품에 존재하는 위해요소가 인체에 미치는 위해 정도를 평가하여, 마지막으로 그 위해 정도에 따라 관리 방법을 마련한다.

식품의 위해관리는 위해분석(위해평가, 위해관리, 위해전달)에 기반한 과학적 방법으로 방안을 마련하여 관리한다.

위해관리의 방안 마련을 위한 일반 절차

위해요소의 종류 파악 → 위해요소의 식품 중 유입 경로 파악 → 식품 중 위해요소의 탐색(분석) 및 함유량 조사 → 식품 중 위해요소의 인체 위해 정도 평가(위해평가) → 위해요소의 관리 방법 마련

위해 기반 식품의 안전관리 기본은 첫째, 식품 중 유해물질, 즉 위해요소의 위해 정도를 평가하여 인체 건강을 해할 우려가 있는 경우는 식품의 섭취를 금지시키고, 둘째, 식품을 통한 위해요소가 인체 허용 가능 수준으로 섭취할 수 있도록 식품별 허용기준(잔류허용기준, 최대기준 등)을 설정하여 위해우려 식품을 통제시키고, 셋째, 식품의 생산, 제조, 저장, 저장, 유통 중 위해요소의 잔류나 오염, 생성 등을 경감시켜 최소화할 수 있는 관리기준을 설정하여 사전에 위해요소를 차단시키는데 있다.

위해요소의 관리는 식품의 생산 · 제조 · 조리 등을 하기 전에 위해요소의 제거, 오염 방지 또는 저감화를 시킬 수 있는 사전 예방적 관리와 완성(생산 · 제조 · 조리)된 식품을 소비자가 섭취하기 전에 관리하는 방법으로 나눌 수 있다. 따라서 이 둘의 위해관리 방법은 사전 예방적 위해관리와 사후 위해관리로 차이가 있다.

[표 1-2] 예방적 위해관리와 사후 관리

	예방적 위해관리(사전 관리)	최종 식품 위해관리(사후 관리)
관리 대상	완성(생산 · 제조 · 조리)되기 전 식품	완성(생산 · 제조 · 조리)된 식품
관리 단계	생산 · 제조 · 조리 단계	소비 · 유통 단계
관리 목표	영업자의 생산 · 제조 · 조리 과정에서 안전관리 기준 준수	소비자의 섭취 전 최종 안전성 확인
	완성된 식품에서 위해요소의 기준이 충족할 수 있도록 관리	생산 · 제조 · 조리 단계에서 위해관리를 잘 이루어졌는지 확인
관리 도구	사전 예방적 위해관리 기준	사후 관리 차원 위해관리 기준
	제조 가공 기준, 보존 및 유통 기준, 위생적 취급 기준, 시설 기준 등	위해요소 안전 기준, 식품별 기준 규격 설정, 식품첨가물 사용 기준, 표시 기준 등
점검 방법	제품 생산 전 과정에서 영업자가 안전관리 기준(준수사항)을 준수하여 생산하는 지를 현장 점검 · 업체는 위해예방관리 계획(HACCP 등)에 따라 점검	완제품이 기준 및 규격에 적합하는 지를 수거검사로 안전성 확인 · 업체는 유통 전 자가 품질검사

(2) 위해분석 기반 식품 위해관리

1 정부의 식품 위해관리

정부의 위해관리 절차는 위해 정보를 파악하고 각 위해요소에 대한 위해평가를 통하여 위해관리 방안을 마련하고 위해 정보의 상호 소통으로 정책을 수행한다.

① 위해정보 파악 : 식품 산업체, 소비자(단체), 정부(국가, 지자체), 시험검사기관, 외국 기관 등

② 위해평가 : 식품 중 위해요소 확인(식품 중 위해요소 함유량, 식품 섭취량) 및 위해수준 평가(위해요소의 독성 특성, 위해요소 인체노출량)

③ 위해관리 방안 마련

- 인체 노출로 중대한 건강 이상을 초래할 가능성이 있는 식품 ⇒ 유통 차단
- 위해요소를 최소화하고 방지할 수 있는 최소 허용 수준 등의 관리 기준(위해요소 안전 기준, 식품별 기준 규격, 제조 가공 기준, 보존 및 유통 기준, 위생적 취급 기준, 시설 기준 등) 마련

④ 위해정보 소통

- 소비자, 산업계, 전문가 등과 위해평가 결과에 따른 위해관리 방안 결정 시 상호 소통
- 위해관리 방안이 결정되면 소비자, 산업계 등에 정보 전달

⑤ 위해관리 : 위해관리 방안에 따른 조치, 지속적 모니터링 등 사후 관리

정부는 식품안전관리 정책을 마련하고 업체가 이를 준수하도록 하여 소비자가 안전한 식품을 섭취하도록 아래와 같은 위해관리 수단을 강구한다.

정부의 식품 위해관리 수단

㉠ 식품 생산 · 제조 · 유통 단계 위해관리 규정
- 제조 가공 기준, 보존 및 유통 기준, 위생적 취급 기준, 시설 기준 등
- GAP, GMP, HACCP 적용을 위한 지침 등

㉡ 최종 제품의 위해관리 규정
- 위해요소 안전 기준, 식품별 기준 규격, 표시 기준 등

ⓒ 식품 제조 · 유통 · 조리 등 관련 업체에 대한 현장 점검

- 제조 가공 기준, 보존 및 유통 기준, 위생적 취급 기준, 시설 기준 등

ⓔ 유통 전 수입식품 검사

- 위해요소 안전 기준, 식품별 기준 규격, 표시 기준 등

ⓜ 수입 전 외국 제조업체 현지 실사

- 제조 가공 기준, 보존 및 유통 기준, 위생적 취급 기준, 시설 기준 등

ⓑ 국내 유통 식품의 수거검사

- 위해요소 안전 기준, 식품별 기준 규격, 표시 기준 등

2 식품 산업계의 식품 위해관리

식품의 안전관리는 이제 정부 주도의 관리에서 영업자 중심으로, 사후 관리에서 사전 예방적 관리로 전환되고 있다. 즉 영업자 주도로 예방 관리를 하도록 하는 것으로 HACCP이 대표적인 예이며, 최근 미국의 식품 안전 계획, 우리나라의 위해 예방 관리 계획 등이 그러한 제도이다. 미국의 식품 안전 계획은 영업자가 위해요소 분석을 통하여 위해 기반 예방 관리 계획을 세워 이행하도록 하는 제도이고, 우리나라 위해 예방 관리 계획도 이와 유사하다.

식품 제조업체는 식품 제조 시설, 제조, 포장, 저장 유통 등 각 과정별 위해요소 분석을 통하여 주요 지점에서 위해요소를 제거하거나, 위해요소가 오염되는 것을 방지하거나, 위해요소를 최소화할 수 있도록 중점적으로 관리하는 예방적이고 과학적인 위해관리 기준을 운영한다. 이러한 기준을 식품안전관리기준(HACCP)이라고 하여 정부에서는 업체별 단계적으로 의무 적용하도록 하고 있다. 의무 적용 대상이 아닌 업체에 대해서는 위해예방관리 계획(HACCP plan)을 마련하여 운영하도록 하고 있다.

위해 기반 사전 예방적 안전관리 절차

ⓐ 식품 제조 시설, 제조, 포장, 저장 유통 등 각 과정별 위해분석

ⓛ 각 과정별 위해요인 분석 : 원인 분석

- 유해요소 탐색 : 화학적(유해 화학물질), 생물학적(유해 미생물 등), 물리적(이물 등)
- 유해요소 위해 특성 확인

ⓒ 위해 허용 가능 수준 분석

ⓔ 위해관리점 결정

ⓜ 위해관리 기준 설정 관리

ⓗ 위해관리 기준 관리 : 모니터링, 기준 이탈 시 시정 조치, 기록

미국에서는 식품안전관리기준(HACCP)과 유사한 식품안전계획(Food safety plan)을 단계별 의무적으로 제출하고 이행하도록 하고 있다.

이러하듯 식품의 원료 관리 및 제조 · 가공 · 조리 · 유통의 모든 과정에서 위해한 물질이 식품에 섞이거나 식품이 오염되는 것을 방지하기 위하여 각 과정의 위해요소를 확인 · 평가하여 중점적으로 관리하는 사전 예방적 위해관리는 식품 제조업체의 필요불가결한 도구이다.

식품 산업계의 위해 예방관리는 자체적으로 위해 예방 계획을 수립하여 시행함은 물론이고, 정부에서 정한 규정에 따라 생산 · 제조 · 유통 · 조리하고, 최종 제품은 식품의 기준 및 규격에 적합하도록 위생적이고 안전한 식품을 생산하게 위하여 아래와 같은 위해관리 수단을 강구하여야 한다.

① 위해 기반 예방적 위해관리

- 식품 제조 과정에서 발생할 수 있는 위해요소를 중점적으로 관리
- 위해요소를 확인 분석하여, 제조 과정 중 위해요소의 관리점을 결정하고, 최소한의 한계기준을 설정하여, 한계기준을 준수할 수 있도록 관리(가열 온도, 시간, 이물 등)

② 정부에서 규정한 위해관리 규정 준수

- 제조 가공 기준, 보존 및 유통 기준, 위생적 취급 기준, 시설 기준 등
- 위해요소 안전 기준, 식품별 기준 규격, 표시 기준 등

③ 자체적 최종 유통식품의 품질검사

2) 사전 예방 위해관리

식품의 위해관리는 크게 사전 예방적 위해관리와 재발 방지를 위한 사후 조치 차원의 위해관리로 나누어 이루어진다. 식품의 위해관리는 사후나 사전이나 모두 과학적 접근에 의하지 않고서는 큰 의미가 없다 할 수 있다.

식품 산업체의 예방적 안전관리 기본은 우수제조가공기준(GMP)을 기본으로 준수하고, 위해요소 분석을 통한 위해 기반 예방관리를 하는 것이다. 이러한 관리 방법을 HACCP이라고도 한다.

위해요소 분석(hazard analysis)을 통한 위해 기반 예방관리는 식품 제조 · 유통 · 조리 과정에서 발생할 수 있는 위해요소를 분석하여, 제조 · 유통 · 조리 과정 중 위해요소의 관리 point를 결정하고, 위해요소의 차단 등 관리를 위한 최소한의 한계 기준을 설정하여 이 기준을 준수할 수 있도록 관리(가열 온도, 시간, 이물 등)하는 규칙이다.

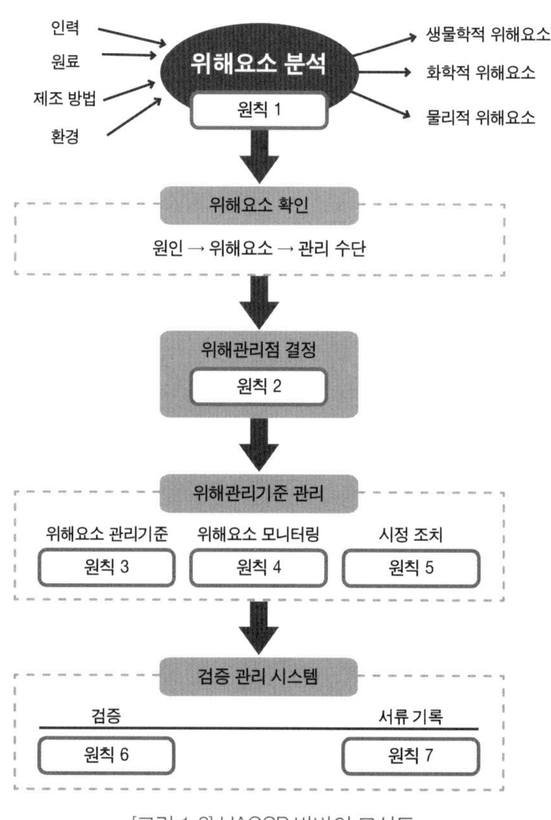

[그림 1-3] HACCP 방법의 모식도

(1) 위해요소 분석

위해요소 분석은 제품의 원료로 사용한 원·부재료별로, 제조 공정·단계별로 구분하여 실시한다. 이 과정을 통해 원·부재료별 또는 공정·단계별로 발생 가능한 모든 위해요소를 파악하고, 각 위해요소의 유입 경로와 이들을 제어할 수 있는 수단(예방 수단)을 파악하여, 이러한 유입 경로와 제어 수단을 고려하여 위해요소의 발생 가능성과 발생 시 그 결과의 심각성을 감안하여 위해(Risk)를 평가한다.

위해요소 분석을 위한 첫 번째 단계는 원료별·공정별로 생물학적·화학적·물리적 위해요소와 발생 원인을 모두 파악한다. 두 번째 단계는 파악된 잠재적 위해요소에 대한 위해를 평가하는 것이다. 마지막 단계는 파악된 잠재적 위해요소의 발생 원인과 각 위해요소를 안전한 수준으로 예방하거나 완전히 제거 또는 허용 가능한 수준까지 감소시킬 수 있는 예방 조치 방법이 있는지를 결정하는 것이다. 이러한 예방 조치 방법에는 한 가지 이상의 방법이 필요할 수 있으며, 어떤 한 가지 예방 조치 방법으로 여러 가지 위해요소가 통제될 수도 있다.

위해요소 분석 시 활용할 수 있는 기본 자료는 해당 식품 관련 역학조사 자료, 업체 자체 오염 실태 조사자료, 작업 환경 조건, 종업원 현장 조사, 보존 시험, 미생물 시험, 관련 규정이나 연구자료 등이 있으며, 기존의 작업 공정에 대한 정보도 이용될 수 있다. 이러한 정보는 한계 기준 이탈 시 개선 조치 방법 설정, 예측하지 못한 위해요소가 발생한 경우의 대처 방법 모색 등에도 활용될 수 있다.

잠재적 위해요소 도출 및 원인 규명을 하고 위해 수준을 분석하고 예방 조치 및 관리 방법을 결정한다.

(2) 위해 예방관리 방법 결정

예방 조치 및 관리 방법 결정은 식품의 제조·가공·조리 공정에서 생물학적, 화학적 또는 물리적 위해요소를 예방, 제거 또는 허용 가능한 안전한 수준까지 감소시킬 수 있도록 하여야 한다.

식품의 제조·가공·조리 공정에서 중요 관리 대상이 될 수 있는 경우는 미생물 성장을 최소화할 수 있는 냉각 공정, 미생물을 사멸시키기 위한 가열처리, pH 및 수분활성도의 조절, 금속검출기에 의한 금속 이물 검출 공정 등이 있을 수 있다. 이때 고려되는 사항은 온도 및 시간, 수분활성도(Aw) 같은 제품 특성, pH, 습도(수분), 염소, 염분 농도 같은 화학적 특성, 금속검출기 감도 등이다. 위해요소의 예방 조치 방법에는 다음과 같은 경우가 있을 수 있다.

1 생물학적 위해요소

- 시설 개·보수 등 시설 기준 설정 관리
- 원료의 구비 요건 확인 등 원료 관리 기준 설정 관리
- 보관, 가열, 포장 등의 가공 조건(온도, 시간 등) 준수 등 제조 가공 기준 설정 관리
- 시설·설비, 종업원 등에 대한 적절한 세척·소독 등 위생적 취급 기준 설정 관리
- 공기 중에 식품 노출 최소화 등의 보본 및 유통 기준 설정 관리
- 종업원에 대한 오염방지 위생교육

2 화학적 위해요소

- 원료의 안전성 시험검사
- 승인된 화학물질만 사용, 승인된 화학물질의 사용 기준 준수 등 원료 관리 기준 설정 관리
- 화학물질의 적절한 식별 표시, 보관
- 화학물질을 취급하는 종업원의 적절한 훈련

3 물리적 위해요소

- 시설 개·보수 등 시설 기준 설정 관리
- 육안 선별, 금속검출기 등 제조 가공 기준 설정 관리
- 종업원 훈련

이러한 예방 조치를 위하여 각 공정 단계에 따른 시설 기준, 제조 가공 기준, 보존 기준, 위생적 취급 기준 등을 설정하여 관리한다. 이는 정부에서 법적 기준으로 정

하여 관리하고 있지만, 산업계에서에도 회사, 제조 공장, 제품 등의 특성을 고려하여 최적의 품질을 보증할 수 있는 자체 기준을 만들어 사전 예방적 조치를 취하고 있다.

(3) 예방적 한계기준 설정

위해요소에 대한 해당 식품의 법적인 기준 및 규격을 확인하고, 법적인 기준이 없을 경우, 업체에서 위해요소를 관리하기에 적합한 한계 기준을 자체적으로 설정한다. 제조 공정의 가공 조건(시간, 온도, 횟수, 자력, 크기 등의 조건)별 실제 생산라인에서 반제품, 완제품을 대상으로 하는 시험자료, 과학적 문헌 등을 참고하여 설정한다.

[표 1-3] 위해요소 분석에 따른 한계기준 설정 예

공정	위해요소	위해요인	한계기준	기준 설정 방향
가열 (식육 가공)	E Coli O157	가열 온도 및 가열 시간 미준수로 식중독균 잔존	65도 이상에서 1분이상 가열	법적 기준 없는 경우 자체적으로 안전성이 보증되도록 설정
포장 (분유 가공)	금속 이물	금속검출기 감도 불량으로 이물 잔존	철 2mm 이상 불검출, 쇳가루 불검출	법적 기준이 있는 경우 법적 기준대로 또는 기준보다 강하게 설정

(4) 위해관리

관리 방안에 따른 한계 기준(가열 온도, 시간, 이물 등) 등을 준수할 수 있도록 지속적으로 모니터링하고, 위해요소가 관리되는지 여부를 검증한다. 한편, 한계 기준을 이탈할 때는 즉각 개선 조치 등을 취한다.

위해 예방관리 예시

㉠ 식품 제조 : 빵은 밀가루를 주원료로 하고 여기에 식품첨가물, 기타 원료를 섞어 만든 다음 가열(굽기) 등 과정을 거쳐 생산

㉡ 위해요소 : 원료 또는 제조 과정에서

- 끈, 머리카락, 나사 같은 **이물**이 들어갈 수 있고
- 합성보존료 첨가 시 사용기준 이상 첨가 가능성

㉢ 예방 방법

- 이물이 제품에 들어가는 것을 방지하기 위해서는 ▲ 원료가 들어올 때 철저히 **확인**하고 ▲ 기계설비 청소관리 및 제조 과정 전후에 이상(나사 풀림, 파손)이 있는지 **점검**하고 ▲ 제품 생산에 종사하는 작업자의 **개인위생**(손씻기, 위생복 · 위생모 착용)이 중요하다.
- 식품첨가물의 무게를 정확히 측정할 수 있도록 저울의 주기적 교정 필요

㉣ 위해요소 중요관리기준 : 빵을 제조할 때 식품첨가물 사용 시 위해요소 관리 공정은 '사용기준 준수 여부'이며, 자체 관리기준은 아래(예시)와 같다.

- 식품첨가물 사용 시 정확한 무게 측정
- 주기적으로 저울의 교정 실시

※ 저울 정확도 확인 방법 : 표준 분동을 통한 주기적 점검

㉤ 개선 조치 : 저울에 문제가 있는 경우 즉시 제조를 중지하고 신속한 개선 조치를 한다.

- 표준 분동으로 점검 시 무게가 표준과 불일치할 때 : 생산 중단 후 저울의 전문업체 교정 실시

㉥ 제품 회수 : 가열 등 제조 과정에 문제가 있어 회수 대상 제품이 발생한 경우 신속히 거래처에 연락하여 회수한다.

3) 사후(식품 사고) 위해관리

식품의 안전관리는 크게 사전 예방적 안전관리와 재발 방지를 위한 사후 조치 차원의 안전관리로 나누어 이루어진다. 여기서는 완제품에 대한 것으로 재발 방지를 위한 안전관리인 식품 사고 위해관리에 대하여 다루도록 하겠다.

(1) 식품 위해관리 체계

식품 사고 시 위해관리를 위한 4단계 절차이다. 위해성 확인과 평가를 포함한 위해관리의 전 과정에서 각 단계마다 적절한 위해 정보의 전달과 의견 수렴 절차가 필요하다. 위해 전달은 위해관리의 가장 필수적인 요소 중 하나이다.

[1] 1단계 - 문제의 확인 단계

문제가 되는 위해성은 여러 가지 경로 - 즉 법률적 요구, 다른 환경 정책, 대중매체에 의해 확대되는 국민들의 관심, 전문가와 관련 단체의 압력, 새로운 과학 정보의 유효성 또는 신기술의 유효성 등을 통해서 정책 결정자에게 전달된다. 이 단계에서는 문제가 되는 위해성의 확인과 관련 자료의 수집, 확인된 위해에 대한 평가를 실시한다.

위해요소의 본질 파악(언제 어디서 사고가 발생했는지), 사고의 규모와 파장(국내인지, 국외까지 영향을 미치는지), 식품 산업의 다른 영역에 대한 잠재적 영향, 소비자들에게 직접적으로 영향을 줄 수 있는 가능성, 경로 및 그 양에 대한 정보 등의 수집된 정보는 위해평가의 근거로 사용한다.

몇몇의 경우 기존의 자료나 기준을 통해서 곧바로 수행되지만, 대부분 위해평가는 소비자들에게 잠재적으로 노출될 위해요소 및 결과적으로 영향을 미칠 위해의 규모에 대한 정보를 기반으로 과학적 판단을 한다.

[2] 2단계 - 위해관리의 목표 결정 및 의견 수렴 단계

위해관리의 목적은 과학적, 사회적, 경제적으로 허용 가능한 위해관리 목표를 설정하고 이를 관리하는 것이다. 따라서 전 단계의 위해평가 결과를 근거로 관리

하여야 할 위해관리 목표를 설정한 후, 관리 목표에 적합한 선택 조건을 확인하고 이에 대해 다양한 이해 당사자들과의 의견을 교환하고 분석한다.

위해관리의 목표는 소비자 보호이며 그것은 위해평가를 근거로 판단하여 공공의 건강을 유지하는 것이다. 정보 제공(소통)은 위해관리 과정에서 핵심이며, 심각성과 파장이 큰 사고의 경우 정확성 및 신속성은 필수 요소이다. 정부기관과 협회, 소비자 단체, 이해 관계자들과의 효과적인 양방향 채널 구축이 필요하다.

식품 안전사고의 심각성은 공공의 건강에 위해를 미치는 정도로 판단되고, 파장은 지엽적인지, 전 국가적인지, 국제적인지 그리고 관련 제품의 수 및 사고 발생 건수, 제조자, 판매자, 정부기관 등 관계된 단체들의 수를 기반으로 규모와 범위로 판단한다.

[3] 3단계 - 관리 방안 결정 단계

이 단계는 서로 다른 위해관리 정책에 대한 비교 · 분석과 분석 결과에 대한 전문가 그룹의 검토 등을 거친 후 위해관리를 위한 최종 관리(규제, 권고 등) 내용을 결정한다.

위해관리 과정에서 위해의 본질에 대한 평가 결과뿐만 아니라 대응에 대한 비용-효과 분석 결과도 제시해야 한다. 위해관리에 따른 정보 제공 조치는 이해 관계자들에게 조치가 필요 여부 통보, 소비자에게 해당 위해에 대한 정보 제공, 자발적인 제품 생산 및 판매 제한 조치, 식품 사고의 영향을 받은 제품의 회수 또는 리콜 조치, 관련법에 따른 조치 등을 취할 수 있다.

[4] 4단계 - 이행 및 평가 단계

결정된 사항에 대해서 2단계에서 수립된 관리 목표를 적절히 이행하고 있는가에 대해 모니터링하고 결과를 평가한다. 이 단계는 식품 안전사고 사후 조치로써 영업자, 지방 행정조직 및 기타 이해 관계자들의 피드백이 수행되어야 한다. 사후 조치는 시장에서 제품 회수 조치가 효과적으로 완료되었는지, 식품 사고 상황의 변화에 따라 소비자 및 이해 관계자들에게 위해 정보 전달이 원활했는지 등 식품 사고의 특성에 따라 여러 가지 사후 조치들이 이루어져야 한다.

식품 산업체 및 영업자는 제품 리콜 조치가 취해졌을 경우, 소비자 및 이해 관계자들에게 해당 정보를 알려야 한다(신문 광고, 판매점에서의 안내, 웹사이트 공개 등 다양한 방법이 사용될 수 있다).

(2) 식품 사고 발생 시 위해관리

유통 중인 식품에서 유해 성분 검출이나 위해 우려 사고 등의 위해 정보가 파악될 경우 아래의 절차에 따라 위해관리를 진행한다.

식품 사고(사후) 위해관리 절차

위해관리 절차 : 위해정보 파악, 위해요인 분석, 안전성 평가, 위해관리

가) 위해 정보(사고) 발생(식품 안전 관련 문제 발생)→**위해 정보 파악(문제점 파악)**

식품 안전과 관련하여 문제가 발생하면 먼저 현황과 문제점을 파악하여야 한다. 소비자나 소비자 단체, 언론, 학계, 외국 사례 등에서 식품의 안전성에 대하여 위해 우려 정보가 제기되면 이에 대한 정확한 정보 파악이 우선 중요하다.

예를 들어, 안전 관련 문제 제기는 여름철 맥주에서 쉰냄새로 안전성 문제 제기, 백수오 대신 이엽우피소 혼입에 따른 이엽우피소의 안전성 제기(판별 시험법 개발, 이엽우피소 독성평가), 매실을 원료로 사용한 제품(매실주, 매실청 등)의 안전성 문제 제기 등이다. 식품 중 특정 유해 성분 검출된 경우는 비타민 C 음료 중 벤젠 검출, 라면 스프 중 벤조피렌 검출, 분유, 과자에서 멜라민 검출, 번데기 통조림에서 포름알데히드 검출 등이다.

나) **위해요인 분석** : 원인 분석

- 유해요소 분석 : 정성 및 정량 분석, 섭취원, 노출량 등

다) **안전성 평가 및 위해관리**

㉠ 기준 규격 등 규정이 설정되어 있는 경우

- 안전성 평가 : 시험검사 등을 통한 기준 규격 적합 여부 판단
- 위해관리 : 기준 규격에 부적합 시 : 유통 차단, 회수 폐기 등 조치

※ 허용되지 않는 화학적 합성물질 식품첨가 불가(불검출 기준)

㉡ 기존 안전성 평가 사례가 있는 경우

- 안전성 평가 : 사례를 통한 안전성 판단
- 위해관리 : 위해가 있는 것으로 판단될 경우 → 유통 차단 및 회수 폐기 등 조치

ⓒ **안전성 평가 사례도 없고, 기준 규격도 없는 경우**

- 안전성 평가 : 안전성 평가 실시(독성평가/위해평가)
  - 독성평가 : 주로 신소재 등에 대한 독성, 발암성 등 안전성 평가
  - 위해평가 : 주로 알려져 있는 유해물질(중금속 등 환경오염물질, 제조 중 생성 유해물질 등)이 해당 식품 섭취로 인하여 인체 허용 가능 수준(인체 노출 안전 기준)의 초과 여부 평가
- 위해관리 : 독성이 있거나, 위해평가 결과 위해 우려가 있는 경우 → 유통 차단 및 회수 폐기 등 조치

(3) 식품 사고 위해관리 가상 사례

1 기준 초과 원료를 사용하여 제조한 식품의 위해관리

- 벤조피렌의 기준을 초과한 원료를 사용하여 우동 제조 판매

위해정보 발생

▪ 벤조피렌의 기준을 초과한 고추씨 기름을 사용하여 제조한 양념 분말을 우동 스프의 원료로 사용한 우동 전국 유통

위해정보 파악

▪ 식용유지의 벤조피렌 기준(2.0ug/kg)을 초과(3.5ug/kg)한 고추씨 기름을 원료로 사용하여 양념 분말(고추씨 기름 16.3%)인 1차 가공 제품 생산

→ 양념 분말 중 벤조피렌 1.0ug/kg 검출

▪ 양념 분말(1차 가공 제품)을 5.23% 사용하여 우동 스프(2차 가공 제품) 생산

→ 우동 스프 중 벤조피렌 불검출

▪ 우동 스프(2차 가공 제품)를 포함한 우동(3차 가공 제품) 생산

안전성 평가

가) 규정 평가

㉠ 벤조피렌 기준을 초과한 고추씨 기름 → 기준 · 규격 위반, 폐기 조치 등 행정 제재

㉡ 기준 초과 원료(고추씨 기름) 사용 제조한 양념 분말(1차 가공 제품) → 원료 등의 구비 요건 위반, 행정 제재

㉢ 우동 스프(2차 가공 제품)와 우동(3차 가공제 품) → 개별 규정은 없으나 위해 여부에 따라 판단

나) 우동 스프와 우동의 위해평가

㉠ 벤조피렌 노출량 산출에 사용된 오염도 자료 → 양념 분말 1.0 ug/kg 검출

㉡ 벤조피렌 노출량 산출에 사용된 식품섭취량 : '국민건강영양조사' 식품별 1인1일 우동 평균 섭취량을 통한 우동 스프 섭취량을 산출하고, 모든 스프에 양념이 함유되었다고 가정하여 양념으로 섭취량을 산출함

㉢ 위해평가 : 우동 볶음 양념 분말이 모든 우동에 포함되었다고 가정하여 이를 토대로 한 벤조피렌 위해평가

- 우동 섭취 시 볶음 양념 분말로 인한 벤조피렌 노출 안전역(MOE)은 평균 노출에서 40,506,702, 극단(95th) 노출에서 3,895,902으로, 이는 '위해 영향이 거의 없는 수준'임

위해관리

- 고추씨 기름 위해관리 : 유통 차단(회수 폐기), 행정 제재
- 양념 분말의 위해관리 : 행정 제재, 원료의 안전성 여부를 사전에 확인하는 검사명령 조치
- 우동(스프)의 위해관리

- 부적합 원료를 직접 사용하지 아니하고, 추가 가공 단계를 거쳐 생산된 제품(2차, 3차 등 가공품)을 사용한 제품에 대해서는 위해평가 결과 위해 영향이 없어 유통 판매 가능
- 우동 제조업체에 대한 조치 : 우동 제조 과정에 사용되는 원료 중 벤조피렌 기준이 있는 수입산 원료에 대해서는 적합 여부를 사전에 검사하는 검사 명령 조치

2 유통식품의 심각한 위해 발생 우려 시 잠정 판매 금지 조치 등 위해관리

· 식중독(세균성 이질) 원인 추정 수입산 배추김치 사례

위해정보 발생

- 전염병 관리 부서는 최근 식중독 발생 원인 추정 식품과 감염원이 각각 '수입산 배추김치'와 '세균성 이질'임을 식약처에 정보 제공

위해정보 파악

- 전염병 관리부서가 식약처에 세균성 이질의 감염원으로 추정 통보한 수입산 배추김치는 A국가 3개 제조업체에서 제조한 것으로 4개 수입 판매업체가 13개 제품 수입 유통

위해요인 분석

- 배추김치의 식품공전 상 식중독균은 검출되지 않았으나, 식중독의 원인이 김치로 추정되고 증상으로 볼 때 세균성 이질균 오염 추정

위해관리

- 안전성 평가 전 잠정 판매금지 조치
  - 전염병인 이질균의 오염 추정에 따라 우선 조치로서 잠정 판매 유통 금지
  - A국가 배추김치(3개 제조업체), 4개 수입사 제품의 유통 중인 13개 제품, 59톤 잠정 판매 금지 조치

안전성 평가

- 규정평가(수거·검사) : 세균성 이질균은 불검출 기준
  - 유통 중인 3개 제조사, 4개 수입사, 김치OO 등 13개 제품을 검사한 결과 13개 제품 모두 병원성 대장균, 세균성 이질균 불검출
  - 수거·검사한 검체는 세균성 이질균이 검출되지 않았으므로 검체가 위해하다고 판단할 만한 객관적이고 과학적인 근거가 없음

최종 위해관리

- 잠정 판매금지 해제

· 세균성 이질균이 검출되지 않았고 위해하다고 판단할 만한 과학적인 근거가 없음에 따름

※ 관련 법적 근거

- 잠정 판매금지 근거 법령

「식품위생법」 제15조 제1항 내지 제3항 및 제72조에 따라 국 · 내외에서 유해물질이 함유된 것으로 알려지는 등 위해의 우려가 제기되는 식품 등이 제4조 또는 제8조에 따른 식품 등에 해당한다고 의심되는 경우, **위해평가가 끝나기 전까지 국민 건강을 위하여 일시적으로 판매 등을 금지**할 수 있으며, 금지 조치를 하려면 미리 심의위원회의 심의 · 의결을 거쳐야 하나, 국민 건강을 **급박하게 위해할 우려가 있는 경우에는 먼저 금지 조치 후 사후에 심의 · 의결**을 거칠 수 있음

- 잠정 판매금지 해제 근거 법령

「식품위생법」 제15조 제5항에 위해평가나 **심의위원회의 심의 · 의결에서 위해가 없다고 인정**된 식품에 대하여는 **지체 없이 일시적 금지 조치를 해제**하여야 함

3 허가되지 않은 화학적 합성 물질을 사용하여 제조한 식품의 위해관리

· 수입 전분 사용 식품에서 '말레산' 검출 정보에 따른 조치

위해정보 발생

- 유통 중인 수입산 타피오카 전분 사용 식품에서 말레산(Maleic acid)이 검출되어 회수 조치 ※ 미승인 화학적 합성품인 말레산을 식품에 사용

위해정보 파악

- 문제 제품의 제조업체 중 2개 제조업체의 제품이 국내에 수입된 것으로 확인(수입식품 정보 확인), 이 중 현재 유통기한이 남아 있는 제품은 6개 제품임

위해관리

- 수입단계 : 수입업자에게 해당 전분 사용 식품 수입 시 해당 정부 또는 해당 정부가 인정한 검사기관에서 발급한 검사 성적서 제출 의무화
- 유통 단계 : 유통기한이 남은 6개 유통 제품 검사, 관계 영업자 등에 잠정 유통 · 판매 · 사용 중단 조치

안전성 평가

- 규정평가(기준 규격 평가)
 - 6개 유통 제품 수거 검사 : 불검출 기준

위해관리

- 부적합(검출) 시 해당 제품에 대해 회수·폐기 등 조치
 - 사용 금지된 화학물질을 의도적으로 사용

※ 식품위생법 제6조(기준 규격이 고시되지 아니한 화학적 합성품의 사용) 위반

- 적합(불검출) 시(사용하지 않은 경우) 해당 제품에 대해 잠정 판매금지 조치 해제

[말레산(Maleic acid) 정보]

- 말레산(Maleic acid)이란
 - 말레산은 말레산 무수물이 식품과 접촉하는 포장 재질에 사용된 후 물을 만나 변하여 생성되는 물질

 ※ 말레산 무수물은 가소재, 도료, 합성세제 등의 유기 합성 원료로 사용
- 전분 가공품에 말레산(Maleic acid) 사용 이유
 - 특수한 전분(높은 점성) 제조 과정에 가격이 싼 공업용 말레산 이용
- 말레산(Maleic acid)의 인체 영향
 - 말레산은 독성이 낮아 인체 생장 발육, 유전자 등에 독성을 끼치지 않으며, 비발암성 물질
 - EU 평가 자료에 따르면, 성인의 일일 허용 섭취량(Tolerable Daily Intake, TDI)은 0.5 mg로 과도하게 섭취하지 않는다면 건강에는 크게 위해하지 않음

4 수출국 부적합 반송품의 위해관리 사례별

- 중국에서 비소 검출로 반송된 국내 재반입(수입) 여부

위해정보 발생 및 파악

- 국내 수출 제품 중국에서 비소 검출로 반송
 - 제품명(총비소 함량) : 엔자임(1.51ppm), 화이버(3.35ppm)

※ 중국, 고체(분말) 음료 위생표준(GB7101-2003)의 총비소 0.5 ppm 초과로 판단됨

- 해당 제품(기타 가공품 2종) 국내 유통을 목적으로 수입 신고

안전성 평가

- 완제품(2품목) 및 사용 원료(33종) 비소 검사
  - 엔자임(27종 원료) : 미역 분말, 3% 사용, 미역 분말에서 비소 49.92ppm 검출, 미역 분말 원료로 환산 시 1.5ppm 따라서 비소는 미역 분말에서 기인
  - 화이버(11종 원료) : 다시마 분말, 6.69% 사용, 다시마 분말에서 비소 32.02ppm 검출, 다시마 분말 원료로 환산 시 2.34ppm 따라서 비소는 다시마 분말에서 기인
  - 해조류(미역, 다시마 등)는 높은 비소 함량(8.5~73.2ppm)에도 불구하고 대부분이 독성이 거의 없다고 알려진 유기비소(LD_{50}=10,000mg/kg)로 존재

위해관리

- 수출국의 기준 및 규격에 부적합하여 반송된 제품을 국내에서 유통하고자 하는 경우, 안전성(위해) 평가 후 수입 통관 승인 여부 결정
  - 해당 제품의 비소 함량은 원료로 사용된 미역과 다시마 분말에서 기인한 것으로 판단됨
  - 김, 미역, 다시마에서 비소 함량은 평균 20mg/kg 이상이나, 독성이 강한 무기비소는 거의 검출되지 않았음(국내 해조류의 비소 모니터링 결과)

    ⇒ 국내 반입 허용(통관)

CHAPTER 02

식품 위해분석

CHAPTER 02

식품 위해분석

식품안전 환경을 살펴보면 지속적으로 각종 신소재 식품, 신종 유해물질 등이 출현되고 있다. 또한, 식량 증산 등 생산성 향상을 위한 농약과 같은 유해물질의 사용이 점차 증가함과 더불어 기후 변화로 인한 위험은 더욱 가속화될 전망이다. 게다가 식생활 행태 및 소비자의 기호 변화에 따른 대규모 식중독 발생 개연성이 증가하는 반면, 경제성장으로 국민의 생활 수준이 향상됨에 따라 식품안전에 대한 기대 수준은 높아지고 있다. 한편, 소비자들은 자신의 건강에 영향을 끼치거나 끼칠 우려가 있는 유해물질에 대해 민감하게 반응하여 과학적이고 객관적인 안전보다는 심리적이고 주관적인 절대적 안전 식품을 요구하는 경향이 있다. 이러한 절대적 식품 안전에 부응하기 위해서는 과학적이고 체계적인 위해분석을 통한 위해관리가 필요하다.

위해분석은 위해평가(risk assessment), 위해관리(risk management), 위해정보교류(리스크 커뮤니케이션)라는 3요소로 구성된다. 위해평가는 화학적, 생물학적, 물리적 위험 요인에 대한 규명된 노출로부터 초래될 유해 영향 발생 확률을 측정하는 연구로 과학적 근거를 제공하고, 위해관리는 유해 영향을 나타내는 상태를 개선하거나, 위해요인을 제거하기 위하여 필요한 정책 대안을 수립하고, 실행하며, 효과를 분석하여 정책을 지원한다. 또한, 리스크 커뮤니케이션은 위해관리자, 위해평가자, 소비자, 학계, 이해 관계자 등의 위해분석 절차 중 참여를 보장하며, 위해분석 절차 중 전반적인 정보 및 상호의견을 교환하는 것이다.

1. 유해(hazard)와 위해(risk)의 이해

1) 위해의 발생

농수축산업, 식품제조업, 식품유통업, 식품서비스업의 생산 시스템은 미생물 오염, 환경 유해중금속 등 오염, 유해물질의 생성, 각종 첨가물, 농약, 동물용 의약품의 오남용 등에 의한 식중독이나 알레르기 등의 위해를 만들어 낼 수 있다. 이렇듯 식품 중 위해는 식품을 생산, 제조 및 유통하는 과정에서 발생한다.

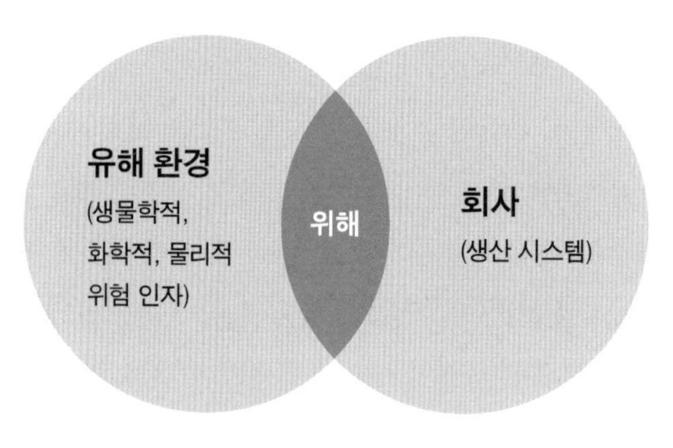

[그림 2-1] 위해(Risk)의 발생

위해는 회사의 생산 시스템(이익 창출)과 유해 환경(생물학적, 물리적 또는 화학적 오염 가능성) 사이의 교집합 영역으로 발생하고, 이 영역을 줄이기 위해 노력하는 것이 위해관리이다.

위해관리는 수용 가능 위해와 수용 불가능 위해를 사이에 두고 기업과 정부가 그 한계를 설정하고 최대한 줄이기 위하여 노력한다.

기업은 규제와 상업적 요구를 충족시키기 위해 제품의 설계, 생산, 저장, 운송, 유통의 모든 단계에서 소비자 안전을 보장해야 한다. 정부는 위해에 대한 정확한 이해를 바탕으로 허용 가능한 위해 수준을 설정하고, 규제를 만들어 식품 공급 체계에 있어서 모든 작업자가 위해를 허용하는 수준 이하로 경감할 수 있는 적절한 관리를 할 수 있도록 해야 한다.

2) 유해와 위해의 개념

뱀은 유해 가능성을 지니고 있는 Hazard이지만 그림이나 TV로 보는 뱀은 인체에 해를 가할 가능성(Risk)이 전혀 없다. 하지만 풀밭에서 만난 뱀은 나에게 해를 가할 가능성(Risk)이 매우 높다. 아무리 무서운 뱀(hazard)이라 할지라도 TV로 보는 뱀은 나에게 위해가 없는 것이고, 풀밭에서 만난 뱀은 나에게 언제든 위협을 가할 수 있기 때문에 위해가 크다. 또한, 금붕어가 살고 있는 어항에서 관리 잘못으로 세제가 오염되었다면 세제는 금붕어를 죽일 수 있는 유해물질(hazard)이다. 하지만 얼마만큼 오염되었느냐(노출 정도)에 따라 금붕어가 죽을 수도 있고 살 수도 있다(그림 2-2).

[그림 2-2] 유해와 위해, 그리고 노출 개념

즉 유해물질(hazard)은 노출(exposure)이 되었을 때 인체에 해를 끼칠 수 있으며 노출 정도(양, 거리 등)에 따라 위해 정도는 달라지는데 이 정도를 위해라고 한다. 이를 통해 인체에 얼마나 해로운 영향을 미칠 것인지를 결정(위해도 결정)한다. 결정된 위해 정도에 따라 인체에 유해하지 않도록 위해요소를 적절하게 관리하는 것이 위해관리이다(그림 2-3).

소금과 같은 유해가 낮은 화학 물질일지라도 많은 양을 섭취하게 되면 고혈압과 같은 건강 손상의 위해가 증가한다.

화학물질(소금)의 적절한 섭취는 수용할 수 있는 위해를 만든다.

[그림 2-3] 위해관리(소금과 고혈압 사이의 위해관리)

소금은 우리 인체의 생명 유지를 위해 필수불가결한 화학물질이지만, 과잉 섭취하면 고혈압과 같은 인체 악영향을 미친다. 소금과 같은 유해성(hazard)이 낮은 화학물질이라 할지라도 과잉 섭취하게 되면 건강에 해를 가할 위해성(risk)이 증가한다. 이러한 경우 위해관리(나트륨 저감화 등)를 통하여 적정량을 섭취하도록 하여 위해성을 낮추어야 한다.

위해요소(유해물질)는 될 수 있는 대로 섭취하지 않는 것이 바람직하지만, 인간의 식생활을 위해 불가피하게 섭취하게 된다면 위해관리를 통하여 안전한 수준(허용할 수 있는 위해 수준)으로 섭취하는 것이 바람직하다.

1 **Hazard - 유해(성)** : 건강에 악영향을 야기하는 물질로서, 해로움이 밝혀져 노출시 건강에 부정적 영향을 미치는 것이다.

2 **위해요소, 유해물질** : 해로움이 밝혀져 건강에 부정적 영향을 미칠 잠재성을 갖는 것으로 생물학적, 물리적, 화학적 물질 등의 위해요소를 말한다. 유해는 식품의 생산 공정 또는 환경이나 식품의 조성물로 인하여 제품에서 발생할 가능성이 있는 것이어야 하고 소비자의 건강에 해로운 효과가 밝혀진 것이어야 한다.

3 **Risk - 위해(성)** : 건강에 해로움을 일으킬 가능성(확률)으로 식품 중 위해요소의 함유 등으로 인하여 건강에 부정적 영향을 미칠 가능성과 그 정도, 즉 건강상 악영향이 발생할 확률과 그 영향의 정도를 말한다.

의심되는 위해요소(hazard)의 건강 악영향에 대해 과학적 불확실성이 남아 있을 때 무엇을 해야 하는가? 그것은 사전 예방 원칙이 우선한다.

2. 위해분석

위해분석은 식품 안전관리 정책에서 일관성, 과학성 및 투명한 의사 결정을 위한 하나의 도구이다. 식품의 안전에 적용되는 위해분석의 목적은 사람의 건강 보호를 확보하는 것이다. 식품의 안전과 관련하여 예방적 조치는 위해분석이 필수적인 요소이다.

식품 위해분석은 위해요소(hazards)에 대한 과학적인 평가(위해평가) 결과에 근거하여 식품 중 위해요소의 잔류나 오염을 경감시키기 위한 관리 대책(위해관리)을 수립하고 소비자나 이해 관계자들과 정보를 교환(위해 정보 전달)하는 일련의 과정이다.

1) 위해요소 분석(Hazard analysis)과 위해분석(Risk analysis)

위해요소 분석과 위해분석 사이에 혼란이 종종 있다. 비록 두 가지 접근 방법이 공통점을 가지고 있다 할지라도 그들 사이에 차이가 있다는 것은 중요하다. 서로 다른 원인에서 개발된 점을 감안하면 그들은 완전히 다르다.

	위해요소 분석 (Hazard analysis)	위해분석 (Risk analysis)
실행 · 운영	회사와 그 회사 공급체인 수준에서 시행	식품 업종의 종사자를 포함한 식품 체인 업종 수준에서 시행
관련 목적	회사의 생산과정 품질관리 사전 위해관리 활동(주로 회사)	국가의 건강 정책 수립 위해관리 방안 수립(주로 정부)
요구 인력	회사의 품질관리자	내외부 전문가(과학적, 독립적)
결과에 따른 조치	위해예방 및 관리 식품 안전관리 시스템 운영 필요한 내부 기술 확인	건강 정책 조절 종사자와 소통 긴급 위해 확인
주요 활동	유해성 확인 및 평가 중요관리점 설정 관리 수단 시행 고용자 교육	유해성 확인 및 평가 기준 및 규격 설정 등 관리 계획 수립 위해 전달

식품의 위해관리 시스템은 Hazard analysis와 Risk analysis을 바탕으로 산업계와 정부가 공동으로 노력하면서 이루어지는 시스템이다.

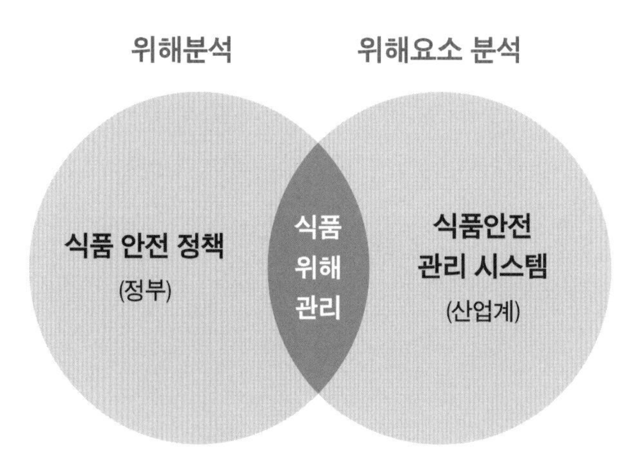

[그림 2-4] 식품 위해관리(정부와 산업계) 시스템

2) 위해요소 분석(Hazard analysis)

위해요소 분석은 HACCP 시스템에서 사용되는 것으로 그 회사의 특성에 맞게 회사 수준에서 실시한다. HACCP의 7원칙(국제 식품규격위원회, 1999) 중 첫 번째 로 "모든 단계와 관련된 잠재적인 위해요소들을 확인하고 위해성 분석을 수행하고, 확인된 위해를 제어 할 수 있는 모든 조치를 확인한다."

HACCP 시스템은 식품의 원료 입고부터 제조, 가공 과정에서 제품에 이물 등 유해물질이 섞이거나 식중독균 등에 오염되는 것을 방지하기 위하여 각 공정에서 발생할 수 있는 위해요소가 무엇인지 확인 · 평가하여 예방·제어하거나 허용 수준 이하로 감소시키는 관리 체계를 말한다.

위해요소 분석은 식품 안전에 영향을 줄 수 있는 위해요소와 이를 유발할 수 있는 조건이 존재하는지 필요한 정보를 수집하고 평가하는 과정으로 두 부분으로 구성되어 있다.

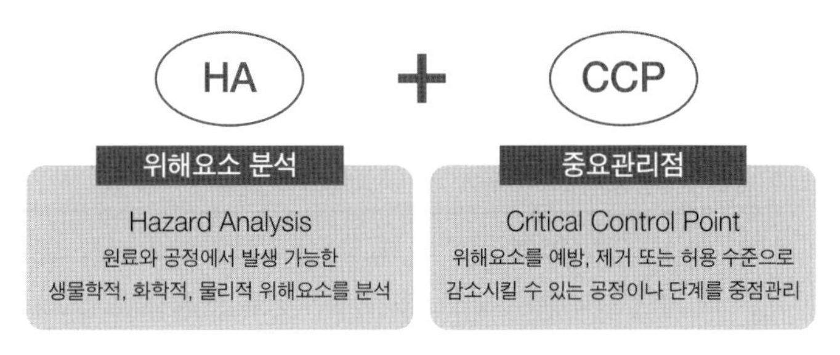

[그림 2-5] HACCP 시스템

(1) 위해요소 확인 : 생물학적, 화학적 및 물리적 요소의 확인

소비자의 건강에 대한 상당한 유해한 결과의 효과 특성에 좌우되는 것으로 과학적 지식과 연결된 엄격한 정성적 접근 방법이다.

(2) 위해성 평가

제조 과정에서 유해가 발생할 가능성과 건강 유해 효과의 심각성을 평가하는 것으로 유해 존재의 정성적·정량적 평가가 이루어진다.

3) 위해분석(Risk analysis)

위해분석은 식품 중 위해요소의 위해성에 대한 위해분석은 과학적으로 이루어진 위해평가(risk assessment) 결과에 의거하여 소비자의 건강을 보호하고 식품 중 위해요소의 잔류나 오염을 경감시키기 위한 관리 대책을 수입하는 위해관리(risk mangement)와 소비자나 이해 관계자들과 다양한 의견 교환을 하는 위해관리(risk communication)와 같은 일련의 과정을 말한다.

식품 안전 분야에서 일관성, 과학성 및 투명한 의사 결정의 향상을 위하여 미국과학원(NAS)에서 1983년 처음으로 제안한 모델이다. 원래 위해분석은 특정 발암 위험의 위해에 대한 적절한 결정을 내릴 수 있도록 하는 도구로 설계되었다. 그것은 위해평가의 일반적인 개념의 기초가 되었으며, 화학적 위해평가와 위해관리에 대한 명확한 토대를 마련하였다. (In 1983, the National Research Council (NRC) published the document 'Risk Assessment in the Federal Government: Managing the Process')

이러한 위해분석 시스템은 식품 산업에서 중요한 미생물 학적, 물리적, 화학적 위해요소를 포함한 기타 위해요소에 대하여 사용되어 왔다. 동일한 기본 시스템이 사용된다는 사실에도 불구하고, 이러한 종류의 위해평가에 사용되는 방법 및 용어에 보이는 차이가 있다. 결과적으로 국제 식품 규격 내에서 화학적 위해의 평가와 관리를 위해 만들어졌다. 매우 다양한 분야(미생물학, 화학, 독성학, 의학, 역학, 통계, 관리, 사회학 등)에서 기술과 정보는 '위해분석'을 수행하는 데 사용된다.

(1) 위해분석의 유용성

위해분석의 최종 목표는 정성적 또는 정량적 결과를 바탕으로 전략적 정책 결정을 할 수 있다는 것이다. 정부는 위해평가 결과에 근거하여 위해관리 조치를 취할 수 있고, 관련된 소비자나 그룹에 정보를 제공할 수 있다. 이것은 국가 간 상업 교류의 프레임워크 내의 절차다.

세계무역기구(WTO)의 위생 및 식물 검역 협정(SPS 협정)에 따르면, 정부는 사람,

동물 및 식물의 생명을 보호하기 위하여 그것들이 적절하다고 생각되면 필요한 경우, 소비자 보호의 수준을 규정하고 무역을 제한할 수 있는 권리를 갖는다. 그러나 SPS 조치가 무역을 방해하는 근거가 없거나, 자의적이거나 위장된 제제를 포함할 수는 없다. 위해의 존재는 과학적으로 증명된 것이어야 한다.

(2) 위해분석 시스템

위해분석은 위해평가, 위해관리, 위해소통 세 가지 부분으로 구성되어 있다. 위해분석 시스템 구조는 완전 투명하고 어떠한 압력이 없는 과학적 방법을 사용한다. 첫 번째 구성 요소는 '위해평가'이고, 위해관리에서 독립적으로 이루어져야 하는 과학적인 과정이다.

1 위해평가(risk assessment) : 식품 중 위해요소(hazards)의 위해성, 즉 위해 수준(risk)을 과학적으로 평가하는 것이다.

· 인체 위해성 평가 : 위해요소 확인 → 위해요소 독성 결정 → 노출 평가 → 위해도 결정(의도적 사용 또는 비의도적 오염물질의 인체 노출에 따른 위해수준 평가)

· 위생 수준 평가 : 식품 생산 유통 소비의 각 단계별 위해요소의 오염이나 잔류 가능성 및 그 정도를 평가(식품의 생산 제조 유통 과정 중 의도적 사용 또는 비의도적 오염물질, 미생물 등의 위해요소가 식품에 유입 또는 오염될 잠재적 내재 가능성을 분석 평가)

두 번째 구성 요소는 '위해관리'이고, 허용 가능한 수준에서 위해를 유지하기 위하여 정부가 '정책'을 하는 단계다. 위해관리 조치는 위해평가 결과를 기준으로 한다.

2 위해관리(risk mangement) : 위해평가 결과(위해 수준별)에 따른 식품의 안전성을 답보할 수 있도록 식품 중 위해요소의 잔류나 오염을 최소화시키기 위한 관리 방안을 마련하여 시행하는 것이다.

세 번째 구성 요소는 '위해 소통'이다. '위해 소통'은 모든 이해 관계자가 위해의 본질, 소스 및 중요도에 대한 정보를 공유하는 것이다.

3 위해소통(risk communication) : 식품 중 위해요소(hazards)의 위해평가(risk assessment) 결과와 위해관리(risk mangement) 방안 등을 소비자나 이해 관계자들과 상호 소통하는 과정이다.

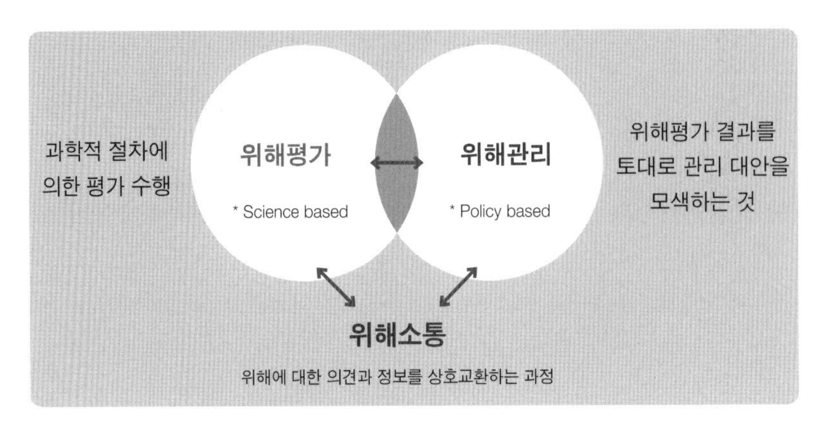

[그림 2-6] 위해분석(Risk Analysis)

(3) 위해분석의 기본 원칙

위해분석은 일관성 있게 적용하고 공개하여 투명성을 확보함과 아울러 문서화하여 새로운 과학적 자료에 비추어 적절하게 평가하고 검토해야 한다.

① 위해분석은 위해분석의 3요소(위해평가, 위해관리, 위해소통)로 이루어지는 계통적인 기법에 따라야 한다.

② 위해분석의 3요소를 투명성이 확보된 방법으로, 완전하고 계통적으로 문서화해야 한다.

③ 위해분석 과정 전체를 통해 모든 관계자와의 협의하여 효과적인 커뮤니케이션을 확보해야 한다.

- 관계자란 위해평가자, 위해관리자, 소비자, 산업계, 학계 및 필요에 따라 그 밖의 관계자

④ 위해분석의 3요소는 식품에 관련되는 사람의 건강에 대한 위해관리의 모두를 포괄하는 범주에서 적용해야 한다.

⑤ 위해평가와 위해관리는 기능적으로 분리해야 한다.

⑥ 위해분석에서 과학적 정보 불확실성과 변동성의 정도를 정확하게 검토하고, 위해평가를 할 때 가정이나 위해관리의 선택에 있어서 불확실성의 정도나 위해 요인의 특성을 반영하여야 한다.

(4) 위해평가(risk assessment)

위해평가는 공공 건강에 가장 위해를 주는 식품 오염의 포인트를 확인하기 위해 새로운 기술과 과학을 사용한다. 또한, 우리가 식품 오염을 예방하기 위한 최선의 선택에 대한 결정을 내리는 데 도움을 준다.

위해평가란 무엇인가? 식품 매개 질병을 방지하기 위해 정부의 역할은 식품 시설을 검사하고, 식품 산업이 이행할 식품 안전 규정 및 지침을 만드는 등의 일을 한다. 그중에서 위해평가는 식품 오염 및 질병을 예방하는 데 도움을 준다. 위해평가를 통하여 농장에서 식탁까지 여러 종류의 식품을 얻는 각 단계에서 오염의 위해가 있는 곳을 찾아낸다. 그다음으로 과학적 증거와 계산은 특정 식품에 특정 물질에 의한 오염을 방지하는 가장 좋은 방법을 예측하는 것이다.

위해평가를 어떻게 하는가? 과학자들은 예를 들어 세균이나 바이러스, 오염 물질에 대한 정보를 수집하고, 특정 음식에 생존 또는 성장해야 하는 조건에 대한 조사를 시작한다. 과학자들은 식품이 생산, 수송, 접수, 제조 가공, 저장, 출하, 판매하는 방법에 대한 정보를 수집하고, 그 과정에서 오염될 가능성에 대한 정보는 물론이고, 오염을 방지하는 다른 방법에 대한 정보도 수집한다. 과학자들은 그들이 만든 수학적 모델로 수집한 정보를 숫자로 결정적 시기를 입력한다. 결과는 어떤 행위가 식품 공급 체인의 여러 지점에서 수행된 경우, 물질로부터 얼마나 오염 또는 질병을 방지할 수 있지를 추정하는 것이다.

위해평가 결과를 어떻게 이용하는가? 위해평가는 '보관 창고의 온도를 내리면 식품에서 세균의 성장을 감소시킬 수 있을까? 혹은 매장에 진열 케이스의 온도를 내리면 얼마나 효과적일까?'라고 하는 식품 산업체의 질문에 답을 할 수 있다.

위해평가는 식품 산업계는 그다지 유용하지 않다. 안전한 식품 공급을 유지하는 정책 입안자, 식품 안전에 관심 있는 연구자에게 유용한 도구이다.

대부분의 사람은 식품 사고 후 관리하는 것보다 식품 오염과 질병을 예방하는 것이 좋다고 생각한다. 이러한 목적을 위해 우리가 취할 수 있는 하나의 방법이 위해평가이다.

- 위해평가는 식품과 관련하여 건강 위해가 나타날 가능성과 위해 정도를 정량적 또는 정성적으로 평가하는 과정이다.
- 위해요소 확인(hazard identification), 위해요소 독성 결정(hazard characterization), 노출평가(exposure assessment), 위해도 결정(risk characterization)으로 구성되는 체계적이고 과학적인 절차이다.

위해평가 단계	평가 내용
위해요소 확인	위해요소의 인체 독성을 확인하는 과정 - 건강에 위해를 주는 물질(위해요소)은 무엇이며 물리화학적 특성 및 생체에 대한 영향 등을 확인
위해요소 독성 결정	위해요소의 인체 노출 안전기준(허용량)을 산출하는 과정 - 위해요소가 생체에 미치는 영향에 대한 용량-반응 평가로 인체 섭취허용량(인체 노출 안전기준)을 산출
노출평가	위해요소가 인체에 노출되는 양을 산출하는 과정 - 위해요소가 사람의 일상생활(식품 섭취 등)로 인해 인체에 얼마나 섭취(노출)되는지를 평가
위해도 결정	산출한 위해요소의 인체 노출량에 대하여 인체 노출 안전기준을 기준으로 위해성 여부를 평가하는 과정 - 위해요소의 인체 노출량과 인체 노출 허용량(안전기준)과 비교하여 인체에 얼마나 위해한지를 평가

위해 평가의 기본 원칙은

① 의도한 목적에 적합해야 하며 평가의 범위나 목적을 명확하게 제시해야 한다.

② 위해 평가는 4단계, 즉 위해요소 확인, 위해요소 독성 결정, 노출 평가, 위해도 결정을 포함하여야 한다.

③ 위해 평가는 그 상황에 가장 적합한 과학적 자료에 근거하여야 한다.

④ 식품 사슬(food chain) 전반에 걸쳐 이용되는 전통적인 방법을 포함한 생산, 저장, 취급 방법 및 분석, 시료 채취, 검사법, 건강에 특정 악영향의 확산 정도 등을 고려해야 한다.

⑤ 위해평가에 영향을 미치는 제약이나 불확실성, 가정에 대해서는 위해평가의 각 단계에서 명확하게 검토하여 투명성이 있는 방법으로 문서화해야 한다.

⑥ 현실적인 노출 시나리오에 근거하여야 한다. 민감 집단이나 극단 섭취 집단에 대한 고려도 포함되어야 한다. 필요한 경우, 위해평가를 실시할 때 급성, 만성(장기적도 포함), 축적성 또는 복합적으로 발생하는 건강에 대한 악영향을 고려해야 한다.

⑦ 위해평가 결과(만일 있다면 위해도 추정치도 포함)는 용이하게 이해되어야 하고 실용적인 형식으로 위해관리자에게 제공되어야 한다.

(5) 위해관리(risk management)

식품과 관련하여 위해관리 방안을 평가하는 절차로서 위해평가 및 기타 영향 요소들을 검토하여 적절한 예방책과 관리 대안을 선정하는 절차이다. 사전 위해관리 활동, 위해관리 조치 평가, 위해관리 결정 사항의 시행, 위해관리 조치의 모니터링 및 재평가 과정으로 구성되며 반복적으로 이들 과정을 수행하면서 최상의 위해관리 조치를 선택한다.

위해관리의 기본 원칙은

① 위해관리에 관한 정부의 결정은 소비자 건강 보호를 최우선으로 한다. 상이한 상황에서 유사한 위해에 대응함에 있어서 선택된 조치에 부당한 격차가 발생하는 일은 피한다.

② 위해관리는 위해관리의 초기 작업[1], 위해관리의 결정, 결정된 정책이나 조치의 시행, 모니터링, 재검토 등을 포함한 계통적인 방법으로 행한다.

---

1) 위해관리의 초기 작업에는 식품 안전에 관한 문제점의 특정, 위해 프로파일의 준비, 위해평가 및 위해관리를 위한 위해요인의 우선순위 결정, 위해평가 실시 및 위해평가 결과의 분석이 포함된다.

③ 위해관리의 결정은 위해평가에 근거하여야 하며, 또한 평가된 위해도와 조화를 이루고 있어야 하며, 소비자의 건강 보호와 공정한 식품 무역 거래에 관련된 다른 정당한 요인을 고려하여 결정한다.

④ 위해관리는 식품 사슬 전반에 걸쳐 이용되는 전통적인 방법을 포함한 생산, 저장, 취급 방법 및 분석, 시료 채취, 검사법, 실시하고 준수할 수 있는 가능성, 또한 건강에 특정 악영향의 확산 정도 등을 고려하여야 한다.

⑤ 위해관리는 경제적 결과와 위해관리의 실현 가능성을 고려하여야 한다.

⑥ 위해관리는 모든 경우에 의사 결정 과정의 투명성 및 일관성을 보증하여야 한다.

⑦ 위해관리는 위해관리의 결정 및 그 실시의 타당성, 효과 및 영향을 정기적으로 검증하여 결정 또는 그 실시를 필요에 따라 재검토해야 한다.

(6) 위해소통(risk communication)

위해소통은 위해분석 과정을 통하여 얻은 정보를 위해평가자, 위해관리자, 소비자, 업체, 학계 및 기타 이해 집단들 사이에 공유하고 의견을 상호 교환하는 과정이다. 모든 위해 정보 교환 활동 시 개방성, 투명성, 융통성을 확보하고 있어야 한다. 성공적인 위해 정보 교환 기본 원칙은 이해 당사자 파악, 책임성 공유, 전문가 참여, 과학적 사실과 가치 판단의 구별, 전문성 확보, 투명성 확보, 정보의 신뢰성, 유사한 위해 정보와의 비교하는 것이다.

위해소통은 위해 분석에서 검토되고 있는 문제의 인식과 이해를 증진시켜야 하고, 위해관리의 결정을 위한 건전한 근거를 제공하고, 위해 분석의 전체적인 효과와 효율을 향상시키는 역할을 한다. 위해소통의 구성 요소와 주요 내용은 다음 표와 같다.

[표 2-1] 위해소통의 구성 요소와 주요 내용

구성 요소	주요 내용
주체(who)	메시지 전달이나 의견 수렴이 필요한 커뮤니케이션 주체
내용 (message)	메시지를 제공받을 대상을 고려하여 각 이해 당사자에게 적합한 메시지 구성
경로 (channel)	- 메시지를 담아 전달하는 수단 일체 - 주요 이해 관계자별로 경로 구분 (※ 언론매체는 가장 중요한 경로)
대상(whom)	지식 및 관여도에 따라 이해 계층이 분류됨
효과(effect)	커뮤니케이션 효과를 측정하기 위해 여론조사, 언론 모니터링 등을 실시

위해소통의 종류로는 크게 세 가지가 있다.

1 **관심 커뮤니케이션** : 위해의 위험성과 이를 어떻게 관리할 것인가를 과학적으로 확인한 경우에 행하는 커뮤니케이션 활동으로 위해 자체를 널리 알리는 데 주력하기보다는 위해 관련 집단들이 지속적으로 위해에 대한 관심을 유지하도록 하는 커뮤니케이션이다.

※ 흡연처럼 이미 우리가 그 위해를 알고 있고, 어떻게 대응해야 하는지 방법을 알고 있는 경우

2 **합의 커뮤니케이션** : 위해를 어떻게 방지하고 감소시킬 것인가를 결정하기 위해 관련자들이 잘 협조하도록 알리고 위해에 대응하도록 하기 위해 행하는 커뮤니케이션으로 관련자들이 참여하도록 독려하고 위해를 감소시킬 방안들을 합의하도록 한다.

3 **위기 커뮤니케이션** : 사건, 사고처럼 급박하게 위험과 당면한 경우에 행하는 커뮤니케이션으로 비상시 위해를 최소화하기 위해 무엇을 할 것인가를 판단한다.

※ 커뮤니케이션 방법은 상황에 따라 달라질 수 있다.

CHAPTER 03

식품 안전성 평가

CHAPTER 03

식품 안전성 평가

식품의 안전성 평가는 독성평가, 위해평가, 규정평가로 이루어진다. 새로운 식품(식품첨가물)의 섭취 여부는 독성평가로, 식품 중 유해물질의 안전성 여부는 위해평가로, 그리고 기준 규격 등 규정이 정하여진 식품의 규정 준수 여부는 규정평가로 진행된다.

식품은 안전성 평가 3단계를 통하여 안전한 식품으로 탄생한다.

식품 중 위해요소의 안전성 평가 3단계

가) 독성평가

㉠ 독성 유무 확인 : 급성 독성의 경우 반 치사량, 만성 독성의 경우 무독성량(NOAEL), 최소 독성량(LOAEL) 등으로 **독성의 정도** 확인

: 유전독성, 생식독성 등을 통한 **발암물질 여부** 확인

→ 식품 원료, 신소재 식품, 건강기능성 원료 등의 **식용 여부를 판단**할 때 독성 유무 자료로 활용

㉡ **인체 노출 안전기준(인체 독성 허용값)을 설정** : 용량-반응 평가로 비발암성 물질의 경우 무독성 용량(NOAEL), 발암성 물질의 경우 발암 잠재력을 추정

※ 인체 노출 안전기준: ADI, TDI(PTWI, PTMI), BMDL 등

→ 위해평가에서 위해도를 결정할 때 기준값(독성 참고값)으로 활용

나) 위해평가

㉠ 식품 섭취로 인한 위해요소 총 섭취량(노출량)을 구하고 인체 노출 안전기준(독성치)과 비교하여 인체 유해 영향 유무를 평가

㉡ 위해요소가 식품 섭취로 인하여 인체에 유해 영향을 미칠 가능성을 평가하고 위해요소로 인한 위해를 최소화하기 위한 식품의 위해관리(기준 설정, 저감화 추진, 섭취제한 등) 자료로 활용

다) 규정 평가

식품 중 위해요소 위해관리를 위한 각종 규제(위해요소 안전기준, 시설 기준, 제조 가공 기준, 원료관리 기준 등)에 대한 준수 여부 평가

1. 독성평가

1) 독성 이해

독성학은 생물체에서의 독소(독성 물질) 특성, 독소 영향, 독소의 조직 전이 그리고 독소 검출에 대한 것을 과학적으로 연구하는 것이다. 독성 물질의 인체 유입 방식은 생물체 조직에 노출되는 흡입, 피부 접촉, 섭취 등이다.

독성학의 두 가지 핵심 요소는 독성과 노출이다. 독성은 유해(Hazard)의 개념을 의미하며, 때로는 위험(Danger)의 근원이라고도 한다. 독성은 과학적 시험과 연구를 통하여 그 의미를 측정하고 표현하고 결정할 수 있다.

독성학의 핵심은 독성, 용량, 반응이며, 독성(toxicity)은 어떤 물질이 얼마나 해로운가를 나타내는 척도로 용량과 반응에 의해 좌우된다. 노출 정도를 의미하는 용량(dose)은 섭취, 흡입, 피부 흡수, 주사 등을 통해 체내에 유입된 양을 말한다. 반응(response)은 체내 유입된 양에 따른 효과를 나타내고, 급성 효과(acute effect)와 만성 효과(chronic effect)로 나누며, 이를 급성 독성과 만성 독성으로 부른다.

독극물(독소, poison 또는 toxin)은 일반적으로 반 치사량으로 표현하며, 이는 급성 독성이다. 반 치사량, LD(lethal dose)$_{50}$ 는 실험동물의 50%가 사망하는 독소의 용량을 말한다.

독성의 특성과 강도는 독성 물질(독소)과 노출(즉, 표적 기관에서의 농도)로서 결정된다. 독성 물질은 일시적 또는 영구적, 즉시 또는 지속되어 생명체에 해로운 영향을 일으키며, 중독의 유형은 직접/간접, 급성/만성으로 나타난다.

(1) 독성과 유해성

물질의 독성은 일반적으로 효과(반응)의 **심각성**(비중)과 나타나는 **효과**(반응)의 **속도**로 측정한다. 효과의 속도에 따른 중독 현상은 급성, 아급성, 아만성, 만성 독성으로 분류된다. 독성의 특성은 독소가 제거되었을 때 그 효과가 사라지는 효과의 일**시성**과 독소가 제거되어도 그 효과가 사라지지 않는 효과의 **지속성** 두 형태가 있다.

독성(독소의 심각성, 비중)에 미치는 영향은 독소의 구조, 독소의 양, 노출 환경, 노출 빈도, 노출 시간, 흡수의 경로와 정도, 대사 특성, 독소의 조직 내 축적성과 지속성, 독소의 민감성 등이다.

(2) 독성 실험의 목적

1 **급성 독성 실험** : LD_{50}의 측정으로 실험 대상 물질의 독성 강도, 성질과 타깃 기관을 파악하여 다음 단계의 독성 실험의 용량과 독성 판정 지표의 선택에 근거를 제공하는 것이다.

2 **유전 독성 실험** : 실험 대상 물질의 유전 독성 및 잠재적 발암작용을 가졌는지에 대해 선별을 하는 것이다.

3 **기형 유발 실험** : 실험 대상 물질이 태아에 대해 기형 유발 작용 유무를 파악한다.

4 **아급성 독성 실험** : 제 1, 2단계 독성 실험만을 요하는 실험 대상 물질에 대해 급성 실험의 기초에서 30일 사육 실험을 통해 독성 작용을 한 단계 나아가 파악하며 최대 무작용량을 예측할 수 있게 된다.

5 **아만성 독성 실험 (90일 사육 실험, 번식 실험)** : 실험 대상 물질을 각기 다른 용량 수준으로 비교적 장기간 사육한 후 동물에 대한 독성 작용의 성질과 타깃 기관을 관찰하고 기초적으로 최대 작용 용량을 확정한다. 실험 대상 물질의 동물 번식과 2세에 대한 기형 유발 작용을 파악하여 만성 독성과 발암 실험의 용량 선택에 근거를 제공한다.

6 **대사 실험** : 실험 대상 물질의 체내에서의 흡수, 분포와 배설 속도 및 축적성

을 파악하여 가능한 타깃 기관을 찾아내 만성 독성 실험에 적절한 동물 종류를 선택하는 데 근거를 제시하며 독성 대사 생성물의 형성 유무를 파악할 수 있다.

7 만성 독성 실험 (발암 실험 포함) : 실험 대상 물질을 장기간 접촉한 후 나타나는 독성 작용 특히 진행성 혹은 역행 불가한 독성 작용 및 발암 작용을 파악해 최대 무작용량을 확정하여 실험 물질의 식용 여부의 평가에 근거를 제시한다. ※ 실험동물을 이용한 독성 시험의 상세한 절차는 부록 1에 수록하였다.

(3) 용량과 반응(독성)과 관계

독성학의 기본적인 수행 가설은 영향을 받는 곳에서의 농도(용량)와 얻은 효과(반응, 독성)와 관계에 있다. 반응은 일반적으로 용량에 따라 증가한다.

① 용량-반응 관계는 반수 치사량 값(LD_{50})을 산출하기 위해 사용된다. 이것은 이론적으로 그 용량에 노출된 집단의 절반(50%)을 죽이는 용량이다.

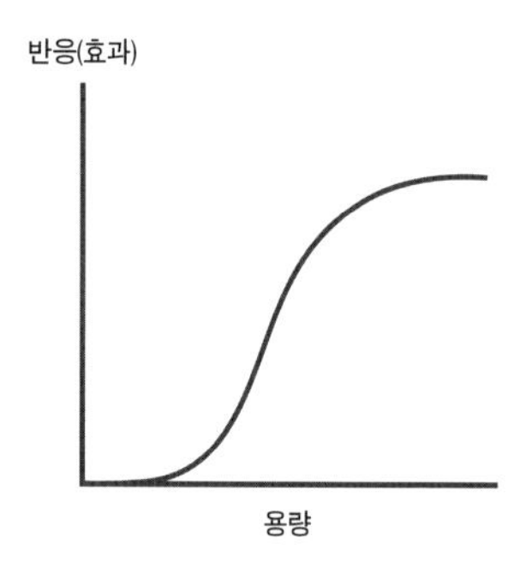

[그림 3-1] 용량 반응 곡선

② 관찰 가능한 효과가 없는 그 이하는 역치(threshold dose, 임계 값)로 여겨진다. 이 가설은 어떤 주요 한계를 제시하고 있다. 이러한 임계 값(역치)은 개별 독소에 대한 산출이고 시너지 효과 또는 증강 효과에 작용할 수 있는 몇 가지 오염 물질 등의 독소가 혼합된 것은 해당하지 않는다.

많은 독성 물질에 있어서 용량 - 반응 관계는 보기보다 훨씬 복잡하다. 어떤 물질은 임계 용량(역치)이 없는 것도 있다. 예를 들어 다이옥신과 같은 내분비계 장애물질 그리고 극미량으로도 사람을 죽일 수 있는 보튤리늄 독소 등이 있다. 또 어떤 금속의 경우 소량은 우리 몸에 필요하지만 일정량 이상이면 유해하다. 독성 물질은 개인 또는 소집단으로 노출되며, 독성 연구는 일반적인 집단을 대상으로 한다. 즉 평균 섭취 집단을 대상으로 한다. 그러나 극단 섭취 집단, 민감 집단(영유아, 임신부, 노약자 등)도 있어서 안전 보호 요소로 임계 제한 값(threshold limit values, TLV)을 정하고 있다.

③ 비발암 물질의 용량 - 반응 평가

용량 - 반응 평가는 비발암성 물질과 발암성 물질에 대한 접근법이 서로 다르다. 평가 대상 화학물질에 대하여 독성학적 역치(Threshold)의 유무를 평가하여 독성학적 역치가 있는 경우(비발암성 물질의 경우) 무독성량(NOAEL), 최소 독성량(LOAEL) 역치가 없는 경우(발암성 물질의 경우) 발암잠재력을 추정하는 방법 등을 활용하고 있다.

비발암 물질의 용량 - 반응 평가 과정에서는 일반적으로 역치(Threshold)가 존재한다고 가정하며, 이는 비발암 물질의 일정 용량 이상에서 노출되어야 유해 영향이 관찰된다고 평가한다.

용량 - 반응에서 독성 종말점(Toxic endpoint)을 바탕으로 무독성량(NOAEL) 또는 최소 독성량(LOAEL)을 도출하고, 불확실성 계수(Uncertainty factor, UF)를 적용하여 독성 참고치(Reference dose : RfD)를 산출한다.

※ NOEL과 NOAEL의 차이점 : NOEL은 no observed effect level의 약자로 무영향량으로 시험물질에 의해 도움에서 어떠한 변화도 나타나지 않는 최대 용량임. NOAEL은 최대 무독성량으로 시험 물질에 의해 영향이 나타나지만 그 영향이 독성이 아닌 영향을 나타나는 최대 용량임. 따라서 NOAEL보다 NOEL의 이용이 더 안전하다고 할 수 있음.

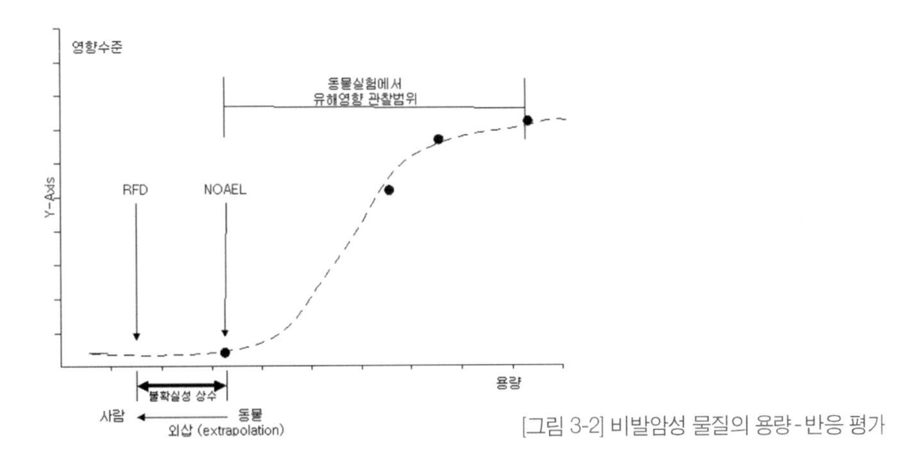

[그림 3-2] 비발암성 물질의 용량-반응 평가

④ 발암 물질의 용량 - 반응 평가

용량 - 반응 모델이란 주어진 노출 용량으로부터 반응을 예측하고 고농도에서 저농도로 외삽하는 함수이며, 일차적인 용도로 노출 용량으로부터 반응을 예측하는 목적 이외에 안전 용량을 결정하는 도구로 이용된다.

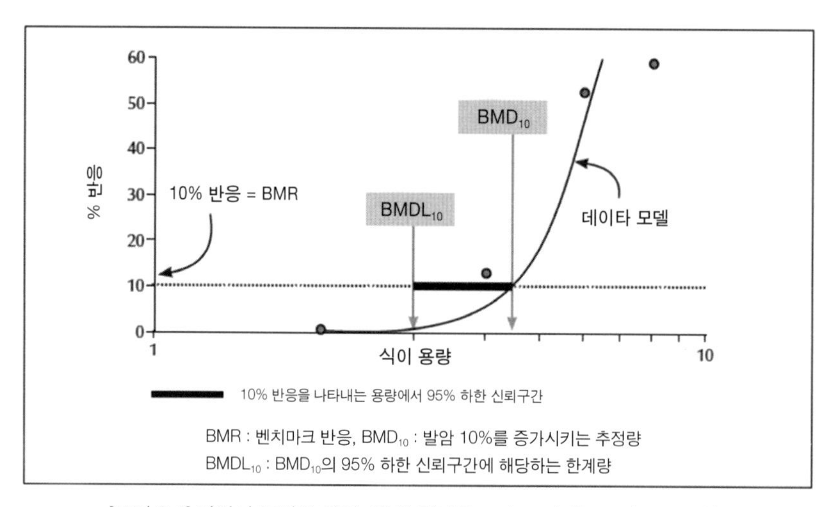

[그림 3-3] 발암성 물질의 용량-반응 평가(Benchmark Dose Approach)

(4) 독성 효과 평가

독성평가는 적절한 정성적 또는 정량적 연구를 기반으로 한다. 연구의 몇 가지 유형은 독소의 효과를 평가하기 위해 수행할 수 있다. 현재 권장 독성 시험은 OECD와 EU의 지침에 따라 우수 시험 기준(GLP)을 사용하여 수행되어야 한다. 독성학적 연구는 수행의 복잡함이나 난이도에 따라 4개의 카테고리로 분류할 수 있다.

1 이론 연구 : 시나리오 기반 모델링-물질의 구조 활성, 수학적 모델 등을 통하여 노출 값을 예측한다.

2 실험관 내(in vitro) 연구 : 세균, 세포, 조직배양 등을 통한 독성 시험

3 동물실험(in vivo) 연구 : 동물(쥐, 토끼 등)을 통한 독성 시험

4 임상시험(역학) 연구 : 독소에 노출된 집단(사람)과 노출되지 않은 집단(사람)을 비교하는 임상 독성 시험

(5) 독성학적 참고 값

대부분의 독소에 있어서 중독은 임계(역치) 효과(독성)에 따라 달라진다. 따라서 독성학자들은 임계 값(역치), 기준(잔류 허용 기준, 최대 기준), 내용(耐容, 한계) 섭취량(TDI), 허용 섭취량(ADI)과 같은 여러 독성학적 참고 값을 참고한다.

[1] 1일 섭취량

- 내용(耐容, 한계) 섭취량(TDI) : 편익을 위해(조건에 따라) 받아드릴 수 있는 양, 참을 수 있을 정도의 양 : 주로 비의도적 오염 유해 물질에 적용
- 허용 섭취량(ADI) : 편익과 상관없이 받아드리는 양, 건강에 만족하게 받아드리는 양 : 주로 의도적 사용 물질로 허용(농약, 동물용 의약품, 식품첨가물)된 것에 적용

[2] 임계 값

- 급성 참고 값(aRfD) : 한 번 투여 후 효과를 일으킬 수 있는 독성 활성 물질의 양

[3] 기준(규정 값)

- 잔류 허용 기준(MRL) : 식품 중 농약, 동물용 의약품에 대한 최대 잔류 허용량
- 최대 기준(ML) : 식품 중 특정 오염 물질에 대한 최대 한계량

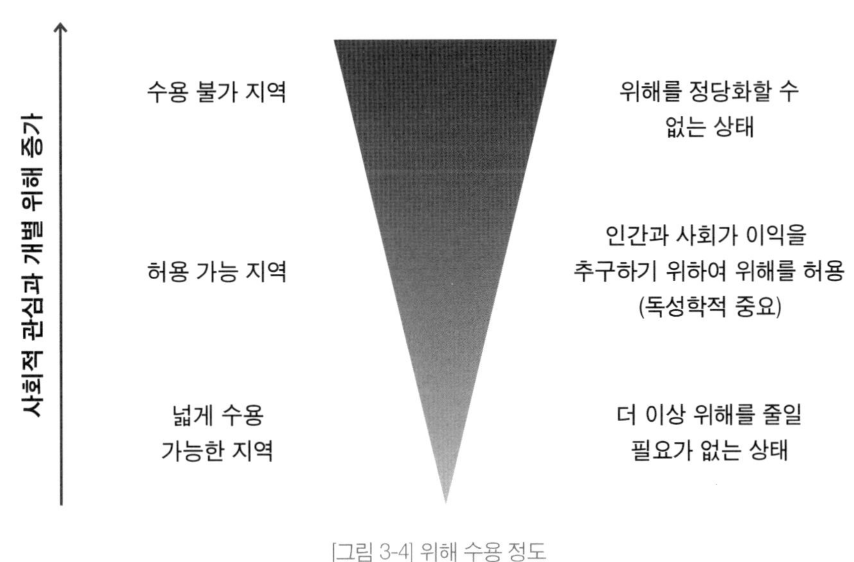

[그림 3-4] 위해 수용 정도

2) 독성 특징(형태)

중독은 독소의 노출 시간과 빈도에 따라 다양한 형태로 나타난다. 서로 다른 노출 시간은 다른 형태의 중독을 가져올 수 있다.

미국 환경 보호국에 의해 채택 된 분류와 용어는 다음과 같다(EPA, 1996).

[표 3-1] 독성의 분류

중독 형태	투여 빈도	노출 시간
급성	단회 (즉시)	24시간 (하루 노출)
아급성	반복 (단기)	1개월 (1~30일의 노출)
아만성	반복 (중기)	1~3개월 (30~180일의 노출)
만성	반복 (장기)	3~6개월
발암	반복 (매우 장기)	평생 노출

만성 노출과 만성 독성 효과, 급성 노출과 급성 독성 효과로 구별하는 것은 곤란하다. 어떤 효과는 급성 노출로 만성적인 독성 효과를 일으킬 수 있기 때문이다. 따라서 노출과 독성 효과의 관계를 설정하는 것은 쉬운 일이 아니다.

(1) 급성 독성

사람 또는 동물에 대한 급성 독성은 단일 투여 후 생명 유지 기능을 바꾸는 능력이다. 이 중독은 일 회 노출로 관찰되는 것으로 독소의 양과 독소의 직접적인 효과로서 나타난다. 이 경우는 복어독, 마비성 패독, 보튤리늄 독 등을 식품을 통해 섭취할 경우 나타난다. 한편, 농약 등 독극물의 취급 부주의나 실수에 의해서도 발생한다.

급성 독성의 증상은 종종 두통, 시각 결함, 복통, 구토, 호흡곤란, 심장마비, 의식불명 등의 형태로 즉시 또는 24시간 이내에 나타난다.

사람에 대한 급성 독성을 평가하기 위해서는 실험동물에 대한 독성 시험을 수행하는 현재의 관행이다. 시험 결과에 기초하여, 절대 확실성은 없지만 사람에 대한 가능한 독성을 추정(외삽)에 의해 합리적으로 추론할 수 있다.

1 급성 독성 특성

LD_{50} 지수는 주로 급성 독성을 표현하기 위해 사용된다. 이 지수 값이 높을수록 독성은 더 낮다. 그럼에도 불구하고 이러한 지수는 단지 사망에 관한 것이고 관련된 메커니즘과 병변의 성질에 대한 정보가 제공되지 않기 때문에 매우 제한된 값을 갖는다. 이것은 동물의 종, 성별, 동물의 나이, 독소 투여 방식과 시간 등의 여러 가지 요인에 의해 영향을 받을 수 있는 예비 평가로 볼 수 있다.

그럼에도 불구하고, LD_{50} 지수는 독성 물질을 분류하고 그 유해성을 비교하기 위한 자료로 매우 유용하다(예 : 약한 독성 → 중간 독성 → 독성 → 강한 독성). 따라서 이 값은 가끔 규제를 위한 분류 및 요구사항에 대한 기초 자료로 사용된다. LD_{50}은 경구(섭취) 또는 피부(경피) 경로에 의해 측정될 수 있다.

세계보건기구(WHO)는 독성 물질의 분류를 급성 독성(LD_{50})의 관점에서 하는 것을 발표했다. 일반적으로 경구 LD_{50} 값을 사용하지만 경피 LD_{50} 값이 경구 LD_{50} 값보다 작으면 경피 LD_{50} 값이 고려된다.

제품의 위험 수준을 나타내는 분류는 분류 Ia, Ib, 분류 II, 분류 III 및 분류 IV는 제품의 분류를 표시하는 라벨에 사용된다.

WHO 분류	쥐의 반치사량(mg/kg)			
	경구투여		경피투여	
	고체	액상	고체	액상
Class Ia	Up to 5	Up to 20	Up to 10	Up to 40
Class Ib	5 – 50	20 – 200	10 – 100	40 – 400
Class II	50 – 500	200 – 2000	100 – 1000	400 – 4000
Class III	> 500	> 2000	> 1000	> 4000
Class IV				

[그림 3-5] 위험 수준 분류

LD_{50} 값으로 고체상 2000mg/kg bw 이상 또는 액상 3000mg/kg bw 이상을 가지는 활성(독성)물질 또는 제제는 정상적인 사용 조건에서의 위험(유해)을 표현하기 위해 고려되지 않은 모든 예방적 수단으로 관찰되었다. 즉 LD_{50} 값 고체상 2000mg/kg bw 이상 또는 액상 3000mg/kg bw는 유해하지 않은 것으로 간주된

다. 독성평가를 위한 더 완전하고 보완된 다른 방법이 있다. 일반적으로 독성평가 프로그램의 일부 형태인 피부 자극 및 눈 부식 시험 등이다. 이러한 시험은 농약의 제품 등록 또는 인증을 위한 체계적 평가로 요구된다.

2 LD_{50} 측정 방법

물질의 독성을 특징짓는 실용적인 방법은 반 치사량(LD_{50})을 결정하는 것이다. 이 용량은 중독 증상을 확인하고, 잠재적인 독성이라는 측면에서 물질을 비교하는 데 사용된다. 이것은 최소 수준 정보(지식)를 제공하기 때문에 가끔 독성 시험을 위한 출발점으로서 역할을 한다.

LD_{50} 값은 실험적으로 측정된다. LD_{50}은 정확한 실험 조건에서 14일 이내에, 동물 집단의 50%의 사망을 일으킬 수 있는 물질의 용량에 해당한다. 이것은 일반적으로 동물 체중의 킬로그램당 밀리그램 수(mg/kg bw)로 표현된다.

시험 물질은 일 회 용량(한꺼번에 모두 먹임)으로 동물(일반적으로 쥐 또는 마우스, 몇 개의 그룹으로 분할)에게 투여된다. 사망률이 0 ~ 100% 사이가 얻어질 때까지 서로 다른 그룹에 주어진 양은 증가한다. 독성이 더 강한 물질일수록 사망을 일으키는 데 필요한 양은 더 적고 LD_{50} 값은 더 낮다. LD_{90} 값도 구할 수 있다.

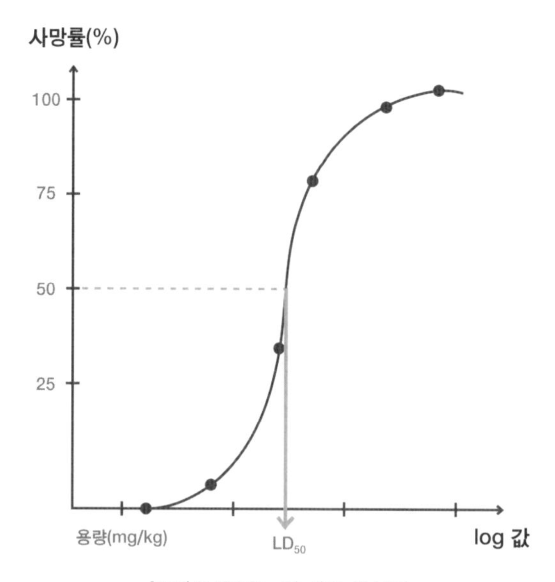

[그림 3-6] LD_{50} 값 산출 도식도

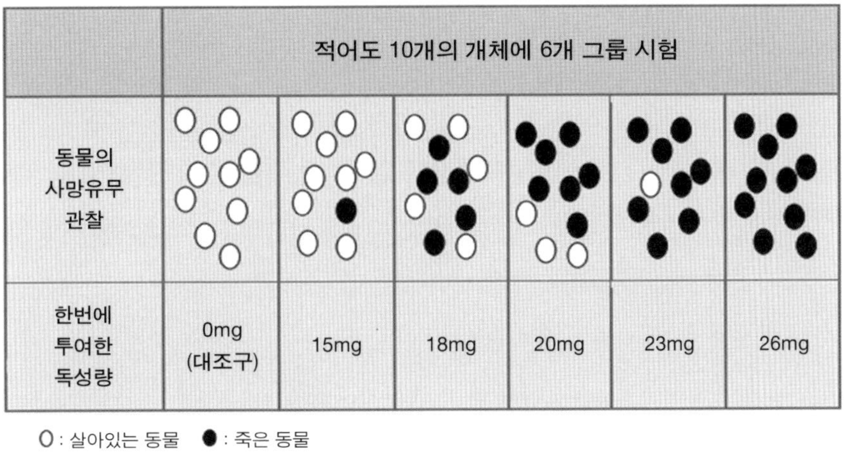

	적어도 10개의 개체에 6개 그룹 시험					
동물의 사망유무 관찰	○○○○○○○○○○	○○○○○○○○○●	○○○○○●●●●●	○○○●●●●●●●	○●●●●●●●●●	●●●●●●●●●●
한번에 투여한 독성량	0mg (대조구)	15mg	18mg	20mg	23mg	26mg

○ : 살아있는 동물 ● : 죽은 동물

[그림 3-7] LD_{50} 의 계산

- LD_{50}의 계산 : 어떤 동물(무게 200g의 쥐)에 18mg을 투여했을 때 14일 후에 그 동물의 절반이 사망했다면 LD_{50}은 18mg/200g X 1,000g = 90 mg/kg bw
  LD_{50}은 다른 물질의 잠재적인 독성을 비교하기 위해 사용될 수 있다.
- 아급성 중독 : 해로운 효과가 며칠, 몇 주에 걸쳐 반복된 노출로 측정된다.

(2) 만성 독성

만성 중독은 낮은 반복된 투여량으로 장시간 노출된 후 발생한다. 특정 유해 효과가 진단되기 전에 몇 주 또는 몇 년이 걸릴 수 있으며, 돌이킬 수 없을 수도 있다.

만성 중독의 징후는 생물체에 축적된 독이 제품에서 제거된 양보다 흡수된 양이 더 낮을 때, 반복 노출에 의한 독성 효과(생물체에 축적된 것 없이)가 추가될 때 나타난다. 유해 효과는 임상적 징후(중량 감소, 간, 신장, 피부질환 등)를 통하여 표출되지만, 가끔은 효소 변성과 같은 생리적 변화로서, 무증상으로서 표출될 수 있다.

장기 독성 효과는 동물에서 실험적으로 관찰할 수 있다. 하지만 몇 가지 예외를 제외하고 살충제, 살생제 및 식품첨가물 등의 화학 물질에 대한 역학적 연구가 없는 상태에서 사람에 대한 신뢰할 수 있는 데이터는 드물다.

만성 독성을 설명할 기본적인 두 개념은 다음과 같다.

- 환경과 생명체에서 지속성은 화학적 안정성과 관련이 있다. 유기염소 살충제(DDT, HCH, endosulfan, 린덴 등)는 유기인산 화합물(methamidophos, 클로르 피리 포스, profenophos, triazophos 등)보다 훨씬 더 지속적이다.
- 생물학적 조직 친화성, 특히 지용성(지방 용해도)은 생체 조직에 장기적 축적을 결정한다. 물질의 지용성 지표는 Log P 값이다(P는 주어진 온도 및 pH에서 정의된 옥탄올/물 분배 계수이다. P도 Kow에라고도 함). Log P > 3의 경우, 활성 물질은 생물 축적될 가능성이 높다.

이 두 조건은 화학 작용제의 생물 축적 가능성을 제공한다. 즉 생명체의 환경에서 축적 능력 및 생물 조직 내에 지속 능력을 제공한다. 먹이사슬 농축 결과는 초식 동물에서 시작하여 먹이사슬이 올라갈수록 축적 비율이 증가한다. 사슬의 마지막(육식 동물, 맹금, 사람 등)은 매우 높은 값을 보인다. 이것은 사람에 대한 만성 독성으로 이어질 수 있다.

1 만성 독성 평가

급성 독성평가는 물질의 만성 독성을 예측할 수 없다. 만성 독성을 평가하는 연구는 실험동물의 여러 세대에 걸쳐 실시해야 한다. 이러한 연구는 몇 달 또는 몇 년이 걸리고 방법에 따라 다양한 간격으로 두 개 이상의 복용량을 포함한다.

동물 실험이나 생체 내 시험으로 설명된 이 연구는 일반적으로 면역 독성과 발암에 대한 독성 등의 다양한 측면에서 전문화된 연구 과학자들에 의해 수행된다. 그들은 일반적으로 화학, 생화학, 생물학, 의학 등 과학 분야의 범위에서 연구자의 협력을 의미한다.

장기 또는 만성 독성 시험을 실행하려면 물질에 주어진 용량은 평생 또는 그 자손에게 투여한다. 실험을 통해 연구자들은 물질이 있는지를 강조하기 위해 그들의 성장, 생식 행동과 자손을 연구한다. : ◆최기 형성(태아의 기형 초래) ◆변이원성(유전자 또는 유전독성 돌연변이) ◆발암성(종양)

2 물질의 만성 독성 특성

만성 독성 시험은 유해한 영향을 일으키지 않는 생체 내 농도 수준을 정의하는 데 사용된다. 그런 시험의 결과 덕분에 전문가들은 관찰되지 않는 효과 수준, 무영향량(NOEL, no observable effect level)과 관찰되지 않는 역효과 수준, 무독성량(NOAEL, no observable adverse effect level)을 결정할 수 있다. 사실, 최저 관찰 가능한 역효과 양, 무독성량(LOAEL)은 동물 실험을 통해 결정된다. 이는 관찰 가능한 효과(NOEL)가 시험 중 관찰된 최소 용량이다. 무독성량(NOAEL), 최소 독성량(LOAEL), 무영향량(NOEL) 그리고 최소영향량(LOEL)은 위해성 평가에 있어서 매우 중요하다.

① 영향(효과)이 관찰되지 않은 무영향량(NOEL)

그것은 이들이 효과를 관찰 가능한지 또는 유해 효과가 있는지 여부를 지정하는 것이 중요하다. 문제의 영향이 측정 가능하고 정량화할 수 있어야 하며, 그들이 유해하고 비가역적인지 여부를 측정해야 한다. 예를 들어 알코올 소비량은 간 크기의 일시적인 증가로 이어질 수 있다. 이 효과는 관찰되지만 유해하지 않다. 반대로 이 관찰은 그것을 제거하기 위해 알코올에 대한 생물의 반응을 증명한다. 물론 나중에 특정 임계 값을 초과하는 노출을 반복하면 간에 돌이킬 수 없는 영향(간경변)은 관찰될 수 있다.

② 영향(효과)이 관찰되지 않은 수준(NOEL) 결정

관찰되지 않은 효과를 나타내는 용량은 일생 전반에 걸쳐, 생리학적 이상 없이, 매일 동물에 먹일 수 있는 독성 물질의 최대량이다. 그것은 1일 몸무게에 대한 양(mg/kg of body weight/day)으로 표현한다.

일일 허용 섭취량(ADI)는 민감하고 대표적인 동물 종 및 안전 계수(SF)에서 가장 적절한 연구 결과인 유해가 관찰되지 않은 무독성량(NOAEL) 값에 기초하여 결정될 수 있다. 이러한 안전 계수는 동물과 사람 및 종간 다양성, 물질 효과의 특성을 고려한다.

③ ADI의 계산 : ADI(mg a.s./kg bw/day) = No observable effect level/SF, SF is a safety factor of 100

- 10은 종간 안전 계수 : 사람 종과 민감한 동물 종의 민감도 차이에 따른 안전 계수
- 10은 개인별 안전 계수 : 인간 그룹에서 모든 개인은 동일한 감도를 가지고, 일부는 평균보다 더 민감(어린이, 임산부, 노인 등)함을 반영한 안전 계수
- 안전 계수는 협약에 의해 100이나, 조금이라도 의심이 있는 경우 1000을 적용
- 급성 독성과 만성 독성 사이를 직접적 연결하여 설명할 필요는 없다. 높은 급성 독성이 낮은 만성 독성을 가질 수 있다.

③ 인체 안전 독성 값, 인체 노출 안전기준(인체 노출 허용기준)

인체에 영향(효과)을 주지 않은 독성 값의 산출은 동물 시험의 용량-반응을 통하여 간접적으로밖에 설정할 수 없기 때문에 항상 불확실성이 존재한다. 이러한 불확실성은 동물 시험에 대한 인간으로의 보정, 인간별 다양성에 대한 보정 등의 보정계수로서 어느 정도 해결하고 있다. 이렇게 산출한 인체에 영향(효과)을 주지 않은 독성 값을 인체 노출 안전기준(인체 노출 허용기준)이라 하며, ADI, TDI, PTWI, aRfD 등이 있다. 이는 위해평가에서 아주 중요한 위해 수준 평가의 척도다.

독성 결정(독성 참고 값, 인체 노출 안전기준)

NOAEL 결정(용량 반응, 독성 종말점) → 불확실성 계수 결정(종내, 종간, 노출기간, NOEL과 NOAEL 적용) → 독성 결정(ADI, TDI, PTWI 등)

- **동물 실험**

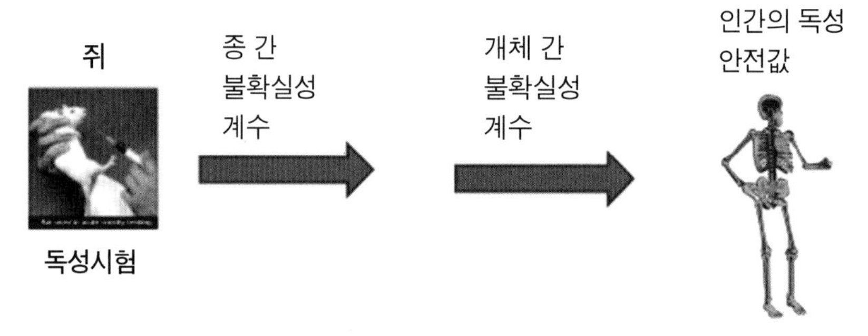

[그림 3-8] 인체 독성 안전값 산출 과정

4 인체 노출 안전(허용)기준의 분류 및 정의

- **일일 섭취 허용량**(Acceptable daily intake, ADI)

식품첨가물, 잔류 농약 등 의도적으로 사용하는 화학물질에 대해 일생 동안 섭취하여도 유해 영향이 나타나지 않는 1인당 1일 최대 섭취 허용량을 말하며, 사람의 체중 kg당 일일 섭취 허용량을 mg으로 나타낸 것 (단위: mg/kg bw/day)

- **일일 섭취 한계량**(Tolerable Daily Intake, TDI)

환경오염 물질 등과 같이 식품 등에 비의도적으로 혼입되는 물질(중금속, 곰팡이독소 등)에 대해 평생 동안 섭취해도 건강상 유해한 영향이 나타나지 않는다고 판단되는 양 (단위: mg/kg bw/day)

- **잠정 최대 내용(耐容) 일일 노출량**(Provisional Maximum Tolerable Daily Intake, PMTDI)

축적되는 성질이 없는 오염 물질에 적용되는 값으로 식품 및 음용수에 천연적으로 존재하는 물질의 내용(耐容) 일일 노출량

ex) 대다수 곰팡이독소(오크라톡신 A : PTWI, 아플라톡신 : 발암력)

- **잠정 주간 섭취 한계량**(Provisional Tolerable Weekly Intake, PTWI)

체내 축적되는 성질을 지닌 중금속과 같은 식품 오염 물질에 적용되는 값으로 뚜렷한 건강 위해 없이 일생 동안 매주 섭취할 수 있는 양

- **잠정 월간 최대 섭취 한계량**(Provisional Tolerable Monthly Intake, PTMI)

반감기가 매우 길어 체내 축적되는 성질을 지닌 중금속과 같은 식품 중 오염물질에 적용되는 값으로, 뚜렷한 건강 위해 없이 일생 동안 매월 섭취할 수 있는 양 ex) 다이옥신, 반감기 : 7~8년

- **벤치마크 용량**(Benchmark dose, BMD)

용량-반응 모델을 근거로 계산되는 값, 어떤 독성에 대해 사전에 정한 척도나 생물학적 영향의 변화가 대조군에 비해 5% 혹은 10%의 유해한 영향이 나타나는 용량

※ BMDL(Benchmark Dose Lower Confidence Limit, BMD 중 95% 신뢰 구간의 하한치)

- **독성 참고치(Reference does, RfD)**

민감군을 포함하여 인구 집단에서 일생 동안 뚜렷한 유해 영향이 나타나지 않을 것으로 예측되는 일일 경구 노출 허용량·일일 호흡 노출 허용 농도(RfC)로서 동물실험 혹은 인체 역학 연구에서 확인된 NOAEL 및 LOAEL, BMD에 사용된 자료의 한계를 반영하기 위한 불확실성 계수 및 추가 수정계수(modifying factor, MF)를 적용하여 도출

- **급성 독성 참고량(Acute Reference does, aRfD)**

WHO가 식품이나 음용수를 통한 특정 농약 등 화학물질의 인체에 대한 급성 영향을 고려하기 위해 설정하는 값으로 인체의 24시간 또는 그보다 단시간의 경구 섭취로 건강상 위해성을 나타내지 않는다고 추정되는 양

5 유해 오염 물질의 인체 노출 안전기준 현황

<table>
<tr><th colspan="2">유해 오염 물질</th><th>인체 노출 안전기준</th><th>Ref.</th></tr>
<tr><td colspan="2">총수은</td><td>3.7 μg/kg b.w./week (PTWI)</td><td>korea</td></tr>
<tr><td colspan="2">메틸수은</td><td>2.0 μg/kg b.w./week (PTWI)</td><td>korea</td></tr>
<tr><td colspan="2">납</td><td>0.50 μg/kg b.w./day (BMDL01) : 어린이
0.63 μg/kg b.w./day (BMDL01) : 성인</td><td>JECFA</td></tr>
<tr><td colspan="2">카드뮴</td><td>25 μg/kg b.w./month (PTMI)</td><td>JECFA</td></tr>
<tr><td rowspan="2">비소</td><td>총비소</td><td>350 μg/kg b.w./week (PTWI)</td><td>JECFA</td></tr>
<tr><td>무기비소</td><td>9.0 μg/kg b.w./week (PTWI)</td><td>korea</td></tr>
<tr><td colspan="2">주석</td><td>14 mg/kg b.w./week (PTWI)</td><td>JECFA</td></tr>
<tr><td colspan="2">총아플라톡신</td><td>0.17 μg/kg bw/dayb)(BMDL10)</td><td>JECFA</td></tr>
<tr><td colspan="2">파튤린</td><td>0.4 μg/kg b.w./day (PMTDI)</td><td>JECFA</td></tr>
<tr><td colspan="2">푸모니신</td><td>1.65 μg/kg b.w./day (PMTDI)</td><td>JECFA</td></tr>
<tr><td colspan="2" rowspan="2">오크라톡신 A</td><td>0.1 μg/kg b.w./week (PTWI)</td><td>JECFA</td></tr>
<tr><td>5 ng/kg b.w./day (PMTDI)</td><td>JECFA</td></tr>
</table>

제랄레논	0.4 μg/kg b.w./day (PMTDI)	JECFA
데옥시니발레놀	1 μg/kg b.w./day (PMTDI)	JECFA
3-MCPD	2 μg/kg b.w./day (PMTDI)	JECFA
벤조피렌	0.1 mg/kg b.w./day (BMDL10)	JECFA
다이옥신	70 pg/kg b.w./month (PTMI)	JECFA
PCBs	70 pg/kg b.w./month (PTMI)	JECFA
멜라민	0.2 mg/kg b.w./day (TDI)	JECFA

b) 노출 기간을 60년(수명)으로 하였을 경우 10% 간암 발생률을 BMD10으로 산출하고 외삽을 통해 BMDL10 산출함 ⇒ 870 ng/kg b.w./day

6 식품첨가물 안전성 평가 사례

무독성량과 일일 섭취 허용량(ADI) 산출

가) 무독성량 산출

식품첨가물의 안전성 시험은 의약품이나 화장품, 농약과 마찬가지로 실험동물을 이용하여 실시한다. 무독성량이란 반복 투여 독성 시험, 발암성 시험, 번식 시험 등의 독성 시험으로, 실험동물에 독성이 나타나지 않는 최대투여량을 말한다. 실제로는 랫트나 마우스 등의 실험동물에게 식품첨가물을 몇 단계의 농도로 매일 투여하고, 독성이 확인되지 않은 최대량을 구하게 되는데, 이것을 무독성량이라고 한다.

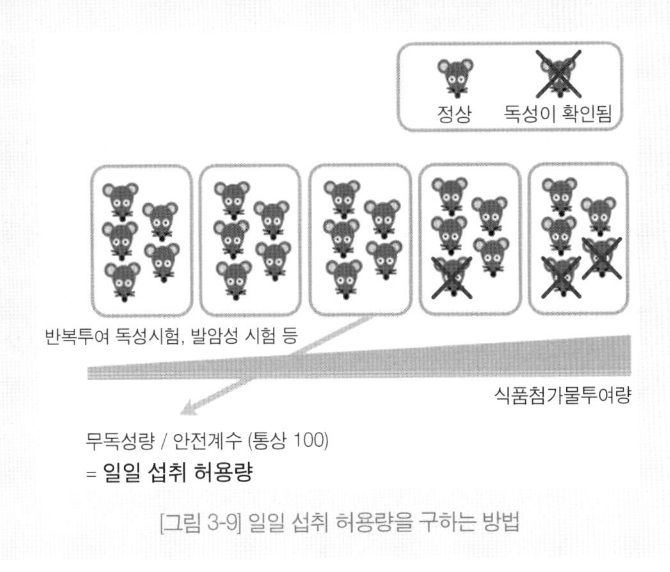

[그림 3-9] 일일 섭취 허용량을 구하는 방법

실제로 감미료인 아세설팜칼륨의 독성 시험 결과로부터 무독성량을 구하는 순서를 살펴보자. 랫트를 이용한 90일간의 반복 투여 독성 시험(아급성 독성 시험)은 500, 1500 및 5000mg/kg · bw/day의 용량으로 실험이 이루어지고, 5000mg/kg · bw/day에서 맹장 비대와 맹장 중량의 증가가 확인되었으므로 무독성량은 1500mg/kg · bw/day 라고 구할 수 있다.

마찬가지로 랫트를 이용한 2년간의 반복 투여 독성 시험 및 발암성 시험은 150, 500 및 1500mg/kg · bw/day의 용량으로 이루어지고, 모든 농도에서 발암성 및 독성이 확인되지 않았으므로 무독성량은 1,500mg/kg · bw/day라고 할 수 있다.

또한, 마우스를 이용한 80주간의 시험은 0, 420, 1400 및 4200mg/kg · bw/day의 용량으로 실시되고, 모든 농도에서 발암성 및 독성이 확인되지 않았으므로 무독성량은 4200mg/kg · bw/day라고 할 수 있다.

번식 시험 및 최기 형성 시험은 0, 150, 500 및 1500mg/kg · bw/day의 용량으로 실시되고, 모든 농도에서 번식 독성 및 최기 형성이 확인되지 않았으므로 무독성량은 1500mg/kg · bw/day라고 할 수 있다. 이러한 결과로부터 무독성량은 1500mg/kg · bw/day라고 할 수 있다.

시험	방법	무독성량
급성독성시험	1회	(LD_{50}) 랫트 : 5.5 ~ 7.5g/.kg (LD_{50}) 마우스 : 7g/kg
이급성독성시험	90일간	랫트 : 1,500mg/kg · bw/day
반복투여 독성시험 및 발암성시험	2년간 80주간	랫트 : 1,500mg/kg · bw/day 마우스 : 4,200mg/kg · bw/day
번식시험 및 최기형성시험	3세대	랫트 : 1,500mg/kg · bw/day

↓

무독성량	1,500mg/kg · bw/day

[그림 3-10] 아세설팜칼륨의 무독성량을 구하는 방법

나) 일일 섭취 허용량(Acceptable Daily Intakes, ADI)

일일 섭취 허용량은 식품첨가물을 안전하게 사용하기 위한 지표가 되는 것으로 인간이 어떤 식품첨가물을 일생 동안 매일 섭취해도 어떤 영향도 받지 않는 일일 섭취량을 말한다.

기본적으로 모든 화학 물질(인간이나 식품을 구성하는 화학 물질을 포함하여)에는 어떠한 독성이 있다고 말할 수 있다. 설탕이나 소금도 다량으로 섭취하면 독성이 나오지만 그 독성은 섭취량이나 섭취 기간 등에 영향을 받는다. 일반적으로 화학 물질이 생체에 미치는 반응은 투여량과 관련되고 있는데 이것을 용량 및 반응곡선이라고 말한다. 예를 들어 어떤 두통약을 1회 2정 복용하면 두통이 말끔히 사라진다. 따라서 이 2정이라는 투여량은 '작용량역'에 있는 것이나, 동일한 두통약을 1/100 복용하면 두통은 사라지지 않는데, 이 양은 '무작용량역'에 있는 것이다. 또한, 20정을 복용하면 구토, 전신권태감, 발한 등 초기 증상이 나타난 후 심각한 부작용을 일으키는데, 이 양은 '중독량'이 된다.

화학 물질의 투여량을 증가시키고 생체에 반응이 나타나지 않는 최대량을 '역치'라고 말하는데, 이것은 화학 물질의 종류에 따라 다르다. 일반적인 식품이나 식품첨가물의 섭취량은 무영향량의 범위 내에 있다. 특히 식품첨가물에 대해서는 1일 총섭취량, 즉 일일 섭취 허용량이 무독성량의 1/100 이하가 되도록 사용 기준이 정해져 있다.

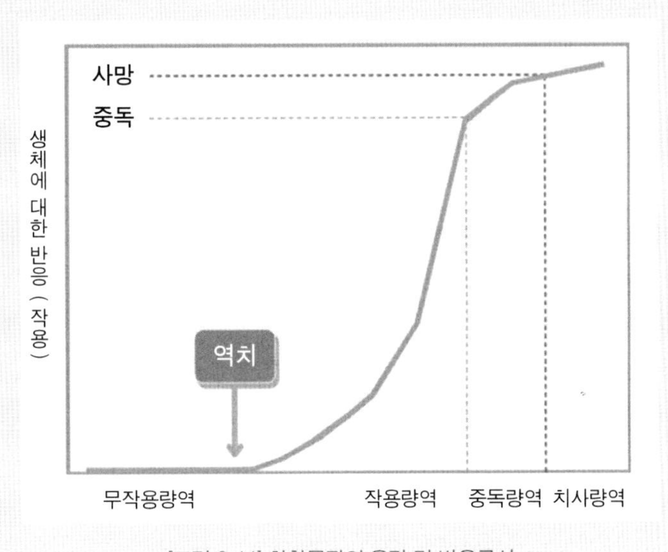

[그림 3-11] 화학물질의 용량 및 반응곡선

일일 섭취 허용량은 실험동물을 이용한 독성 시험 결과를 인간에게 외삽하여 구할 수 있다. 동물실험에 의해 얻어진 독성 시험의 결과로부터 무독성량을 구할 수 있는데, 무독성량을 안전계수(일반적으로 100)로 나눈 값이 일일 섭취 허용량이다.
무독성량은 어떤 식품첨가물을 장기간에 걸쳐 투여해도 실험동물에 어떤 영향도 미치지 않는 양을 말하지만, 이 값을 그대로 사람에게 적용할 수는 없다. 그래서 동물실험의 결과를 인간에게 적용하기 위해 안전계수가 이용된다. 안전계수란 실험동물에서 실시한 독성 시험의 결과를 인간에게 외삽할 경우에 사용하는 경험치로, 일반적으로 동물과 인간과의 종차를 10배, 개인차를 10배라고 생각하고 이러한 것들을 곱하여 100배를 안전율로 이용한다.

7 식품 원료 안전성 평가 사례

식물성 원료의 독성평가

식품의 섭취로 인해 발생할 수 있는 잠재적 위해를 동물 시험 연구를 통해 예측하는 것이다. 동물 시험은 인체 적용 시험에서 파악하기 힘든 독성 결과까지 볼 수 있도록 통제된 조건에서 시험할 수 있다는 큰 장점이 있다.
일반적으로 어떤 물질의 독성은 포유류 전반에 걸쳐 유사하므로 동물 시험을 통해 관찰된 독성은 식품의 안전성 평가를 위해 유용하게 사용될 수 있다.
단회 투여 독성 시험(설치류 비설치류) 3개월 반복 투여 독성 자료(설치류), 유전 독성 시험(복귀 돌연변이 시험, 염색체 이상 시험, 소핵 시험)을 기본으로 하며, 원료의 특성에 따라 필요한 경우 생식 독성, 면역 독성, 발암성 시험 등이 추가로 필요할 수 있다.
독성 시험은 우수실험실운영기준(Good Laboratory PracticeGLP)에 따라 지정된 기관에서 OECD 독성 시험 지침에 준하여 시험한다.
일반적으로 독성 시험에서 동물에게 투여하는 용량은 독성이 나타나는 용량과 독성이 나타나지 않는 용량이 함께 적용된다. 그래서 독성이 나타나지 않는 용량을 응용하여 사람에 대한 안정 용량을 설정한다. 이러한 방식으로 독성 시험이 이루어지기 때문에 독성 시험을 통해 특정 용량에서 독성이 나타났다고 하여 이 식품이 독성이 있다는 주장은 문제가 있다. 식품을 포함하여 섭취하는 모든 물질에는 독성이 존재하는데 독성의 문제는 발암성이 없다면 결국 섭취하는 용량이 문제라는 것을 인식할 필요가 있다.

가) 식약 공용 한약재(A)의 안전 사용량 산출 사례

㉠ 식약 공용 한약재(A)의 독성 실험 결과

- 유전 독성, 생식 발생 독성 : 음성 반응
- 랫드에 30일(사람의 8.3년에 해당) 동안 투여 NOEL(no - observed - effect level) 4g/kg weight를 산출
  ⇒ 식약 공용 한약재(A)가 돌연변이나 발암물질이 아니라는 것을 확인할 수 있음, 그렇다면 안전 용량이 존재함
- 안전 용량은 다음과 같이 동물 용량의 인체 용량으로의 전환 인자 10과 사람 집단 내의 민감성에 대한 안전계수 10을 고려하여 아래와 같이 산출
  ⇒ 임상시험에서 인체 투여를 위한 최대 안전 용량 = NOAEL/10x10
- 랫드에 30일 동안 투여 NOEL 4g/kg weight를 산출, NOAEL 대신하여 NOEL 값을 이용 = 4g/10x10 = 40mg/kg weight

이를 체중 60kg인 성인 1일 용량 40mg x 60 하면 2400mg, 즉 **하루 2.4g을 성인이 평생 동안 섭취하여도 이상이 없다**는 것을 의미

이를 기준하여 식약 공용 한약재(A)를 사용한 제조한 식품 B에서 식약 공용 한약재(A) 함량과 소비자의 섭취량을 알면 안전성 여부를 파악할 수 있다. 그에 따라 식품 B의 안전 섭취량도 구할 수 있다. 즉 식약 공용 한약재(A) 2%를 함유한 식품 B 100g을 하루에 먹었다면 식약 공용 한약재(A) 2g을 먹었다는 것으로 안전 사용량 2.4g보다 적어서 안전하다고 볼 수 있다. 또한, 식품 B는 하루에 120g까지 먹어도 안전하다.

2. 위해평가

위해평가는 식품에 들어 있는 위해요인에 의해 우리 건강에 얼마나 악영향을 미치는지를 평가하는 것으로, 위해요소(hazard)의 노출에 의해 알려졌거나 잠재적으로 건강에 부정적인 영향을 발생시킬 확률과 심각성을 과학적으로 평가한다. 위해평가는 유해물질의 노출이 야기하는 잠재적인 위해를 결정하는 데 사용된다.

과학적인 위해평가의 수행은 규제 당국으로서 매우 중요한 일 중의 하나이다. 위해도의 잘못된 과소평가는 모집단에게 과다 노출을 가져 올 수 있다. 반면에 위해도의 과잉평가는 국민들에게 부당한 비용을 부가하는 결과를 가져올 수 있다.

1) 위해평가 이해

(1) 위해요소의 독성평가와 위해평가

사람에 대한 위해평가는 기본적으로 크게 첫째로 그 물질의 유해성을 확인하고 결정짓는 독성평가, 두 번째로 사람이 얼마나 섭취 또는 접촉되었는지를 평가하는 노출평가, 마지막으로 위해 정도를 결정하는 위해도 결정으로 나눌 수 있다.

· 독성 평가 : 위해요소(화학물질)의 내재적 독성이나 위험성을 평가하는 것
· 노출 평가 : 위해요소(화학물질)에 대한 잠재적인 인간 노출을 추정하는 것
· 위해도 결정 : 사람에 대한 잠재적 위해성을 평가하는 것

1 독성 평가 : 화학물질의 유해성은 어떤 것인가?

위해요소(화학물질)의 독성을 평가하는 목적은 이 화학물질이 인간 보건에 위해성을 유발하는지의 여부를 판단하기 위한 것이다. 면밀하게 통제된 동물 실험 연구가 화학물질의 독성을 구분해 내는 기초가 된다. 동물 연구에서는 인간이 일반적으로 노출되는 용량보다 훨씬 더 많은 용량을 포함해 다양한 위해요소(화학물질) 용량을 사용한다.

2 노출 평가 : 인체 노출의 경로와 수준은 무엇인가?

위해요소(화학물질)에의 인체 노출은 보통 식품과 물에 있는 화학물질을 섭취

하는 것을 통해 일어난다. 하지만 피부 및 흡입을 통한 노출 등도 노출 경로로 인식되고 있다.

3 위해도 결정 : 노출과 독성과의 관계는 무엇인가?

위해는 노출과 독성의 함수로서, 위해도 결정은 위해요소(화학물질)의 독성과 노출 데이터를 종합해 인간에의 위해 가능성을 예측하는 과정이다. 비록 독성 데이터와 노출 데이터를 별도로 평가하지만, 그 결과에 따른 평가는 모두 위해를 결정하는 데 사용된다. 독성이 높은 화학물질은 노출 수준이 최소인 경우 유의미한 위해를 야기하지 않을 수 있다. 또는 독성이 낮은 화학물질이라도 높은 용량에 노출되거나 장기적으로 노출되면 허용할 수 없는 위해를 야기할 수 있다.

(2) 위해평가 단계

사람이 식품 등에 존재하는 위해요소에 노출되었을 때 발생할 수 있는 유해 영향과 발생 가능성을 과학적으로 예측하는 일련의 과정으로 유해성(위해요소) 확인, 유해성 결정, 노출평가, 위해도 결정의 4단계로 구성된다.

① 위해요소 확인 : 독성 실험, 역학연구 등을 활용하여 생물학적, 화학적, 물리적 위해요소의 유해성, 독성 및 그 정도와 영향을 파악하고 확인하는 단계

② 위해요소 독성 결정 : 위해요소의 노출 용량과 유해 영향 발생과의 관계를 정량적 · 정성적으로 결정하는 단계로 동물 실험 등을 통해 인체 노출 안전기준(ADI, RfD, TDI 등)을 산출

③ 노출평가 : 식품 섭취 등을 통해 인체 노출될 위해요소의 양을 정량적 · 정성적으로 산출하는 단계로 위해요소의 인체 노출의 강도, 발생 빈도, 기간 등 측정

④ 위해도 결정 : 유해성 확인, 유해성 결정, 노출평가 결과에 근거하여 위해요소가 인체에 미치는 유해 영향의 발생과 위해 정도를 정성적 · 정량적 추정하는 단계. 즉 화학적 위해요소에 대한 위해도 = 인체 중 위해요소의 노출량 · 인체 노출 안전 기준(ADI, RfD, TDI 등)

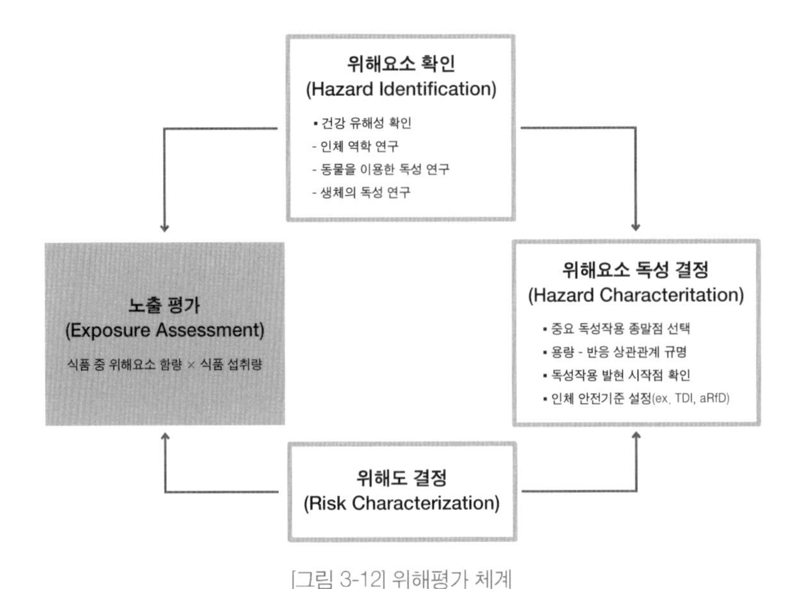

[그림 3-12] 위해평가 체계

(3) 위해평가의 필요성

위해평가는 인체 안전성 입증, 기준 규격 설정, 위해관리 우선순위 결정 등 위해관리 대책 및 정책 결정을 위한 위해관리 초기 단계에서 필요로 한다.

① 새로운 식품 생산 방법 · 신 가공기술 도입 · 신규 원료, 첨가물 등 신 식품의 인체 위해성 관련 입증

② 어떤 식품 중 비의도적 오염 물질의 위해를 허용 가능 수준으로 감소시키기 위한 규제 기준 설정 또는 위해관리 정책 결정

③ 식품 중 의도적 사용 물질에 대한 잔류 노출을 ADI가 초과하지 않도록 제한하기 위한 규제 기준 설정 또는 위해관리 대책 수립

④ 위해관리 순위 결정을 위한 위해 등급 결정

⑤ 가장 적합하고 효과적인 위해관리 대책 수립을 위한 비용-편익 분석 기초자료

⑥ 위해요소 저감화 등 특정 공중보건 목표 달성 정도 측정

ex) 10년 동안 장내병원균에 의한 식품 매개 질병의 50% 감소

⑦ 식품 생산/수입 환경이나 기후 변화와 관련하여 식품의 위해 증가 여부 판단

(4) 위해평가의 일반 특성

① 객관적이고 투명하게 실시해야 하며 문서화해야 한다.
② 위해평가와 위해관리는 독립성이 유지(기능적 분리)되어야 한다.
③ 식품의 생산에서 소비까지의 모든 경로를 고려하고, 과학적 자료에 근거하여야 한다.
④ 위해 추정의 불확실성과 변동성을 명확하게 해야 한다.

2) 위해평가 기본 요소

위해평가 방법은 위해요소의 종류, 식품 안전 시나리오(기존의 알려진 유해성, 새로운 가공 · 생산기술 등) 등에 따라 다양한 방법이 사용될 수 있다. 화학적 위해요소와 미생물학적 위해요소인 경우에 위해평가 방법의 차이가 가장 뚜렷하다. 두 종류의 유해 사이에 내재된 차이 때문에 그렇다.

	화학적 위해요소	미생물학적 위해요소
유입 경로	생산 또는 가공 단계, 식품 원료 성분	생산에서 소비까지 전체
오염 정도	오염된 이후는 농도 변화가 거의 없다.	생산 단계별 오염 농도의 변화가 크다.
건강 위해	주로 만성 독성(일부 급성)	일반적으로 급성
독성 영향	개인별로 유사하나 민감성의 차이도 있다.	개인별 변동성이 크다

또한, 화학적 위해요소인 경우에는 화학물질이 식품 공급 과정에 의도적으로 사용(예를 들어 식품첨가물, 동물용 의약품 잔류물, 농약 잔류물)이나 비의도적으로 오염될 수 있다는 점도 차이가 있다.

이들 화학물질의 사용을 규제하거나 제한하여 소비 시점의 잔류물이 사람 건강에 위해가 되지 않도록 할 수 있다. 이와 달리 미생물학적 위험은 식품 공급 과정 전반에 산재해 있고, 미생물이 증식하고 죽기도 하므로, 관리 대책에도 불구하고 사람 건강에 명백한 위해가 되는 수준으로 소비 시점에 미생물 유해가 존재할 수 있다.

(1) 위해요소 확인

위해평가에서 중요한 단계는 관심 대상인 위해요소를 구체적으로 확인하는 것이며, 위해요소 확인은 그 유해에 따른 위해 추정 절차의 시작에 해당된다. 리스크 프로파일 수준으로 작성하면 된다.

초기 단계에는 어떤 형태의 유해성을 유도할 수 있는 생체 이물에 대한 잠재성이 평가되어진다. 자료는 증거 중량 접근법 (weight-of-evidence approach)으로 수집되고 분석된다. 자료의 형태는 인체 역학 자료(human epidemiology data), 동물의 생물학 시험 자료(animal bioassay data), 기타 보충 자료(supporting data) 등이다.

이들 결과를 바탕으로 하나 혹은 그 이상의 종양, 출생 결함, 만성 독성, 신경 독성 같은 유해성이 확인된다. 유해성의 최우선 고려점(Primary hazard of concern) 중의 하나가 다른 심각한 독성 작용보다 더 낮은 용량에서 암과 같은 심각한 건강 결과가 발생되어 나타날 수 있다는 것이다. 이러한 유해성의 최우선 고려점은 용량-반응 평가를 위해 선택될 것이다.

인체 역학 자료는 가장 바람직한 자료로서 독성 작용에 있어서 종의 차이에 대한 고려를 피할 수 있기 때문에 우선순위가 가장 높다. 그러나 불행히도 신뢰성 있는 역학 연구를 얻는 것은 드물다. 심지어 역학 연구가 수행 중이라고 하더라도 대개 그들은 불완전하고 신뢰할 수 없는 노출 이력을 가지고 있다. 이러한 이유로 위해평가자가 역학 연구들을 기초로 하는 독성 작용에 대한 확실한 용량-반응 관계를 구성한다는 것은 드문 것이다. 대부분 인체를 대상으로 한 연구들은 단지 인과관계가 존재하는 정성적인 증거만 제공할 수 있다.

실제적으로 동물의 생물학 실험 자료가 위해평가에 일반적으로 사용되는 가장 중요한 자료이다. 인체에 대한 잠재적 독성 효과를 결정하기 위한 실험동물의 사용은 필수적으로 받아들여지는 과정이다. 실험동물에서 나타나는 작용은 비교 용량 수준에서 인간에서 관찰되는 것과 비슷하다고 인식되고 있다.

세포 생화학적 연구로부터 얻어진 보충 자료는 위해평가자들이 인체의 반응도 비슷할 것이라는 의미 있는 예측을 하는 데 도움을 줄 것이다. 예를 들면 종종 화학물질은 인간과 동물세포 모두 세포독성, 돌연변이, DNA 손상 등을 나타낼 수 있는 능력 여부가 시험된다. 세포 연구는 동물 생체시험(animal bioassay)에 물질이 작용함으로서 나타나는 기전을 확인하는 데 도움을 줄 수 있다. 더욱이 종간의 차이가 밝혀질 수 있고 참작될 수 있게 된다.

어떤 화학물질의 독성은 기존에 알려진 독성에 대한 화학물질의 구조에 있어서 유사성을 근거하여 예측될 수 있다. 이것을 구조 활성 관계(Structure - activity relationship, SAR)라 한다.

(2) 위해요소 독성 결정

유해성 결정 단계에서는 특정 위해요소와 관련이 있는 것으로 알려진 부정적 건강 영향의 특성과 정도를 파악한다. 위해요소에 대한 서로 다른 노출 수준과 다양한 부정적 건강 영향의 발생 가능성 사이의 용량-반응 관계를 정한다.

용량-반응 관계 확립은 동물 독성 시험, 임상시험, 질병조사 또는 역학 자료 등이 필요하다. 용량-반응의 결과는 화학적 위해요소인 경우, 동물 실험에서 화학적 위해요소의 투여량에 따른 부정적인 건강 영향, 미생물학적 위해요소인 경우, 투여량별로 감염률, 사망률 등으로 귀결된다.

용량-반응 평가는 위해평가에서 확인된 유해성을 정량하는 단계이다. 이것은 용량과 인간의 작용 발생률 사이의 상관성을 결정한다. 일반적으로 두 가지 주요 외삽 과정이 요구된다. 첫째는 높은 실험 용량에서 낮은 환경 용량으로의 외삽이고, 둘째는 동물 용량에서 인간 용량으로의 외삽이다.

고용량으로부터 저용량으로의 외삽에 이용되는 과정은 발암 작용(carcinogenic effect)과 비발암 작용(non - carcinogenic effect) 평가에 대하여 차이가 난다. 발암 작용은 역치를 가지지 않는 것으로 고려되며 수학적 모델은 매우 낮은 용량 수준에서의 발암 위해성에 대한 평가를 제공하기 위해 사용된다.

비발암 작용은 작용이 나타나지 않는 역치 이하 용량을 가지는 것으로 고려되어 왔다. 사람이나 동물 실험에서 작용을 나타내는 최소 용량은 안전 영역을 제공하는 안전 인자(Safety factors)에 의해 나누어진다.

(3) 노출평가

노출평가는 노출 집단의 다양한 구성원이 소비하는 위해요소의 양을 파악하는 것이다. 식품, 식품 생산 · 유통 · 소비 환경 중 위해요소의 농도 수준을 식품 생산 과정 전반에 걸쳐 오염 또는 잔류 수준의 변화를 추적한다. 이 자료와 소비자 집단의 식품 소비 패턴을 결합하여, 특정 기간 동안 실제 소비된 식품 중의 위해요소에 대한 노출을 평가한다.

급성 건강 영향(독성)이나 만성 건강 영향(독성) 가운데 어떤 것에 중점을 두는지에 따라 노출 특성 분석이 달라질 수 있다. 화학적 위해요소에 의한 위해는 그 위해요소에 대한 장기간 또는 일생 동안의 만성적 노출(때로는 여러 곳을 통한 노출)에 대비하여 평가하며, 급성 노출은 미생물 오염이나 농약, 동물용 의약품 잔류물에 대하여 검토한다. 미생물 위해요소에 의한 위해는 일반적으로 오염 식품에 대한 1회 노출 측면에서 평가한다.

소비 시점의 식품 중에 존재하는 위해요소의 수준(농도)은 일반적으로 식품이 생산될 때와 크게 다르다. 필요한 경우에는 노출평가 시에 생산 과정 전반에 걸친 위해요소의 변화를 과학적으로 평가하여 소비 당시의 수준(농도)을 추정할 수 있다. 식품 중의 화학적 위해요소인 경우, 원료의 수준에서 크게 달라질 가능성은 별로 없다. 식품 중의 미생물학적 위해요소인 경우에는 병원균의 증식 때문에 뚜렷한 변화가 일어날 수 있으며, 최종 소비 시점의 조리 단계에서 일어나는 교차 오염도 평가를 더욱 중요시한다.

노출평가(Exposure assessment)는 위해평가의 핵심 사항이다. 왜냐하면, 노출이 없다면 비록 독성이 강한 화학물질이라도 위협이 되지 못한다. 모든 잠재적인 노출 경로들이 주의 깊게 고려된다. 오염물질의 방출, 환경 내 그들의 이동과 운명 그리고 노출된 모집단이 분석되어진다.

노출평가는 다음의 3가지 과정을 포함한다.

- 정해진 노출의 특성화 ex) point source
- 노출 경로의 확인 ex) 지하수
- 노출의 정량화 ex) μg/L water

노출평가에서의 주요 변수들은 다음과 같다.

- 노출 모집단(일반 국민 혹은 선택된 집단)
- 물질 유형(직업 화학물질 또는 환경 공해물질)
- 단일 물질 또는 혼합 물질
- 노출 기간(단기적, 간헐적, 장기적)
- 경로와 매체(소화, 흡입, 피부 노출)

모든 가능한 노출형태가 이들 변수로 인해 나타날 수 있는 위해와 독성을 평가하기 위해서 고려된다.

노출 평가자는 처음에 물리적 환경과 잠재적으로 노출된 집단을 살펴본다. 물리적 환경은 기후, 초목, 토양 형태, 지하수, 지표수를 포함할 것이다. 오염원으로부터 이동한 화학물질에 노출될 수 있는 모집단도 또한 고려된다. 소집단은 더 높은 수준의 노출 혹은 그들의 증가된 민감도(유아, 노인, 임산부, 만성질환자)로 인하여 위해가 더 커질 것이다.

종종 노출에 대한 실질적인 측정법이 얻어질 수 없기 때문에 노출 모델이 이용된다. 예를 들면 공기의 정성 연구에서 화학물질 방사와 공기 분산 모델이 바람이 부는 방향의 거주자에 대한 공기 농도를 예측하기 위해 사용된다. 현재는 아래쪽에 있는 거주 지역의 우물이 오염 징후를 나타내지 않지만, 앞으로 지하수에서 있는 화학물질들이 우물로 이동하여 오염될 수도 있다. 이러한 상황에서는 지하수 이동 모델이 잠재적으로 화학물질이 우물에 도달될 때를 평가할 수 있을 것이다.

(4) 위해도 결정

위해도 결정 시 앞의 3개 단계의 결과물을 통합하여 위해를 추정한다. 수치 형식으로 추정할 수 있고, 가능하면 불확실성과 변동성을 설명해야 한다.

화학적 위해요소의 만성 노출에 대한 위해도 결정에는 서로 다른 노출 수준과 관련된 부정적 건강 영향의 심각성과 가능성에 대한 추정이 포함되지 않는다. 일반적으로 '개념적 제로 리스크' 방식을 적용하며, 가능하면 부정적 영향을 전혀 주지 않을 것으로 판단되는 수준까지 노출을 제한하는 데 목적이 있다.

위해평가 결과는 정량적인 것부터 정성적인 것까지 다양하게 나타낼 수 있다. 위에서 설명한 위해평가의 특성이 모든 유형에 적용된다. 정성적 위해평가에서 결과는 '높음', '중간', '낮음' 같은 방식으로 표현한다. 정량적 위해평가에서는 수치로 결과를 나타내며 불확실성도 수치로 표현한다. 때로는 반정량적 위해평가라고 하는 중간 형식도 있다. 예를 들어 경로의 각 단계에 점수를 부여하고 위해 등급으로 결과를 표현하는 반정성적 접근 방식이 있다.

1 결정적 접근법

위해평가 단계별로 수치적 값을 사용하는 접근 방식으로 화학적 위해평가에서 사용된다. 예를 들어 측정 자료의 95 백분위 또는 평균(예, 식품 섭취량 또는 잔류물 수준)을 활용해 1일 위해 추정치를 도출할 수 있다.

2 확률적 접근법

과학적 근거를 활용해 개별 사안의 발생 확률을 도출하고, 이를 종합하여 부정적 건강 영향 결과의 확률을 정한다.

미생물 위해평가 분야에서는 확률적 접근 방식이 일반적으로 사용되며, 생산부터 소비까지의 위해요소 전염 역학을 수학적으로 설명할 수 있다. 노출 자료와 용량-반응 정보를 결합하여 확률적 위해 추정치를 도출한다. 식품 중의 병원균 1개 CFU도 감염을 유발할 가능성이 일부 있다고 가정한다. 이런 점에서 이 위해 모델은 화학적 발암 원에 대한 위해평가 방법을 닮았다. 화학적 식품매개 유해, 특히 오염물질에 의한 유해를 관리하기 위해 흔히 사용되었던 '안전성 평가' 접근 방식을 보완하기 위해 확률 모델이 사용되기 시작했다.

※ 위해평가에 대한 실제 수행 상세한 절차는 부록 2에 수록하였다.

(5) 화학적 위해요소 위해평가 사례

1 식품 섭취에 따른 납의 위해평가

가) 위해요소 확인

㉠ 체내 흡수 및 분포

- 납의 화학적 형태, 노출 농도, 식품 조성, 영양 상태 및 연령 등에 따라 체내 흡수율이 1~80%까지 다양
- 어린이가 성인에 비해 소화기계 흡수율이 높음(성인 4~11%, 어린이 ~50%)
- 단식, 식품 섭취량이 적거나 철분, 칼슘 등의 영양 성분이 부족한 경우 체내 흡수율이 더 높음

ⓛ 체내 잔류 및 배설

- 흡수된 납은 뼈에 축적되어 수십 년간 잔류(뼈에서 반감기 10~30년)
- 칼슘 부족, 골다공증 등으로 뼈의 조성이 변화될 때 혈액으로 방출

※ 폐경기, 임신, 수유, 체중 감소, 골다공증 등은 혈액 중 납 농도 증가 원인 → 임신 중 칼슘 보충제 복용은 예방 효과

나) 위해요소 독성 결정

㉠ 주요 독성 영향

- 저용량 만성 노출 시 납 노출과 어린이 행동, 인지장애 등 신경발달 영향의 명확한 근거 확인
- 그 외 혈압 상승 등의 심혈관계 영향 및 신장 기능 저하 등에 대한 근거가 제시되고 있으나 아직 명확한 기전은 밝혀지지 않음

ⓛ 인체 노출 안전기준

- 노출 안전역을 평가하기 위해 새롭게 제시된 독성 기준값(BMDL값)

독성 영향	독성 기준값	근거
인지기능(IQ) 저하	$BMDL_{01}$ 0.50 ㎍/kg bw/day	7개 코호트 연구

※ 혈중 농도와 어린이 행동 발달 영향(인지기능, IQ 1% 감소)에 대한 용량 반응평가에서 산출된 BMDL

다) 노출평가

㉠ 대상 식품군의 품목 선정 근거

- 국민건강영양조사('08 ~ '14년)를 기반으로 우리 국민이 섭취하는 다소비, 다빈도 식품군 선정(거의 모든 식품 총 578품목)
- 우리 국민 하루 총 식품 섭취량의 96%(농 · 축 · 수산물 50%, 가공식품 46%) 이상을 포함하는 식품군을 대상으로 모니터링

ⓒ 노출평가 시 활용된 자료

- 농 · 축 · 수산물 및 가공식품 오염도 자료 확보 : '12년 ~ '16년

※ 품목당 10건 이상(토란, 독가시치 등 7개 식품은 10건 미만)을 수거하여 총 403품목(농산물 136품목, 축산물 20품목, 수산물 106품목, 가공식품 141품목), 총 33,148건(농산물 11,297건, 축산물 9,397건, 수산물 6,630건, 가공식품 5,824건) 모니터링

- 분석 방법은 마이크로웨이브법으로 전처리 후 ICP-MS로 분석
- 중금속 함량 자료 중 불검출은 검출 한계 이하이며, 노출량 평가 시 불검출 결과는 검출 한계의 1/2 수준(MD, Middle bound)으로 적용하였음
- 국민건강영양조사(08년~10년)에서 제시한 연령별 체중 및 식품 섭취량 자료 사용
- 식품 섭취량 자료가 없는 식품은 유사 식품에 대한 평균값을 대체하거나 유통량 설문자료를 조사하여 사용함(22개 식품)

ex) 소 기타 부산물과 돼지 기타 부산물은 소간과 돼지간의 평균 섭취량을 사용

ⓒ 노출평가 방법 및 결과

- 평균 노출량 = 식품 평균 섭취량 × 평균 오염도 (총합)

※ 식품군의 섭취량은 각 식품 평균, 극단 섭취량을 각각 합하여 산출함

〈납의 연령별 단위체중당 일일 평균 노출량〉 (㎍/kg bw/day)

구분	전 연령	2세 이하	3~6세	7~12세	13~19세	20~64세	65세 이상
전체	0.23	0.40	0.39	0.26	0.19	0.23	0.19

라) 위해도 결정

㉠ 위해도 결정의 기준

- PTWI가 철회되어 MOE법 사용 : $BMDL_{01}$ 0.50 ㎍/kg bw/day
- 안전에 대한 목표는 ALARA의 원칙에 따라 가능한 수준에서 최소한으로 줄이는 것이며, 현 노출 수준에 대한 안전 여부는 MOE 1 이상을 근거로 판단

※ MOE 1 기준의 판단 근거(납의 비발암 영향에 대한 노출 안전역)

① 인체역학연구 기반으로 종간 외삽에 대한 불확실성 10 미적용

② 납에 대한 독성작용 기전, 인체 독성 동태 등 개인 간 차이에 대한 불확실성 10 미적용

③ 민감군(영유아)에 대한 영향을 고려하여 민감군 고려에 대한 불확실성 10 미적용

④ 어린이 인지기능 발달에 미치는 영향 1%를 독성종말점으로 선정하여 역학적 기반에 의한 보수적 용량반응 평가 등 평가를 위한 과학적 근거가 명확

㉡ 위해도

- 식품을 통한 전체 연령의 평균 납의 노출 수준은 안전한 수준으로 평가(MOE 2.7)

㉢ 평가 시 불확실성 및 개선 방안

- 식품을 통한 납 노출량은 일반 국민이 하루 섭취하는 식품의 96% 수준에 해당되는 식품에 대한 대규모 모니터링 자료를 활용하고, 식품 중 납이 체내로 100% 흡수되었다고 가정하여 보수적 평가를 실시함으로써 노출평가에서 과대평가될 수 있음

2 유해물질 검출 식품의 안전성(위해) 평가 가상 사례

· 벤조피렌이 검출된 라면 스프를 사용한 라면의 수출 여부

벤조피렌이 2.8 ug/kg 검출된 라면 스프가 포함된 '라면'의 수입 판매 중지 관련 안전성 여부 판단

▪ 라면 섭취로 인한 벤조피렌 노출량 및 안전성 평가

- 벤조피렌이 2.8ug/kg이 검출된 라면 스프를 우리나라 국민이 통상적으로 섭취할 경우 라면 섭취로 인한 벤조피렌 총 노출량은 0.37ng/kg b.w/day으로 안전한 수준(MOE, 270,000)임
- 벤조피렌이 2.8ug/kg이 검출된 라면 스프를 매일 1봉지 섭취하였을 때 벤조피렌 노출량은 EU(2008년) 일평균섭취량(0.24ug/day)에 비해 1/8.5 수준임

※ 매일 1봉지의 라면을 먹는다고 가정하고, 라면 1개당 조미 스프의 양 약 10g과 이번에 검출된 최고 농도가 2.8ug/kg을 근거로 일일섭취량을 계산한 결과, 매일 섭취하는 벤조피렌 양은 약 0.028ug(2.8ug/kg x 10g/1000=0.028ug)임. 국제식품첨가물전문가위원회(JECFA)가 산출한 벤조피렌 일일평균섭취량은 체중 1kg당 0.004ug로, 이를 평균체중 60kg으로 계산하면, 벤조피렌 일일평균섭취량은 0.24ug(0.004ug/kg.bw x 60kg=0.24ug)임(이는 라면 1봉지로 섭취하는 벤조피렌 양의 8.5배임)

▪ 벤조피렌이 2.8 ug/kg가 검출된 라면은 건강상 위해가 없으며, 벤조피렌이 검출된 사실(2.8ppb)만으로 유통 판매를 통제하는 것은 바람직하지 않음

- 결국, 이러한 평가 결과에 따라 수입국은 수입을 재개하였다.

3 위해평가 기반 식품 위해 여부 판정 (대법원 판례)

· 인체 식품첨가물 총 노출량(식품첨가물 사용량과 그 식품 섭취량)을 토대로 인체 유해 여부를 판정한 사례

식품에 식품첨가물 사용 기준을 일부 초과한 경우 그 식품이 인체의 건강을 해칠 우려가 있는지는 그 기준의 초과 정도, 기준을 초과한 식품첨가물이 첨가된 식품의 섭취로 인하여 발생할 수 있는 건강의 침해 정도와 침해 양상, 그 식품의 용기 등에 건강에 영향을 미칠 수 있는 유의사항 등의 기재 여부와 그 내용 등을 종합하여 판단하여야 한다.

식품에 사용 가능한 첨가물로 규정되어 있으나 사용 기준이 없다 할지라도 1일 섭취한도 권장량 등 일정한 기준을 현저히 초과하여 식품에 첨가됨으로 인하여 그 식품이 인체의 건강을 해칠 우려가 있다고 인정되는 경우에는 인체의 건강을 해칠 우려가 있는 식품으로 판단하여야 한다.

1일 섭취 한도 권장량 초과 식품첨가물 사건 [대법원 2015.10.15 선고 주요 판례]

「① 식품첨가물공전에 식품에 사용 가능한 첨가물로 규정되어 있으나 그 사용량의 최대 한도에 관하여는 아무런 규정이 없는 식품첨가물의 경우에도 그 식품첨가물이 1일 섭취 한도 권장량 등 일정한 기준을 현저히 초과하여 식품에 첨가됨으로 인하여 그 식품이 인체의 건강을 해칠 우려가 있다고 인정되는 경우에는 그 식품은 '그 밖의 사유로 인체의 건강을 해칠 우려가 있는 식품'에 해당하는지 여부(적극) ② 식품첨가물이 일정한 기준을 초과하여 식품에 첨가됨으로 인하여 그 식품이 인체의 건강을 해칠 우려가 있는지의 판단 기준」

식품의약품안전처장이 고시한 '식품첨가물의 기준 및 규격'(이하 '식품첨가물공전'이라고 한다)에 식품에 사용 가능한 첨가물로 규정되어 있으나 그 사용량의 최대 한도에 관하여는 아무런 규정이 없는 식품첨가물의 경우에도 그 식품첨가물이 1일 섭취 한도 권장량 등 일정한 기준을 현저히 초과하여 식품에 첨가됨으로 인하여 그 식품이 인체의 건강을 해칠 우려가 있다고 인정되는 경우에는 그 식품은 식품위생법 제4조 제4호에 규정된 '그 밖의 사유로 인체의 건강을 해칠 우려가 있는 식품'에 해당한다고 보아야 한다. 나아가 그와 같은 식품첨가물이 일정한 기준을 초과하여 식품에 첨가됨으로 인하여 그 식품이 인체의 건강을 해

칠 우려가 있는지는 그 기준의 초과 정도, 기준을 초과한 식품첨가물이 첨가된 식품의 섭취로 인하여 발생할 수 있는 건강의 침해 정도와 침해 양상, 그 식품의 용기 등에 건강에 영향을 미칠 수 있는 유의사항 등의 기재 여부와 그 내용 등을 종합하여 판단하여야 한다.

☞ 이 사건 산수유 제품에 건강기능식품공전에서 정한 1일 섭취량 상한의 3 또는 4배에 달하는 니코틴산이 첨가되어 있었던 점, 따라서 하루에 이 사건 산수유제품 1포를 섭취하는 경우에도 홍조, 피부 가려움증, 구토, 위장장애 등 니코틴산 과다 섭취로 인한 부작용이 생길 수 있었고 실제로 그와 같은 부작용을 겪은 소비자들이 있었던 점, 그럼에도 이 사건 산수유 제품의 유의사항에는 1일 2포 까지 섭취가 가능하고 그와 같이 열이 나고 피부가 따끔거리는 증상은 잠시 후 사라지니 안심하라는 취지의 문구가 기재되어 있었던 점 등을 고려하면, 니코틴산이 식품첨가물공전에 식품에 사용 가능한 첨가물로서 그 사용량의 최대한도가 정하여져 있지 않고 건강기능식품공전에 임의 기준으로서 1일 섭취량의 상한만 설정되어 있었다고 하더라도, 니코틴산이 1일 섭취한도 권장량을 현저히 초과하여 첨가된 이 사건 산수유 제품은 식품위생법 제4조 제4호에 규정된 '그 밖의 사유로 인체의 건강을 해칠 우려가 있는 식품'에 해당한다고 판단하여, 이와 다른 전제에서 이 사건 식품위생법 위반 공소 사실을 무죄로 판단한 원심 판결을 파기 환송한 사례

3. 기준 규격 등 규정 평가

식품의 안전성 확보를 위하여 사전 안전관리 차원에서 기준 및 규격 등 각종 규정을 설정하여 예방적 안전관리 체제를 갖추고 있다. 식품 산업계에서는 식품의 생산 제조 유통에 있어서 이들 규정을 준수하여야 하고 정부는 이들 규정을 만들고 준수 여부를 통하여 식품의 안전관리를 하고 있다. 규정의 준수 여부는 서류검사, 현장검사, 관능검사, 정밀검사를 통하여 확인 · 평가하고 미준수 시 행정제재를 가함으로써 식품의 안전성을 확보하고 있다. 수입을 위한 식품이든 국내 제조를 위한 식품이든 시중 유통을 위해서는 식품의 안전관리 각 규정에 모두 적합하여야 한다.

식품 안전관리 규정의 종류

- 식품의 기준 및 규격 : 식품별 기준 및 규격, 식품 일반의 위해요소 안전 기준, 식품 원료 기준, 제조 가공 기준, 보존 및 유통 기준 등
- 식품첨가물 기준 및 규격 : 식품첨가물 사용 기준, 식품첨가물별 기준 및 규격
- 식품용 기구 · 용기 · 포장 기준 : 용출 기준, 기구 용기 포장별 기준 및 규격
- 식품 표시 기준, 제조 · 보관 · 운반 · 판매 시설 기준 등

규정평가 방법은 서류검사, 현장 확인 검사(식품 감시), 관능검사, 시험 · 검사로 나누어 실시하고 있다.

규정평가의 종류는 먼저 기록에 의한 서류검사 → 현장 확인 검사(식품 감시) 및 관능검사 → 정밀검사(시험 · 검사)

국내 제조 · 가공 · 조리 식품의 경우 현장 검사를 통하여 제조 시설 기준, 제조 가공 기준, 위생적 취급 기준, 보존 및 유통 기준, 영업자 준수 기준 등을 검사 · 평가한다. 한편, 유통 중인 식품의 경우 수거하여 실험실에서 정밀검사(시험검사)를 통하여 기준 및 규격의 준수 여부를 평가한다.

수입식품에 대해서는 수입 전에 먼저, 제출한 자료(제조 방법, 식품 유형, 원료 배합비율, 표시, 용도 등)에 대한 서류심사를 하고 적합하면 현장 확인 및 관능검사를 한다. 그리고 마지막으로 제품에 대한 기준 및 규격에 대하여 실험실 정밀검사(시험검사)를 통하여 적합 여부를 평가한다.

1) 서류검사(기록검사에 의한 안전성 확인)

국내 제조식품의 경우 서류검사는 식품의 품목 제조 보고 시에 품목 제조 보고서를 보고 일선 관청(시군구)에서 1차적으로 검사한다. 수입식품의 경우 매 수입 시마다 수입 신고를 하도록 하고, 신고서를 바탕으로 서류심사를 통하여 각종 규정 준수여부로 식품의 안전성 여부를 평가한다.

서류심사 시 확인하는 규정

유통기한 설정의 적정성, 식품 등의 표시 기준, 식품 원료 기준, 제조 가공 기준, 보존 및 유통 기준, GMO 표시, 유기농 인증 표시, 식품첨가물 사용 기준 등

가공식품	식품첨가물	기구용기포장	농산물	건강기능식품
수입 금지품목 여부 제품 성분 배합비율 - 원료 사용 가능 여부 - 식품첨가물 기준 · 규격 제조방법 설명서 용도 및 사용방법 한글 표시사항 GMO, 유기농 여부	식품첨가물공전 수재 제품명 제조 방법 설명 용도 및 사용방법	식품과 접촉하는 부분 - 재질, 색상별 용도 및 사용방법 한글 표시사항	원료 사용 가능 여부 - 필요 시 학명 확인 GMO 여부 유기농 여부	제품의 성분 배합 비율 제조 방법 설명서 건강기능식품 기준 및 규격상 성분 규격 적합 여부 용도 및 사용방법 현품 및 그 포장지 기타 참고자료

[그림 3-13] 각 식품별 서류검사 항목

사용 원재료 적정 여부(식품 원료 사용 가능 여부, 제한적 사용 원료 적정 사용 여부), 식품첨가물의 사용 기준 준수 여부(식품별 식품첨가물 사용 가능 여부, 사용금지한 식품첨가제 함유 여부 등), 제조 가공 기준 준수 여부(식품 제조 시 사용 불가능 용매 사용 여부, 식품 제형 가능 여부 등), 과대광고, 허위표시 및 과대포장이 되

어 있는지 여부, 생산 제조일자와 유통기간이 없거나 유통기한을 초과한 식품, 국제기구가 발표한 핵오염 국가의 원료로 생산된 식품, 수질 전염병이 심각하게 유행하는 지역에서 생산된 식품, 통관 신청 서류상의 화물과 실제 화물이 서로 부합하지 않는 식품, 식품 라벨이 규정과 부합하지 않거나 허위인 식품, 기구 및 용기 포장의 경우 식품과 접촉하는 부분의 모든 재질 명칭, 유기농 식품인 경우 국제유기농연맹(IFOAM)에서 인정하거나 해당 수출국 정부가 인정한 인증기관의 '유기농 인증서'를 제출, 유전자 재조합 식품 표시 해당 여부를 검사한다.

2) 현장검사(현장 확인 검사)

현장 확인 검사는 서류로 확인할 수 없는 규정을 현장에 방문하여 직접 확인검사는 것으로 식품 제조 시설 기준, 식품 등의 위생적 취급 기준, 유통기한 경과 제품 원료 사용 여부, 무등록 또는 무표시 제품 사용 여부 등을 평가한다. 이때는 일정의 자격을 갖춘 자(식품위생감시원)만이 현장 출입이 가능하다.

현장 확인 검사 시 확인하는 규정

식품 제조, 시설 기준, 식품 등의 위생적 취급 기준, 보존 및 유통 기준, 식품의 표시 기준, 제품의 파손, 부패 검사 등 성상, 용기나 포장이 심하게 파손, 팽창 및 내용물이 누출된 식품 등을 확인

▪ 식품 제조·가공업체
- 시설 기준, 제조 가공 기준 준수 여부
- 무등록 또는 무표시 제품 사용 여부
- 유통기한 경과 제품 원료 사용 여부 : 판매 목적 처리 · 포장 · 사용 · 보관 여부
- 식품 등의 위생적 취급 기준 및 표시 기준 준수 여부 등
- 고의적 중량 미달 제품 생산 · 유통 및 냉동식육을 냉장 포장육 제품으로 생산 · 판매 여부
- 선물 세트 상품의 표시 기준 준수 여부
- 영업장(냉장 · 냉동시설, 작업실 등) 무단 변경 여부
- 포장육 제품의 원산지 거짓 표시 또는 미표시, 표시 방법 준수 여부 등

▪ 식품 판매업체
- 유통기한 경과 제품 사용 또는 판매 여부
- 냉동 · 냉장식품의 보존 및 유통 기준, 위생적 취급 준수 여부
- 허위 · 과대 · 비방 등의 표시 · 광고 여부
- 원산지 표시 방법 준수 및 거짓 표시 또는 미표시 여부 등

3) 관능평가(검사)

농산물, 수산물, 축산물 등의 부패 변질, 곰팡이, 살아 있는 벌레, 이물질 등을 평가한다. 한편, 관능검사 시 성상 등 관능뿐만 아니라 표시 기준, 보존 및 유통 기준 적합 여부, 해동된 냉동식품 등도 동시에 확인 검사한다.

관능검사 시 확인하는 규정

▪ 제품의 성상
- 제품의 포장 상태가 정상 제품과 달리 훼손되었는지 여부
- 부패 · 변질, 병해충 및 곰팡이 존재 여부
▪ 제품의 표시 사항이 '식품 등의 표시 기준'
▪ 제품의 보관 상태가 보존 및 유통 기준
▪ 그 밖에 식품위생과 품질에 영향을 주는 위해요인이 있는지 여부 등

(1) 관능검사에 필요한 시설 및 기구 등

① 관능검사실은 외부 또는 준비실과 차단되어 있어야 하고 미각, 후각, 시각 등에 영향을 주지 않도록 청결하고 환기가 되어야 하며 적절한 조명시설(최소 540Lux/㎡ 이상)이 되어 있어야 한다.
② 편의시설, 휴게실 등과 구분되어야 한다.
③ 관능검사실은 화학적, 미생물학적 분석실로 사용하여서는 아니 된다.
④ 관능검사를 위한 검체를 보관할 수 있는 시설을 갖추어야 하며, 식품의 종류

별로 구분할 수 있도록 가능한 구획되어 있어야 한다.

⑤ 관능검사실에는 음용수 및 세척시설을 갖추어야 한다. 다만, 관능검사실과 인접한 장소에 상기와 같은 시설이 있을 경우 갖추지 아니할 수 있다.

확대경(3~10배율), 저울 2종(㎎, g 단위로 측정 가능한 것) 이상, 체(사용하기 적합한 스테인리스 스틸의 평직으로 짠 것), 이물을 골라내기 위한 표면이 매끄러운 흰색의 쟁반 등, 자외선 측정기 그리고 핀셋, 족집게, 유리슬라이드, 병 또는 깡통따개, 칼, 가위, 주석 절단기 등이다. 그리고 입가심용 컵, 입 세척제 및 소독제, 테이프, 디지털 사진기, 필기구, 분쇄기 등을 구비해야 한다.

(2) 관능검사 방법

1 곰팡이가 핀 것 : 육안으로 보일 정도의 곰팡이가 있는 것을 말한다.

· 농 · 임산물 표면 또는 내부에 곰팡이가 있는지 여부를 육안으로 확인한다.

2 오물 : 동물 유래(죽은 곤충, 설치류의 배설물 및 파편, 털 등)의 불순물을 말한다.

· 설치류의 배설물 등을 확인하기 위해서는 자외선 측정기 사용 또는 흰색의 쟁반 위에 검체를 펼쳐 놓은 후 핀셋 등을 사용하여 조사한다. 설치류 털의 존재를 확인하는 방법도 동일하다.

3 충해를 입은 것 : 유충, 번데기, 성충 등 살아 있거나 죽은 곤충이 한 개 이상 함유 또는 곤충에게 먹힌 명확한 증거가 보이거나 곤충 배설물이나 진드기, 거미줄이 있는 것을 말한다.

· 살아 있는 곤충의 유무를 확인하기 위해서는 흰색의 쟁반 위에 검체를 펼쳐 놓은 후 플레이트에 쟁반을 올려놓고 유리 뚜껑을 덮은 뒤 곤충의 움직임을 관찰한다.

· 곤충에 의해 손상된 곡류는 배가 먹히고 구멍이 존재하는 것을 말하며 흰색의 쟁반 위에 검체를 펼쳐 놓은 후 핀셋 등을 사용하여 검사한다.

· 진딧물에 의한 손상 여부는 죽은 조직 부위의 갈색 반점 또는 갈색 조직 둘

레에 분상질의 구멍을 나타내며 외부 피해는 적어도 내부는 심하게 손상되어 있을 수 있으므로 의심이 되는 경우에는 내부를 검사한다.

4 부패된 것 : 곰팡이가 핀 것 이외의 것으로 육안으로 보았을 때 변색 또는 기타 비정상적인 외형 및 이취 등 상당한 부패가 보이는 것을 말한다.

- 곰팡이가 핀 것으로 분류되지 않은 농 · 임산물로서 부적절한 변색 또는 기타 비정상적인 외형 및 이취 등 상당한 부패가 보이는 것을 말한다.
- 두류의 경우 외관상으로 이상이 없어도 내부가 심하게 손상될 수 있으므로 칼 등을 사용하여 꼭지에서 아래로 서서히 쪼갠 후 종피의 안쪽 면을 검사한다. 이 경우 건조한 것은 조분쇄하여 검사할 수 있다.

5 이물 : 다른 씨, 껍질, 씨눈, 줄기, 꼬투리, 짚, 돌멩이, 흙, 모래, 먼지 등을 말한다. 육안으로 흙, 모래, 먼지 등으로 표면이 매우 지저분하거나 다른 씨 · 껍질 · 씨눈 · 짚 · 줄기 · 꼬투리 등을 검사한다.

4) 시험검사(시험분석 평가)

시험 · 검사는 서류검사의 기록이나, 현장확인 검사의 현장 실사, 관능검사의 눈, 코 등으로 확인할 수 없는 부분을 첨단 시험분석 기기를 이용하여 전문가가 유해물질 등을 시험분석하여 기준 · 규격 적합여부를 검사하는 것이다.

(1) 시험 · 검사 항목

1 식품별 기준 및 규격

2 식품중 위해요소 안전기준

① 의도적 사용 유해물질(농약, 동물용 의약품 등) 잔류 허용 기준

② 비의도적 오염물질 및 생성물질(중금속, 곰팡이 독소, 벤조피렌 등) 최대 기준

- 유기화학 실험 - 잔류농약, 동물용 의약품, 다이옥신 등 유기 오염물질, 벤조피렌 등 식품 제조 과정 중 생성 유해물질, 곰팡이 독소, 부정 첨가 화학물

질 등

- 무기화학 실험 - 중금속 등 오염물질
- 미생물 동정 확인 실험 - 세균, 바이러스, 곰팡이
- 동물 실험 - 복어독, 마비성 패독

3 식품첨가물의 기준 및 규격(사용 기준 등)

4 식품용 기구 용기 포장의 기준 및 규격

(2) 시험 · 검사의 대상

1 수입 전 수입식품의 안전성 검사(정부검사)

- 최초로 수입되는 식품에 대하여 그 식품의 기준 및 규격 정밀검사
- 수입식품 중 무작위 표본 검사 : 전체 수입식품 중 임의 무작위 표본 추출 검사 외에, 허위신고 영업자, 불성실 수입신고 영업자, 문제 발생 제품 수입 영업자 등에 대해서도 표본검사 추가
- 위해 정보에 따른 검사 : 국내외 위해 정보가 있을 경우

2 국내 제조식품의 자가 품질검사(자체검사)

- 국내 제조식품의 유통 전 자체 품질검사
- 국내 식품제조 식품 유통에 따른 자체 품질검사 : 주기는 1개월에서 6개월

3 시중 유통 식품의 사후관리를 위한 수거검사(정부검사)

- 국내 유통 모든 식품에 대한 주기적인 수거검사
- 위해 우려 식품에 대한 기획 수거검사(제조 단계, 유통 단계, 소비 단계)

4 검사명령제에 따른 안전성 검사

- 위해가 집단적으로 발생하였거나 개연성이 있을 경우에 식품 제조업자나 수입업자에게 검사를 받도록 명령하고 그 결과를 확인 후 판매하도록 하는 제도

(3) 시험 · 검사의 원칙

1 검체 채취 원칙

검체의 채취는 검사 대상으로부터 일부의 검체를 채취하여 기준 · 규격 적합 여부, 오염물질 등에 대한 안전성 검사를 실시하여 그 검사 결과에 따라 행정 조치 등이 이루어지게 되므로 검사 대상 선정, 검체 채취, 취급, 운반, 시험검사 등은 효율성을 확보하면서 과학적인 방법으로 수행하여야 한다.

- 검체 채취는 시험의 특성과 목적을 숙지하고 검체 채취 및 취급 방법 등에 대하여 충분한 지식이 있는 자가 실시해야 한다. 특히, 행정상 기준 규격 적합 여부를 판정하는 경우, 자격이 있는 자, 즉 식품위생법상 식품위생감시원이 수행한다.
- 검체를 채취하는 때에는 검사 대상으로부터 난수표법을 사용하여 대표성을 가지도록 하여야 한다. 검사 대상의 양(크기)에 따라 검체 채취 지점 수 또는 시험 검체 수를 달리한다.

[표 3-2] 예시, 검체 채취 결정표

검사 대상 크기(kg)	검체 체취 지점 수(이상)	시험 검체 수
5,000 미만	2	1
5,000 이상 ~ 15,000 미만	3	1
15,000 이상 ~ 25,000 미만	5	1
25,000 이상	8 (4×2)	2

- 검체는 검사 목적, 검사 항목 등을 참작하여 검사 대상 전체를 대표할 수 있는 최소 한도량을 채취하여야 한다. 미생물 검사를 위한 식료 채취는 규격에서 정해진 시료 수(n)에 해당하는 검체를 채취한다.
- 검체는 제조사, 식품 유형, 제조번호, 제조연월일, 유통기한이 동일한 것을 하나의 검사 대상으로 한다. 다만, 1차 산물의 경우, 품종, 수출국, 수출연월일, 도착연월일, 적재선, 수송 차량, 화차, 포장 형태 및 외관 등을 고려하여 채취한다.
- 채취된 검체가 검사 대상이 손상되지 않도록 주의하여야 하고, 이물질의 혼입, 미생물의 오염 등이 되지 않도록 주의한다.

· 채취한 검체는 봉인하여야 하며 파손하지 않고는 봉인을 열 수 없도록 한다.

2 시험법 적용 원칙

우리나라의 경우, 기준 및 규격 적합 여부를 판정하는 시험의 경우 반드시 규정된 시험 방법에 따라 시험하여야 한다. 다만, 규정한 시험 방법보다 더 정밀·정확하다고 인정된 방법을 사용할 수 있다. 또한, 기준 규격이 정해지지 않았거나 기준규격이 정해져 있어도 시험 방법이 없는 경우에는 국제적으로 통용되는 공인 시험 방법 또는 국가에서 인정한 시험 방법에 따라 시험할 수 있다.

3 시험분석 원칙

시험분석은 ISO 17025(General requirements for the competence of calibration and testing laboratories)에서 정한 품질 기준을 준수하는 실험실(국제공인시험기관, ISO 17025 인증기관)에서 수행하는 것이 원칙이다. 시험분석은 신뢰성과 정확도를 위해 실험의 소급성 유지를 유지해야 한다.

(4) 시험검사 판정(적부 판정) 원칙

규정된 기준 및 규격에 따라 실험값과 비교하여 적합 여부를 판정한다. 시험에 있어 규정된 값(규격 값)과 시험에서 얻은 값(실험값)을 비교하여 적부 판정을 할 때에, 실험값은 규격 값보다 한 자릿수까지 더 구하여 더 구한 한 자릿수를 반올림해서 규격치와 비교 판정한다.

기준 및 규격이 정하여지지 아니한 잔류농약, 중금속 등 유해물질 등에 관한 적·부 판정은 잠정적으로 국제식품규격위원회(CAC : Codex Alimentarius Commission) 규정을 준용할 수 있으며, 해당 물질에 대한 일일 섭취 허용량, 해당 식품의 섭취량 등 해당 물질별 관련 자료와 선진 외국의 엄격한 기준 등을 종합적으로 검토하여 판정한다.

식품첨가물 사용 기준의 경우, 자연 함유량, carrier over을 인정하여 기준에 대한 적부를 판정한다. 불검출 기준은 통상 정량 한계 이하를 말한다.

[참고 1] 현장 평가 세부 항목 (식품 제조·가공업체)

구분	세부 항목	점검 사항
허가(신고) 사항 관리	영업허가	영업 등록 여부, 영업 등록 사항 이외의 영업 행위 여부
	품목 제조 보고	품목 제조 미보고 품목 생산 여부, 원료 배합 비율의 적합성 여부, 신고 사항 임의변경 여부(업체명, 소재지, 주요 설비 등)
영업자 준수사항 관리	생산 기록 및 보고 등	생산 및 작업 기록에 관한 서류, 원료 수불 관계 서류 , 제품의 거래 기록 작성·보관 여부, 생산 실적 보고 이행 여부
	수질검사	지하수(음용수) 수질검사 여부
종사자 위생관리	건강진단, 위생교육 등	종사자 건강진단 실시 및 영업자 위생교육 이수 여부, 종사자의 위생모 착용 등 개인 위생 관리 여부
원료관리	식품, 식품첨가물 기준 규격	원료의 구비 요건 준수 여부 - 비식용 원료 사용 (공업용, 사료용, 의약품용 등), 기준 규격 미고시 식품첨가물 사용, 무신고(제조 또는 수) 원료 사용, 기준 규격 부적합 원료 사용, 표시 기준 위반원료 사용, 첨가물 사용 기준 위반여부
		부패 변질 원료 사용 여부, 흙·모래 등 이물 혼입 여부, 유통기한 경과 원료 사용 여부
제품관리 점검	보관 기준 및 유통기한	- 부패·변질되기 쉬운 원료 및 제품 냉동·냉장 보관 여부 - 유통기한 경과 제품 판매 목적 보관 여부
제품제조 관리	제조 공정	제조 공정상 이물 혼입, 제조 방법 준수 여부, 허용 외 식품첨가물 사용 및 허용량 초과 여부, 성분 배합 비율상의 성분 이외의 원료 및 식품첨가물 사용 여부

시설기준 점검	작업장	독립 건물 또는 식품 제조·가공 외의 시설과 분리 여부, 원료 처리실·제조 가공실·포장실 등 분리·구획 여부, 바닥 내수처리 여부, 환기시설 및 방충·방서시설 설치 여부
	식품 취급 시설	- 식품과 직접 접촉되는 식품 취급 시설 내수성 재질 여부 및 세척, 열탕·증기·살균제 등에 의한 소독·살균 가능 여부 - 냉동·냉장시설 및 가열 처리시설 온도계 설치 및 적정 온도 유지 여부
	급수시설 등	지하수 취수원의 오염 시설과의 거리 유지 여부, 수세식 화장실 설치, 원료 및 제품의 위생적 보관 창고 설치 여부
시설물 및 기구류 관리 점검	시설물 관리	원료 보관실·제조 가공실·포장실 등의 내부 청결 유지 여부, 냉동·냉장시설 및 운반시설의 정상 가동 여부
	기구류 등 관리	기계·기구 및 음식기 사용 후 세척·살균 등 청결 유지 여부, 어류·육류·채소류 취급 칼·도마의 구분 사용 여부

[참고 2] 현장 평가 세부 항목 (식품 유통·판매업체)

구분	세부 항목	점검 사항
허가(신고) 사항 점검	영업 허가(신고)	영업 허가(신고) 여부, 영업 허가(신고) 사항 이외의 영업 행위 여부, 신고 사항 임의 변경 여부(업체명, 소재지, 주요 설비 등)
시설기준 점검 (식품 운반업, 유통 전문 판매업)	운반시설	- 냉동 또는 냉장시설을 갖춘 적재고가 설치된 운반 차량 또는 선박 보유 여부, 냉동·냉장시설 적재고 내부는 적합한 온도 유지 및 시설 외부 온도계 설치 여부, 적재고는 혈액 등 미누출, 냄새 방지 구조 여부 - 영업 활동을 위한 독립된 사무소 설치 여부(영업 활동에 지장이 없는 경우 다른 사무소 사용 가능), 보관 창고 설치 여부(타지역 및 임차 사용 가능), 영업신고한 사무소(같은 장소, 같은 건물) 상시 운영하는 반품·교환품 보관 시설 설치 여부
기록 및 검사 등 서류 점검 (영업자 준수사항)	식품 거래 내역, 유통기한, 수질 검사 등	영업자 간 식품 거래 기록 작성 보관(2년) 여부, 유통기한 경과 제품 판매 목적으로 소분·운반·진열 또는 보관 판매하는지 여부, 식품의 조리·세척 등에 사용하는 지하수 수질검사 여부(일부 항목 : 1년, 모든 항목 : 2년), 영업신고증 영업체 내 보관 여부
영업자 준수사항	식품 등 수입 판매업, 식품 운반업, 유통 전문 판매업, 식품소분판매업	- 식품 등 수입 판매업자는 식품 등의 선적서 및 내용 명세서(송장) 보관(2년), 소비자로부터 이물 검출 등 불만 사례 그 기록 2년간 보관하는지 여부 - 살아 있는 동물을 운반하는지 여부 - 유통 전문 판매업자는 소비자로부터 이물 검출 등 불만 사례 등 그 기록 2년간 보관하는지 여부 - 식품소분·판매업자는 위해평가가 완료되기 전까지 일시적으로 금지된 식품 수입, 가공, 사용, 운반 등 하는지 여부
시설물 및 기구류 관리 점검	시설물 관리	- 원료 보관실·제조 가공실·포장실 등의 내부 청결 유지 여부 - 냉동·냉장시설 및 운반 시설의 정상 가동 여부
	기구류 등 관리	- 기계·기구 및 음식기 사용 후 세척·살균 등 청결 유지 여부 - 어류·육류·채소류 취급 칼·도마의 구분 사용 여부

CHAPTER 04

식품 위해관리 기준

CHAPTER 04

식품 위해관리 기준

식품의 위해관리는 식품 중에 어떤 위해요소가 존재하는가를 확인하고 인체에 얼마나 위해 영향을 주는지를 평가한다. 그리고 그 위해요소가 어떻게 생성 · 사용 · 오염되었는지를 파악한 다음 관리 방법을 찾는다. 위해요소가 인체에 미치는 위해 정도에 따라 완전히 제거할 것이지, 아니면 오염 방지나 저감화할 것인지를 결정한다. 위해요소의 제거, 오염 방지 또는 저감화를 위한 안전관리 조치로써 위해관리 기준을 설정하여 관리하는 것은 매우 중요하다.

이러한 위해관리 기준은 위해요소가 식품에 오염 · 잔류 · 생성하는 것을 사전에 차단될 수 있도록 관리하는 사전 예방적 위해관리와 위해요소가 식품에 오염 · 잔류 · 생성되었을 경우 인체에 위해 영향을 미치는 것을 차단하기 위하여 식품 중 위해요소의 한계 기준을 설정하여 식품 자체를 관리하는 위해관리가 있다.

사전 예방적 위해관리 기준은 농산물 등 생산 기준, 제조 가공 기준, 식품 보존 및 유통 기준, 식품 등의 위생적 취급에 관한 기준, 식품 영업(제조가공업, 판매업, 운반업, 보존업 등) 시설 기준 등으로 식품에 오염 · 잔류 · 생성을 최소화하는 것이다.

식품 완제품의 위해관리 기준(식품의 기준 및 규격)은 제품의 범위, 품질 관련 성분 및 성상, 식품첨가물 사용 기준, 위해요소 안전기준 등으로 인체에 미치는 영향을 최소화하기 위한 것이다.

일반적으로 식품의 안전성과 적합성을 확보하기 위한 식품의 기준 및 규격을 설정하여 관리한다. 식품의 기준 및 규격은 식품에 공통적으로 적용되는 위해요소의 안전기준과 식품의 특성상 식품별로 적용하는 제품의 정의 등 제품 범위, 품질 관련 성분기준 등의 식품별 기준 규격을 설정 운영하고 있다.

식품의 위해관리 기준 개요

㉠ 식품의 기준 및 규격

㉡ 식품 중 위해요소 안전 기준

㉢ 식품첨가물 사용 기준

㉣ 식품 생산 각 과정별 위해요소 최소화를 위한 예방적 관리 기준

- 농산물 생산 기준, 제조 가공 기준, 식품 보존 및 유통 기준, 식품 등의 위생적 취급에 관한 기준, 식품 영업(제조가공업, 판매업, 운반업 등) 시설 기준

㉤ 식품 등의 표시 기준, 허위 표시 · 과대 광고에 관한 기준

1. 식품의 기준 및 규격

식품의 기준 및 규격은 식품으로서 안전성과 적합성을 확보할 수 있도록 최소한의 관리 기준을 마련하여 관리하는 수단으로 제품의 범위, 품질 관련 성분 및 성상 기준, 식품첨가물 사용 기준, 위해요소 안전 기준, 위생 취급 기준(제조 · 가공 기준, 보존 및 유통 기준 등), 표시 기준, 분석 방법 등으로 구성된다. 우리나라는 이것을 식품위생법(제7조)에 근거한 식품의약품안전처 고시로 운영하고 있다. 이렇게 고시된 '식품의 기준 및 규격'을 책으로 묶어 놓은 것을 《식품공전》이라 한다.

식품의 기준 및 규격은 '식품 일반에 대한 공통 기준 및 규격'과 '식품별 기준 및 규격'으로 나누는데, '식품 일반에 대한 공통 기준 및 규격'은 식품 원료 기준, 제조 · 가공 기준, 식품 일반의 기준 및 규격(성상, 이물, 식품첨가물, 식중독균, 중금속 기준, 방사선 조사 기준, 방사능 기준, 곰팡이 독소 기준, 마비성 패독 기준, 농약의 잔류 허용 기준, 동물용 의약품의 잔류 허용 기준, 식품 중 기타 유해물질 기준), 보존 및 유통 기준 그리고 장기 보존 식품의 기준 및 규격(병 · 통조림식품, 레토르트식품, 냉동식품)이 있으며, '식품별 기준 및 규격'은 과자류, 빵 또는 떡류 등의 식품 개별(식품 유형)로 기준 및 규격을 정하고 있다. 그리고 개별 식품의 기준 및 규

격이 정해져 있지 아니한 것은 규격 외 일반 가공식품의 기준 및 규격으로 규정하여 관리하고 있다.

식품의 기준 및 규격 구성 요소

㉠ 제품의 범위
- 제품의 정의, 원료, 제조 방법, 형태 등

㉡ 품질 관련 성분 및 성상
- 품질 성분 기준, 성상

㉢ 식품첨가물 사용 기준

㉣ 위해요소 안전 기준
- 중금속, 잔류농약, 미생물 기준 등

㉤ 위생 취급 기준
- 원료 구비 요건, 제조 가공 기준, 보존 및 유통 기준 등

㉥ 표시 기준
- 제품명, 롯트명, 그리고 제조자, 포장자, 유통자 또는 수입자의 이름 및 주소, 보관 설명 등

㉦ 분석 방법 및 시료 채취 방법

1) 식품 유형 분류와 기준 및 규격

가공식품은 식품군(대분류), 식품종(중분류), 식품 유형(소분류)으로 분류되고, 식품의 기준 및 규격은 식품 유형에 따라 설정하고 있다. 따라서 식품 유형은 하나의 식품 안전관리를 위하여 분류한 중요한 카테고리이다.

식품 유형을 결정짓는 인자로는 사용 원료 및 배합 비율, 제품 용도, 제품 형태, 제품 특성, 제조 공정 등이 있다. 식품 유형이 발효 식초인 경우 식품종은 식초가 되고, 식품군은 조미식품이 된다.

식품 유형은 다음의 특성에 따라 분류 결정된다.

(1) 사용 원료 및 배합 비율

사용 원료는 식품의 유형을 정의하는 데 있어서 중요한 한 부분이며, 어떠한 원료를 얼마만큼 사용하였느냐에 따라 식품 유형이 정해지고 식품의 기준 및 규격이 설정된다. 어떠한 원료를 사용하였느냐에 따라 식품 유형은 달라지며, 또한 주원료를 사용하였느냐, 기타 부원료로 사용하였느냐에 따라 식품 유형은 달라질 수 있다. 즉 식품 유형별로 기준 및 규격이 설정되기 때문에 식품 유형이 달라지면 식품의 기준 규격도 달라진다.

(2) 제품의 형태

일반 식품에서는 캡슐이나 정제 형태로 제조할 수 없으며, 어떤 형태(즉 액체, 분말, 티백 등)로 식품을 제조하느냐에 따라 식품 유형이 달라지며, 식품의 기준 및 규격이 다르게 적용된다는 것이다.

(3) 제품 용도 및 특성

사용한 원료나 배합 비율, 제품의 형태가 비슷하다 할지라도 제품의 용도나 특성에 따라 식품 유형이 달라지는 경우가 있다. 예를 들어 같은 원료와 배합 비율을 사용하여 액체 형태로 제품을 제조하고 그 용도가 마시는 음료인지, 아니면 조리용인지, 스프레이(spray)로 분사하여 섭취용인지에 따라 식품 유형은 달라진다.

(4) 제조 공정 및 특성

같은 원료를 사용하여 제품의 용도가 같다고 할지라도 제조 공정에 따라 식품 유형은 달라질 수 있다. 식용유 제조 시 제조 공정이 압착에 의한 것인지 아니면 헥산 등을 이용한 추출 공정에 의한 것인지에 따라 식품의 기준 및 규격은 다르다.

예를 들어 참깨나 들깨를 원료로 사용하여 식용유를 제조할 경우 압착에 의해 제조하면 식품 유형이 참기름과 들기름이 되지만, 용매(헥산) 추출에 의한 추출하여 제조한 추출 참깨유, 추출 들깨유는 기준 및 규격이 서로 다르다.

한편, 식물성 원료(차의 원료)를 분말화하여 그대로 음용할 수 있도록 제조한 경우 식품 유형은 분말 차, 원료(차의 원료)에 물을 넣고 가열 추출하여 제조한 차의 경우, 추출 후 건조하여 분말 또는 과립 형태로 제조하였다면 식품 유형은 고형 추출차, 추출액을 그대로 또는 농축하여 액상으로 제조하였다면 액상 추출차(또는 음료)가 되는 것이다. 이것은 최종 제품이 액상이냐 고체냐에 따라 그 특성과 안전관리 기준이 달라지기 때문이다.

콩을 주원료로 사용하여 제조한 식품에 대하여 사용 원료 및 배합 비율, 제품 용도, 제품 형태, 제품 특성, 제조 공정 등을 고려하여 식품 유형 분류를 예를 들어보면 다음과 같다.

[1] **두유류** : 대두 및 대두 가공품의 추출물이거나 이에 다른 식품이나 식품첨가물을 가하여 제조 · 가공한 것으로 식품 유형은 두유액, 두유, 분말 두유, 기타 두유 등이 있다.

[2] **두부류** : 두류를 주원료로 하여 얻은 두유액을 응고시켜 제조 · 가공한 것으로 식품 유형은 두부, 전두부, 유바, 가공 두부가 있다.

[3] **식용유(대두유)** : 유지를 함유한 식물(파쇄분 포함)로부터 얻은 원유나 이를 원료로 하여 제조 · 가공한 것으로 콩으로부터 채취한 원유를 식용에 적합하도록 처리한 것

[4] **장류** : 콩 원료에 누룩균 등을 배양하거나 메주 등을 주원료로 하여 식염 등을 섞어 발효 · 숙성시킨 것을 제조 · 가공한 것으로 식품 유형은 메주, 한식 간장, 양조 간장, 산분해 간장, 효소분해 간장, 혼합 간장, 한식 된장, 된장, 조미 된장, 춘장, 청국장 등이 있다.

이렇게 식품 유형이 정해지면 이에 대한 기준 및 규격이 그 유형에 따라 정해진다. 식품은 식품의 기준 및 규격(식품공전)에서 규정하고 있는 식품 일반에 대한 공통 기준 및 규격과 식품 유형별 기준 및 규격에 적합(다음 사항을 충족)하여야 식품으로서 유통이 가능하다.

① 원료의 구비 요건(원료 기준)

② 제조 · 가공의 적정성(제조 · 가공 기준)

③ 기준 및 규격에 맞는 식품첨가물 적정량 사용(식품첨가물 사용 기준)

④ 성분 규격의 타당성(식품별 기준 및 규격)

⑤ 식품 중 위해요소로 인한 위해 우려 제거(위해요소 안전 기준)

⑥ 보존 및 유통 기준 : 보관, 저장, 유통 조건을 제시하는 기준이고, 이에 따라야 한다. 또한, 유통기한을 정하여 관리한다.

⑦ 제품의 포장에 식품 표시 사항의 적정성(식품 표시 기준)

우리나라 빵류 및 대두유의 기준 및 규격 예시

가) 빵류의 기준 및 규격

㉠ 정의

- 빵류란 밀가루, 쌀가루, 찹쌀가루, 감자가루 또는 전분이나 기타 곡분 등을 주원료로 하여 이에 다른 식품 또는 식품첨가물을 가하여 제조 특성에 따라 가공한 것을 말한다.

㉡ 원료 등의 구비 요건 : 부패 · 변질이 용이한 원료는 냉장 또는 냉동 보관하여야 한다.

㉢ 제조 · 가공 기준 : 주정 처리(주정 1% 이상 사용) 제품은 잔류 주정에 의한 품질 변화가 없도록 하여야 한다.

㉣ 식품 유형

- 빵류 : 밀가루 또는 기타 곡분을 주원료로 하여 이에 식품 또는 식품첨가물을 가하여 발효시키거나 발효하지 아니하고 반죽한 것 또는 이를 익힌 것으로서 식빵, 케이크, 카스텔라, 도넛, 피자, 파이, 핫도그 등을 말한다.

㉤ 규격

- 성상 : 고유의 향미를 가지고 이미 · 이취가 없어야 한다.
- 타르색소 : 검출되어서는 아니 된다(식빵, 카스텔라에 한한다).
- 삭카린나트륨 : 검출되어서는 아니 된다.
- 보존료(g/kg) : 다음에서 정하는 것 이외의 보존료가 검출되어서는 아니 된다.

프로피온산 프로피온산나트륨 프로피온산칼슘	2.5 이하 (프로피온산으로서 기준하며, 빵 및 케이크류에 한한다)
소르빈산 소르빈산칼륨 소르빈산칼슘	1.0 이하 (소르빈산으로서 기준하며, 팥 등 앙금류에 한한다)

- 황색포도상구균 : 음성이어야 한다(다만, 크림을 도포 또는 충전한 것에 한한다).
- 살모넬라 : 음성이어야 한다(다만, 크림을 도포 또는 충전한 것에 한한다).
- 대장균 : 음성이어야 한다(떡류에 한한다).

ⓑ 시험 방법

- 타르색소 : 제10. 일반시험법 2.4 착색료에 따라 시험한다.
- 인공감미료 : 제10. 일반시험법 2.2.1 삭카린나트륨에 따라 시험한다.
- 보존료 : 제10. 일반시험법 2.1 보존료에 따라 시험한다.
- 황색포도상구균 : 크림을 도포 또는 충전한 제품의 크림 10 g을 무작위로 취한 후 멸균생리식염수 90 mL를 넣어 균질화한 것을 시험 용액으로 하여 제10. 일반시험법 3.12 황색포도상구균 3.12.1 정성시험에 따라 시험한다.
- 살모넬라 : 크림을 도포 또는 충전한 제품의 크림 10 g을 무작위로 취한 후 제10. 일반시험법 3.11 살모넬라에 따라 시험한다.

ⓢ 보존 및 유통 기준

- 모든 식품은 위생적으로 취급 판매하여야 하며, 그 보관 및 판매 장소가 불결한 곳에 위치하여서는 아니 된다.
- 제조연월일 또는 유통기한이 표시된 부분에 다른 인쇄물 등을 부착시키지 말아야 한다.

ⓞ 표시 기준

나) 대두유의 기준 및 규격

ⓐ 정의

- 식용유지류라 함은 유지를 함유한 식물(파쇄분 포함) 또는 동물로부터 얻은 원유나 이를 원료로 하여 제조 · 가공한 것으로 콩기름 등을 말한다.

ⓑ 원료 등의 구비 요건

- 원재료는 품질과 선도가 양호하고 부패 · 변질되었거나, 유독 유해물질 등에 오염되지 아니한 것으로 안전성을 가지고 있어야 한다.
- 원료로 파쇄분을 사용할 경우에는 선도가 양호하고 부패 · 변질되었거나 이물 등에 오염되지 아니한 것을 사용하여야 한다.
- 생물의 유전자 중 유용한 유전자만을 취하여 다른 생물체의 유전자와 결합시키는 등의 유전자 재조합 기술을 활용하여 재배 · 육성된 농 · 축 · 수산물 등을 원료 등으로 사용하고자 할 경우는 식품위생법 제15조 제1항에 의한 '유전자 재조합 식품의 안전성 평가심사 등에 관한 규정'에 따라 안전성 평가심사 결과 적합한 것이어야 한다.

㉢ 제조 · 가공 기준

- 추출 등의 방법으로 채유한 원유는 탈검, 탈산, 탈색, 탈취의 정제 공정을 거치거나 이와 동등 이상의 복합 정제 공정을 거쳐야 한다.
- 압착 또는 이산화탄소(초임계 추출)로 얻어진 원유는 침전물을 제거하기 위하여 자연정치, 여과 등의 공정을 거쳐야 한다.
- 제조 공정 중 사용된 추출 용제, 이산화탄소 및 수산화나트륨 등은 식품첨가물 공전의 사용 기준에 적합하게 처리하여야 한다.
- 식용유지류 및 식용유지 가공품은 캡슐 형태로 제조할 수 있으나 이 경우 의약품으로 오인 · 혼동할 우려가 없도록 하여야 한다.

㉣ 식품 유형

- 콩기름(대두유) : 콩으로부터 채취한 원유를 식용에 적합하도록 처리한 것을 말한다.

㉤ 규격

- 산가 : 0.6 이하
- 요오드가 : 123~142

※ 위해요소 안전 기준은 원료인 대두에 대하여 잔류농약, 중금속, 곰팡이독소 등이 설정되어 있으며, 이들 기준에 적합한 것을 사용하여 제조하여야 한다.

㉥ 시험 방법

- 산가 : 제10. 일반시험법 1. 식품 성분 시험법 1.1.5.3.1 산가에 따라 시험한다.
- 요오드가(위스법) : 제10. 일반시험법 1. 식품 성분 시험법 1.1.5.3.3 요오드가에 따라 시험한다.

㉦ 보존 및 유통 기준

- 모든 식품은 위생적으로 취급 판매하여야 하며, 그 보관 및 판매 장소가 불결한 곳에 위치하여서는 아니 된다.
- 제조 원료로 사용되는 대두분을 보존 및 유통함에 있어서 각종 유해물질, 협잡물, 이물(곰팡이 등 포함) 등의 오염을 방지하여야 하며 적절한 관리를 하여야 하며, 직사광선이나 비 등에 노출되지 않도록 보관 · 유통하여야 한다.
- 제조연월일 또는 유통기한이 표시된 부분에 다른 인쇄물 등을 부착시키지 말아야 한다.

㉧ 표시 기준

2. 위해요소 안전기준

식품 중 유해물질의 위해관리는 위해평가 등을 통해 위해관리가 필요하다고 판단될 경우 식품 중 안전기준을 설정하여 인체 총 노출량이 인체 노출 안전기준을 초과하지 않도록 관리한다.

위해요소 안전기준은 식품에 존재하거나 생산·제조·가공·조리·취급 과정에서 직·간접적으로 사용·잔류·생성 또는 이행되는 위해요소를 대상으로 하여 물질의 종류와 특성, 위해성, 용도, 불가피성, 섭취량 등을 종합적으로 평가하여 지속적인 관리가 필요한 위해요소에 대해 기준을 설정한다. 식품 섭취를 통한 인체 위해 발생 가능성을 차단하고 안전성을 보장할 수 있도록 판매를 목적으로 하는 식품을 대상으로 설정하여 위해요소를 관리한다.

식품 중 위해요소의 안전기준은 인체에 위해 영향을 줄 수 있는 위해요소를 관리하기 위한 수단이다.

식품 중 각 **위해요소에 대한 안전기준을 통한 위해관리**는 다음과 같다.

가) 화학물질

㉠ 안전성이 입증되지 않은 모든 화학적 합성 물질은 원칙적으로 식품 사용금지 : 식품 중 불검출 기준으로 관리

- 다만, 식품의 생산·제조·공급을 위해 불가결한 경우, 안전성 등을 고려하여 식품 중 안전관리가 가능하다고 판단될 경우, 관리 방안과 함께 사용 허가

㉡ 식품 사용 허가 화학물질

- 식품첨가물 : 안전성 평가 후 사용 승인, 사용 기준을 설정하여 관리
- 농약, 동물용 의약품 : 안전성 유효성 평가 후 사용 승인, 식품 중 잔류 허용 기준을 설정하여 관리

㉢ 식품에 사용 불허된 화학물질이 식품에 오염 또는 자연적으로 생성될 경우 : 위해 영향 정도에 따라 식품 중 최대 기준을 설정하여 관리

- 환경오염 화학물질 : 중금속, 다이옥신
- 식품 생산·제조 공정 중 생성 화학물질 : 벤조피렌, MCPD, 곰팡이독소, 마비성 패독, 복어독

㉣ 천연적으로 자연 유래로 식품에 존재하는 화학물질은 식품 원료 인정 시 안전성을 평가(독성평가)하여 식용 유무를 판단하여 관리

나) 미생물

㉠ 발효 미생물 : 안전성 평가 후 사용 허가

㉡ 유해 미생물 : 허가되지 않은 미생물은 식품에 인의적으로 사용할 수 없으며, 식품에 비의도적으로 오염될 경우, 위해성에 따라 불검출 또는 허용 균 수 기준을 설정하여 관리

- 식중독균 : 살모렐라균, 황색포도상구균, 장염비브리오균, 리스테리아균, 장출혈성 대장균 등
- 식품 매개 감염병균 : 콜레라, 결핵균, 탄저균, 브루셀라균 등
- 품위생 지표균 : 세균수, 대장균군, 대장균

다) 방사성 물질

원자로 사고, 원자폭탄 실험 등에 의해 식품에 오염된 방사성 핵종(요오드, 세슘, 풀루토늄, 스트론튬 등) 관리

현재 안전기준이 설정되고 있는 위해요소는 다음과 같다.

구분			기준 설정 위해요소
화학적 위해요소	의도적	농약	잔류농약
		동물용 의약품	잔류 동물용 의약품
		식품첨가물	식품첨가물 사용 기준
	비의도적	중금속	납, 카드뮴, 수은, 메틸수은, 비소, 주석
		곰팡이독소	아플라톡신 B, 아플라톡신 M1, 파튤린, 푸모니신, 오크라톡신 A, 데옥시니발레논, 제랄레논
		자연독소	마비성 및 설사성 패독, 복어독, 히스타민 등
		유기 오염물질	다이옥신, PCBs

		제조 과정 생성 물질 등	벤조피렌, 3-MCPD, 바이오겐익 아민(히스타민 등), 에틸카바메이트 등
		기구 및 용기 · 포장	기구/용기/포장 유래 식품 이행 물질
생물학적 위해요소	비의도적	세균, 바이러스 등	살모렐라균, 황색포도상구균 등 식중독균(13종) 세균수, 대장균군, 대장균 위생지표균)
물리적 위해요소	-	이물 등	이물(유리, 금속 등), 압착 강도(컵 모양 젤리)
방사능	비의도적	-	요오드, 세슘, 풀루토늄, 스트론튬 등

1) 유해물질(화학적 위해요소)의 안전기준

화학적 위해요소를 주로 유해물질이라 부르며, 유해물질 안전기준의 의미는 안전과 위험의 경계가 아니다. 다만, 급성 독성을 갖는 유해물질은 기준을 초과하면 위험하다(급성 독성 물질은 유해).

- 유해물질의 안전기준은 유해물질의 인체 총 노출량의 관리 수단이며, 식품안전관리의 행정 수단(업체는 지켜야 할 의무)
- 안전기준 초과 시 '안전'과 '위험'의 경계가 아니나, 과도하게 초과했을 경우 위해평가를 통하여 인체 노출 안전기준 초과 여부로 위해성 판단

[표 4-1] 위해수준별(위해요소 노출량·인체 노출 안전기준) 안전성 의미

구분 \ 위해도 (%)	100% 초과 시	100% 근접 시	주로 10% 이상 시	
위해관리	유통 차단, 회수·폐기	기준 재설정 등 적극적 위해관리	기준 설정, 저감화 등 관리	
			기준 초과 시	기준 적합 시
			회수 폐기	식품 유통
안전성	위해 우려	안전	안전	안전

- 식품 중 유해 오염물질(중금속, 곰팡이독소 등)의 기준 : 유해 오염물질의 인체 총 노출량 관리를 위한 통제 수단이다.

▪ 식품 중 잔류물질(농약 및 동물용 의약품)의 기준 : 농수축산물에 사용이 허용된 농약(동물용 의약품)에 대하여 인체 건강에 위해 우려가 없도록(일일 섭취 허용량을 초과하지 않는 수준) 식품에 대한 잔류를 통제하는 수단이다.

(1) 의도적 사용 허가 화학물질의 잔류 허용기준

▪ 농약, 동물용 의약품의 식품 중 잔류 허용기준

농산물 재배 또는 동물 사육 기간 중 발생되는 병해충 방제 및 질병 치료를 위해 의도적으로 사용되는 농약 및 동물용 의약품은 잔류 허용기준(Maximum Residue Limit, MRL)을 설정한다. 농약은 안전성 측면에서는 발암성이 있거나 축적성 만성 독성이 있거나 하면 농약으로 사용할 수 없다. 또한, 농약은 빠른 시간 내에 효과를 발휘하고 신속히 분해되어 없어져야 한다. 그래서 반감기가 짧아야 하고 잔류 기간도 짧아야 한다. 결국, 농약으로 효과를 발휘하고 식품에 잔류하지 않고 신속히 분해되어 인체에 영향을 주지 않아야 된다. 이러한 허가된 농약은 식품 중 잔류 허용기준만 준수하면 인체에 안전하다.

농약 잔류 허용 기준(MRL)은 일일 섭취 허용량(ADI) 기준(식품별 1일 섭취량, 농약의 적정 사용 시 잔류량)에 부합하는지 확인하고 기준 설정한다. 대부분 국가의 잔류 허용 기준 설정 판단 기준은 TMDI ≤ 100% ADI → 기준 설정(섭취량 : 식품 80%, 환경 10%, 음용수 : 10%)한다. 즉 식품에 대한 잔류 허용기준은 ADI의 80%를 넘지 않게 설정한다.

(2) 비의도적 오염 유해물질의 최대 기준

유해 오염물질의 기준은 식품 중 유해 오염물질 오염도를 조사하고 인체 위해 수준을 평가하여, 인체 위해 우려가 없도록 하고(유해 오염물질 인체 총 노출량이 인체 노출 안전기준 대비 100%를 초과하지 않은 수준), 식량 안보에 영향을 최소화할 수 있도록 설정한다.

국제식품규격위원회(CAC), 오염물질 기준 설정 원칙은 합리적으로 소비자를 보호하는데 필요한 범위 내에서 가능한 한 낮게 설정한다. 하지만 현재의 기술적 방법으로 식품을 버리지 않고서는 더 이상 낮출 수 없는 수준(현 오염 수준)보다 약간 높게 설정해서 식품 생산과 거래에 불필요한 분쟁이 일어나지 않도록 하고 있다.

유전 독성이 있는 발암물질의 신규 기준 설정은 인체 노출량을 벤치마크 용량(BMD)과 비교하여 기준 설정이 필요할 경우 대상 물질과 대상 식품을 선정하여 최소량의 원칙(ALARA)에 따라 기준을 설정한다.

비발암 물질 또는 유전 독성이 없는 발암 물질을 신규로 기준을 설정하고자 할 경우는 식품 섭취로 인한 인체 총 노출량이 인체 노출 안전(허용) 기준(TDI 등) 대비 일정 수준 이상일 때(절대적은 아니지만, 10% 정도) 기준 설정 대상 물질을 선정한다. 기준 설정 대상 식품은 우리 국민이 일상적으로 섭취하는 식품을 대상으로 오염도와 섭취량을 고려하여 선정한다. 노출 점유율이 높은 식품을 대상으로 한다. 다만, 노출 수준이 낮다 할지라도 식품 이외에 다양한 노출원(먹는 물, 대기, 토양 등 환경, 화장품, 의약품, 한약재, 용기 · 포장 등)을 통해 노출될 소지가 있어 관찰이 필요한 물질은 기준을 설정한다.

급성 독성 물질은 신경독성, 심혈관계에 영향을 주는 경우로, 1일(또는 1주일, 1개월) 총 섭취량(총 노출량)을 기준으로 하는 만성 독성을 가진 중금속 등과는 달리 1회 섭취로 인한 노출량이 급성 독성 참고량(aRfD)을 초과하지 않도록 관리하여야 한다. 주로 대상으로는 마비성 패독, 복어독, 히스타민 등 급성 독성 물질이 이에 해당한다.

(3) 생물학적 위해요소(미생물) 안전기준

미생물은 주로 식품의 원료에서 오염될 수 있으나, 제조 · 가공 과정에서 대부분 제어(세척, 가열, 살균 · 멸균 등)될 수 있다. 하지만 보존 · 유통 과정에서 오염되기도 한다.

위생 지표균은 제조 · 가공 공정에 따라 비가열 시 대장균, 가열 · 살균 시 대장균군 또는 세균수, 멸균 시 세균수 기준을 설정하여 위생관리를 한다. 식중독균의 경우, 소량의 균으로 위해를 일으키는 고위해성은 음성 기준, 다량의 균으로 위해를 일으키는 저위해성은 위해평가를 거쳐 정량 기준을 설정한다.

(4) 방사능 안전기준

식품 중의 방사능 기준은 국민이 연간 섭취하는 음식물 총 섭취량의 10%가 매번 특정 방사선량(예, 세슘 370Bq/kg)으로 오염되었을 경우를 가정하여, 임상적으로 산출된 섭취 대상(영아, 유아, 성인)별 선량환산계수를 곱하여 연간 누적 실효선량이 최대 1mSv를 초과하지 않도록 설정하고 있다.

연간 방사선량 한도는 국제방사선방호위원회(ICRP)에서 1mSv를 권고

- 유엔방사선과학위원회(UNSCEAR)에서 과거 히로시마, 나가사키 등의 원폭 피해 생존자 수십만 명을 약 60년간 역학 조사한 결과를 바탕으로 설정한 것임
- 국제식품규격위원회(CODEX) 및 미국, 유럽 등 외국에서도 연간 방사선량 한도 1mSv를 기준으로 방사능 오염정도를 평가하여 방사능 기준을 설정

※ mSv(밀리시버트) : 생물학적으로 인체에 영향을 미치는 방사선량, 1mSv 수준의 방사선에 피폭되었을 경우 1년 동안 방사능으로 목숨을 잃은 확률은 1,000,000분의 1 정도

※ 위해요소의 안전기준 설정에 대한 원칙과 절차는 부록 3에 상세하게 수록하였다.

2) 위해요소 안전기준 적용 원칙

(1) 농약 및 동물용 의약품(항생물질, 성장호르몬 등)

국내 등록된 농약, 동물용 의약품에 대하여 농・축・수산물의 기준을 적용하고, 해당 식품의 기준이 없는 경우, ① 국제식품규격위원회(Codex) 기준 적용, ② 유사 식품의 기준 적용(유사 농산물의 농약 기준, 유사 식용동물의 동물용 의약품 기준), ③ 최저 기준을 순차적으로 적용한다. 국내 미등록 농약 및 동물용 의약품 성분은 불검출 기준을 적용한다.

다양한 원료로 제조된 가공식품은 다양한 배합비로 인하여 기준 설정이 곤란하며 원칙적으로 원료를 관리한다. 다만, 식품에서 유해물질 검출 시 원료의 함량에 따라 원료 기준을 적용하며, 건조 등으로 수분함량이 변화된 경우 이를 고려하여 기준 적용한다.

예) 과채 음료에 농약(비펜쓰린 0.02ppm)이 검출된 경우 기준 적용

- 원료 배합 비율 : 딸기 30%, 자두 20%, 복숭아 50%인 과채 음료

원료 배합에 따른 각 성분의 잔류 기준 계산
잔류 물질 기준 = (원료 A 배합비×기준) + (원료 B 배합비×기준) + …

- (30% × 1.0ppm) + (20% × 0.3ppm) + (50% × 0.3ppm) = 0.51ppm

∴ 과채 음료의 비펜쓰린 기준은 0.51ppm 이하이고, 검출된 농도는 0.02ppm 이하이므로 적합

cf) 식품공전상 비펜쓰린 기준 : 딸기 1.0ppm, 자두 0.3ppm, 복숭아 0.3ppm

(2) 중금속, 곰팡이독소, 다이옥신 등 환경 유래 오염물질

해당 식품의 기준을 적용하고, 가공식품인 경우 원료의 함량에 따라 원료 농·임·축·수산물의 기준을 적용한다. 가공식품의 기준이 아닌 1차 산물(농·축·수·임산물)에 대한 유해 오염물질 기준은 생물 기준으로 적용한다.

해당 식품에 기준이 없는 경우는 위해평가를 통하여 안전성 여부를 판정한다. 유해물질의 인체 총 노출량을 산출하고 그 물질의 인체 노출 안전 기준과 비교하여 안전성을 평가하여 관리한다.

(3) 식중독균의 기준 적용 원칙

고위해 식중독균은 불검출 기준을 적용하고, 저위해 식중독균은 정량 규격을 적용한다. 다만, 바이러스의 경우는 노로바이러스에 대하여 식품 제조 용수에서 불검출 기준을 적용한다.

① 바로 섭취할 수 있는 가공식품(바로 섭취하는 회 등 수산물 포함)

- 해당 식중독균의 기준을 적용한다.

② 농·임·수산물 등 자연산물

- 원칙적으로 식중독균 규격 적용 대상 아니나, 생산 단계에서 저감화가 필요하다.

· 수입 농 · 임 · 수산물에서 식중독균이 검출된 경우, 수입국에서 동일 식중독균에 의한 식중독 사고가 발생한 경우 수입 · 판매 금지한다.

③ 기준이 없는 병원균 등 검출 시(예 : 간염 A 바이러스, 비브리오패혈증균 등 검출)는 우리나라의 경우 식품위생법 제4조(위해식품 등의 판매 등 금지) 및 제5조(병든 동물 고기 등의 판매 등 금지)를 적용하여 불검출 기준으로 관리한다.

3) 위해분석(위해평가) 기반 기준 설정 가상 사례

(1) 영 · 유아 식품 중 아플라톡신 M1 기준 설정 가상 사례

위해관리 필요성

영 · 유아(2세 미만)는 유해물질에 대한 민감도가 높고, 다른 식품의 섭취 없이 영 · 유아용 식품만 섭취한다는 점에서 영 · 유아용 식품 중 유해물질의 안전관리 필요

먼저, 영 · 유아 식품이 분유 등의 우유라는 것을 감안하여 아플라톡신 M1의 위해관리(기준 설정) 필요

가) 위해평가 : 영 · 유아용 식품 중 아플라톡신 M1

㉠ 위해성 확인

- 발암성 : 아플라톡신 B1이 섭취되면 간의 cytochrome P-450 효소에 의해 생성되는 aflatoxicol 이외의 아플라톡신 B1-8, 9-epoxide가 DNA와 결합하여 간암을 유발하며, 아플라톡신 M1은 B1 발암성의 1/10 수준이라고 평가됨(JECFA 2001)
- 국제암연구소(IARC)는 아플라톡신 M1을 인체 발암 가능 물질(Group 2B)로 분류함 (IARC 7th annual report on carcinogens, 1993)

㉡ 위해성 특성 : 아플라톡신 M1은 발암물질로서 인체 노출 안전 기준을 B형 간염바이러스 감염 여부에 따른 간암 발암력으로 산출하였다. 최근에는 발암물질에 대해서는 BMDL10 값을 통한 MOE로서 위해를 평가하고 있다.

▪ 우리나라의 간암 발암력

- JECFA 의 아플라톡신 B1에 대한 간암 발암력 산출 근거 (아플라톡신 B1이 1 ng/kg bw/day 노출을 기준으로)

- 간염 보균자(HBsAg+)에서 발암력 : 0.3 cancers/100,000/year
- 간염 비보균자(HBsAg-)에서 발암력 : 0.01 cancers/100,000/year

※ 아플라톡신 M1은 B1 발암성의 1/10 수준이라고 평가됨(JECFA 2001)

- 우리나라의 B형 간염 보균자는 전체 인구의 7% Yo Ahn, strategy for vaccunation against hepatitis B in areas with high endemicity. focus in korea. Gut 38(suppl 2), 1996 이므로 발암력은

(0.3 × 7%) + (0.01 × 93%) cancers/1,000,000/year

= 0.0303 cancers/1,000,000/year

⇒ 아플라톡신 M1을 1 ng/kg bw/day 섭취했을 때, 우리나라 사람의 간암 발생 가능성은 1년 중 백만 명당 0.0303명

ⓒ 노출량 평가

- 영 · 유아용 식품 중 아플라톡신 M1 오염 수준 : 국내 유통 영 · 유아용 식품에 대한 아플라톡신 M1 모니터링 결과, ND ~ 0.015 ppb(평균 0.0026 ppb)
- 영 · 유아용 식품 중 아플라톡신 M1 노출량 평가

영유아 식품의 섭취('08년 국가건강영양조사)로 인한 아플라톡신 M1의 1일 추정 노출량은 0.087 ~ 0.202 ng/kg b.w./day이었다.

ⓓ 위해도 결정

영 · 유아 식품에 의한 아플라톡신 M1의 1일 추정 노출량은 0.087 ~ 0.202 ng/kg b.w./day이었으며, 영 · 유아 식품 섭취에 의해 발생되는 간암 발생 가능성은 평균섭취자의 경우 1년에 백만 명당 0.0026명, 극단 섭취자의 경우 0.0061명 수준으로 백만 명당 0.0303명 수준(아플라톡신 M1 1 ng/kg bw/day 노출 기준)보다 5~12배 낮은 수준임(2세 이하 평균 체중 12.4 kg)

아플라톡신 M1 오염도(ng/kg)	영유아 식품 섭취량(g)		인체 노출량 (ng/kg b.w./day)		초과 발암 위해도 (명/백만명/연)	
	평균	극단 (95th)	평균	극단 (95th)	평균	극단 (95th)
2.6	417.0	970.3	0.087	0.202	0.0026	0.0061

나) 위해관리 방안

㉠ 영 · 유아용 식품 중 아플라톡신 M1 기준 설정

- 영 · 유아용 식품 중 아플라톡신 M1의 위해평가 결과, 우려할 만한 수준은 아니나 영 · 유아의 유해물질에 대한 민감도와 영 · 유아용 식품의 의존도 등을 고려하여 아플라톡신 M1의 기준 설정 관리
- 아플라톡신 M1 기준은 설정한 기준(0.025 ㎍/kg)으로 오염된 영 · 유아 식품을 섭취한다 하더라도 간암 발생 가능성이 1년에 백만 명당 0.0303명 수준을 초과하지 않은 범위에서 설정

㉡ 영 · 유아용 조제유(식)에 대한 아플라톡신 M1 기준
- 아플라톡신 M1 기준 : 0.025 ㎍/kg 이하
- 대상 : 조제 분유, 성장기용 조제 분유, 성장기용 조제식, 영유아용 곡류 조제식, 영아용 조제식, 영 · 유아용 특수 조제식, 기타 영유아식

다) 위해 정보 전달

㉠ 위해관리 방안 마련을 위한 정보 전달
- 기준 설정 필요성과 기준안에 대한 정부 내 관련 부서, 전문가, 영 · 유아 식품 산업계, 소비자단체 의견 수렴 그리고 공청회 등을 통한 일반 국민 대상 의견수렴
- 규제로 인한 비용편익 분석을 위한 규제 영향 평가 → 관리 방안 확정

㉡ 위해관리 확정 후 정보 전달
- 대중매체를 통한 관리 방안 전달, 규제 대상 관련 산업계 설명회, 온라인 SNS 등을 통한 정보 전달

(2) 꽃게 중 중금속(카드뮴) 기준 설정 가상 사례

- 현재 카드뮴의 인체 총 노출량은 안전한 수준이며, 이를 유지하기 위해 총 노출량에 영향을 미칠 수 있는 식품에 대해 기준을 설정하여 관리
- 식품 섭취로 인한 카드뮴의 인체 총 노출량은 인체 노출 안전 기준 대비 22.7%임 (2010년)

---

1) Yo Ahn, strategy for vaccunation against hepatitis B in areas with high endemicity. focus in korea. Gut 38(suppl 2), 1996

▪ 카드뮴 총 노출량에 영향을 미치는 꽃게의 점유율은

식품별	노출 기여율 (%)	식품별	노출 기여율 (%)
곡류	24.8	해조류	4.5
연체류(내장 미포함)	3.9	서류	3.0
낙지(내장 포함)	7.8	육류	2.4
갑각류(내장 미포함)	2.0	어류	2.4
꽃게(내장 포함)	12.7	두류	1.1
패류	10.3	버섯류	0.6
김치류	6.9	극피, 척색류	0.1
과실류	6.5	다류	0.1
채소류	6.0	인삼	0.1
가공식품	4.8	기타	
		전체 식품	100.0

- 따라서 카드뮴의 인체 총 노출량을 적정하게 관리하기 위해서는 꽃게 살에 대한 중금속 기준을 정하여 관리하여야 함

▪ 현재 유통 중인 꽃게 중 카드뮴의 오염도를 고려하여 기준 설정(1.0ppm)

- 카드뮴(Cd) : 기준안(1.0 ppm) 초과, 꽃게(3건) 모두 수입산

중금속	구분	원산지 (건수)	검출 범위 (mg/kg)						
			평균	<0.05	0.05 - 0.1	0.1 - 0.5	0.5 - 1.0	1.0 - 2.0	>2.0
카드뮴	꽃게	국내	0.096	9	14	8	1	-	-
		수입	0.485	-	-	11	1	3	-

▪ 기준 설정에 따른 노출량(위해 수준) 감소 효과

- 갑각류의 카드뮴 기준을 설정하여 관리할 경우, 평균 노출량이 감소(0.21→0.14 ㎍/day)하여 위해 수준이 0.15% 감소(0.45% → 0.30%)하는 효과

(3) 히스타민 기준 설정 사례

▪ 바이오젠닉 아민(히스타민)은 식중독이 발생하는 등 붉은살 어류의 위생지표(부패지수)로 활용

※ 식품공전 중 '냉동 식용어류 머리'에 대해 200ppm 이하 규격 설정

▪ 어류의 히스타민 중독(scombrotoxic fish poisoning)이 발생함에 따라 소비자 및 제조업자에게 주의를 당부함[영국 FSA('10.8.15)]

※ 어류 식중독(scombrotoxic fish poisoning)

- 어류 중 히스타민에 의한 식중독
- 참치(tuna), 고등어(mackerel), 청어(herring) 등의 종을 섭취하여 발생
- 상온(20℃ 이상)에서 세균(Morganella morganii)이 번식하고 히스티딘을 히스타민으로 변환하여 발생 (어류를 4.4℃ 이하에서 냉장보관 시 문제 없음)
- 조리 시 생성된 히스타민은 파괴되지 않음

▪ 단백질을 함유한 식품의 유리아미노산이 저장 또는 발효 · 숙성 과정에서 미생물의 탈탄산(decarboxylation) 작용으로 생성되며, 생물학적 활성이 있는 분해산물임

※ Biogenic amines은 열에 안정하여 조리 후에 잔존함

▪ 생성 요인에 따라 2종류로 분류

- 가공 · 저장 중 생성 : putrescine, cadaverine, tryptamine, histamine, tyramine, β-phenylethylamine, agmatine
- 천연 유래 : spermidine, spermine, serotonin, norepinephrine, dopamine

▪ Biogenic amines 중 histamine은 저장 중에 생성되는 대표적 물질로서 식품의 부패지표로서 인지되고 있음

※ 부패된 모든 식품에서 histamine이 생성되는 것은 아님

위해 수준

▪ 바이오제닉아민을 구강 섭취 시 장내 효소에 의해 무독화되지만, **과량을 섭취 시** 장내 대사활동의 불균형으로 **독성**을 나타냄

※ 바이오제닉아민이 일으키는 독성에 대하여 가장 많이 연구되고, 독성이 가장 큰 것이 히스타민임

▪ 히스타민은 신경독성, 심혈관계에 영향을 주는 경우로, 위해성 평가에서는 1일 섭취량이 중요한 의미를 가지며 만성 독성과는 달리 worst scenario(1일 다량 섭취와 같은 사고)가 더 의미가 있음

- 최대 오염도 200mg/kg을 함유하고 있는 식품을 최대 섭취(200g) 했다고 가정했을 때, 히스타민 노출량은 40mg으로 독성 참고치(RfD)인 36.92mg를 초과

※ Histamine intake(mg) = Food consumption(g) × Histamine level(mg/kg)
The reference dose(RfD) of Histamine = 36.92 mg(BMDL10)

cf) 마비성패독의 관리 기준인 0.8mg/kg을 함유하고 있는 미더덕을 섭취한다고 가정 시, 극단(95th) 섭취량 45.8g을 섭취할 경우 마비성 패독 노출량은 36.6㎍으로 급성독성 참고치(aRfD)인 27.5㎍을 초과

▪ 히스타민 중독은 200mg/kg 이상에서 일어나고, 증상은 50mg/kg 이하로 오염된 식품 섭취 후에도 나타남

※ 성인의 히스타민 중독 : 히스타민 40mg, 증상 : 10mg 노출 시

Histamine concentration	Fish quality	Health effects
< 50 mg/kg	normal	safe for consumption
50 ~ 200 mg/kg	mishandled	possibly toxic
200 ~ 1,000 mg/kg	unsatisfactory	probably toxic
≥ 500 mg/kg	not reported	toxic
> 1,000 mg/kg	unsafe	toxic

오염 수준

▪ 국내 유통 어류(냉동, 염장포함) 427건에 대한 바이오제닉아민(히스타민) 모니터링 결과('11년)

- 어류(냉동, 염장 및 통조림)에서 히스타민 함량은 모두 CODEX 기준치(위생기준 200 ppm) 이하
- 미국의 부패지표 기준(50 ppm) 초과 : 냉동 가자미 1건, 간고등어 1건, 건멸치 1건

구분		검출 범위 (ppm)					
식품 유형	건수	평균	ND ~ 10	10 ~ 50	50 ~ 100	100 ~ 200	> 200
냉동 어류	290	0.89	288	1		1	-
염장 어류	21	5.72	19	1	1	-	-
건조 어류	59	2.72	54	4	1	-	-
통조림	57	0.39	57	-	-	-	-
합계	427	1.31	418	6	2	1	-

- 수산물에 대한 바이오제닉아민 기준
  - 어류(냉동, 염장 포함) 중 히스타민 기준 : 200ppm

ex) 히스타민 200mg/kg으로 오염된 식품을 최대 섭취(200g) 시, 히스타민 노출량은 40 mg으로 독성 참고치(aRfD)인 36.92mg을 초과할 수 있어 히스타민 관리 기준으로 200mg/kg으로 규정

※ CODEX : 히스타민 200ppm(어류, 냉동 어류, 염장 청어 등)

※ EU : 히스타민 200ppm(고등어과, 청어과, 멸치과 등 어류), 400ppm(발효숙성어류)

3. 식품첨가물의 기준 및 규격

식품첨가물은 소비자에게 이익을 주는 것으로 건강을 해할 우려가 없어야 한다. 식품첨가물은 안전성을 입증 또는 확인하고, 사용의 기술적 필요성 및 정당성(식품의 품질 유지, 안정성 향상 또는 관능적 특성 개선, 식품의 제조, 가공, 저장, 처리의 보조적 역할 등)을 평가하여 타당할 경우, 식품첨가물로 지정하고 기준 및 규격을 설정하여 관리한다.

식품첨가물의 지정은 FAO/WHO 합동식품첨가물전문가위원회(JECFA), 국제식품규격위원회(Codex Alimentarius Commission, CAC) 등 국제기구에서의 안전성을 평가한 결과 및 사용 기준, 우리나라의 식품 섭취 현황 등을 고려하여 과학적인 평가하여 지정한다.

1) 식품첨가물의 지정 및 성분 규격

식품첨가물로 지정받기 위해서는 기원 또는 발견의 경위 및 외국에서의 사용 현황(기원 또는 발견의 경위, 외국에서의 사용 현황), 제조 방법, 성분 규격(안)에 관한 자료[명칭, 구조식 또는 시성식, 분자식 또는 분자량, 함량, 성상, 확인 시험, 순도 시험, 건조 감량, 강열 감량 또는 수분, 강열 잔류물, 정량법, 식품첨가물의 안정성, 식품 중의 식품첨가물 분석법, 성분 규격(안)의 설정 근거], 사용의 기술적 필요성 및 정당성에 대한 자료와 안전성에 관한 자료를 제출하여 이에 대한 평가를 하

고 지정한다.

안전성 관련 자료는 독성에 관한 자료(반복 투여 독성 시험, 생식·발생 독성 시험, 유전 독성 시험, 면역 독성 시험, 발암성 시험, 일반 약리 시험), 체내 동태에 관한 자료, 일일 섭취량(ADI)에 관한 자료 등이다.

2) 식품첨가물의 사용 기준

사용 기준은 사용 목적 및 일일 섭취 허용량(ADI) 설정 여부에 따라 설정한다. 독성이 매우 낮아 ADI가 설정되지 않은 품목은 사용 대상 식품 및 사용량을 제한하는 것은 불필요하고, 일부 독성이 있어 ADI가 설정된 품목은 제안된 식품 및 사용량을 토대로 일일 추정 섭취량(EDI)[2]을 산출하여 극단 섭취군(95th)의 EDI까지도 일일 섭취 허용량(ADI)의 100%를 초과하지 않도록 사용기준을 설정한다.

※ 국민건강영양통계 등 섭취량 자료 및 식품 중 함유량(사용량)을 고려하여 섭취량 평가

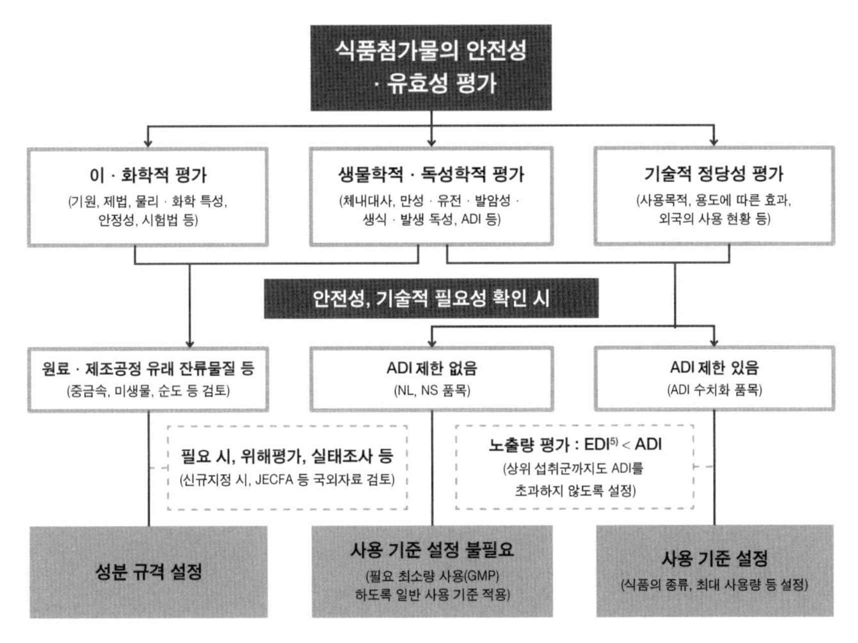

[그림 4-1] 식품첨가물 기준 규격 설정 절차

---

2) 일일 추정 섭취량(Estimated Daily Intake, EDI) : 실험상 얻어진 검출 수준 및 해당 식품의 일일 섭취량(국민건강영양조사 등의 자료 활용)을 이용하여 얻어진 값

4. 생산 · 제조 · 보존 · 유통 기준

정부는 식품의 생산 · 제조 · 조리 과정에서 발생할 수 있는 위해요소를 최소화하기 위하여 안전 생산 · 제조 기준을 정하여 준수하도록 하고 있다. 식품을 제조가공할 때는 제조시설에 대한 시설 기준, 제조가공에 대한 제조가공 기준, 식품의 저장 보관 및 유통에 대한 보존 및 유통 기준, 위생적 취급 기준을 정하여 영업자가 준수토록 하고 있다. (제7장에서 일부 설명)

① 시설 기준은 식품제조가공업, 즉석판매제조가공업, 식품첨가물제조업, 식품운반업, 식품소분판매업, 식품보존업, 용기포장류제조업, 식품접객업, 위탁급식업 등의 업종별 시설에 대하여 안전한 식품을 제조/조리/판매할 수 있도록 하는 기준이다(식품위생법).

② 식품 등의 위생적 취급 기준은 모든 식품 취급자에 대하여 안전하고 위생적인 식품을 소비자에게 공급할 수 있도록 하는 기준이다(식품위생법).

③ 식품 영업자에 대한 준수사항은 식품제조가공업, 즉석판매제조가공업, 식품첨가물제조업, 식품판매업, 식품조사처리업, 식품접객업, 집단급식소 등의 업종별로 영업자 및 종사자에 대한 안전한 식품을 제조 · 판매할 수 있는 기준이다(식품위생법).

④ 제조가공 기준은 식품의 제조에 사용하는 식품 용수 등 각종 기준을 정하고 있으며, 보존 및 유통 기준은 식품의 보존 온도, 유통기한 등에 대한 기준을 정하고 있다(식품공전).

한편, 영업자는 이와 별도로 식품을 안전하게 생산하기 위하여 자체적으로 안전관리 프로그램을 운영한다. 안전한 농 · 축 · 수산물의 생산을 위하여 우수 농산물 생산 기준(GAP), 안전하고 우수한 식품의 제조를 위한 우수 제조 기준(GMP), 안전하고 위생적인 식품 생산을 위한 식품 안전관리 기준(HACCP) 등을 적용하여 안전한 식품을 생산한다.

5. 식품 표시 기준

생활 수준의 향상과 건강에 대한 관심의 급증으로 건전한 식생활에 대한 소비자의 욕구가 커지면서 소비자가 식품의 특성을 충분히 이해하고 자신의 요구에 부합하는 식품을 선택하도록 하는 것이 중요하다. '식품 등의 표시 기준'은 유통기한, 영양성분 등 식품에 관한 정보를 제품의 포장이나 용기에 표시하도록 함으로써 생산자는 소비자에게 제품에 대한 정확한 정보를 제공하여 제품의 구매를 유도하고, 소비자는 자신에게 적합한 제품을 구매할 수 있도록 하는 생산자 · 판매자, 판매자 · 소비자 사이의 중요한 정보 교류의 수단이며, 소비자가 안전하고 적정한 소비 생활을 영위하도록 보호하는 가장 기본적인 제도이다. 특히, 알레르기 유발 식품 원료의 표시는 소비자 체질에 따른 안전한 식품 선택에 대한 중요한 정보를 제공한다.

(1) 일반 식품 표시 사항

제품명, 식품의 유형, 업소 및 소재지, 제조연월일(※따로 정한 제품), 유통기한 또는 품질 유지 기한, 냉동 또는 냉장 보관 · 유통하여야 하는 제품은 '냉동 보관' 또는 '냉장 보관'으로 표시, 내용량, 내용량에 대한 열량(※따로 정한 제품), 원재료명, 원재료 함량(제품명의 일부로 사용하는 경우), 성분명(성분 표시를 하고자 하는 식품), 성분 함량(제품명의 일부로 사용하는 경우), 영양 성분(※따로 정한 제품), 포장 재질(분리 배출 표시가 있는 경우 따로 표시하지 않아도 됨) 등이다.

(2) 표시 장소별 표시 사항 및 활자 크기

표시 장소	표시 사항	활자 크기(포인트)
주표시면	가) 제품명 나) 내용량(내용량에 해당하는 열량)	6 이상 12 이상
일괄표시면	가) 식품의 유형 나) 제조연월일 다) 유통기한 · 품질 유지 기한 라) 원재료명 및 함량 마) 성분명 및 함량	8 이상 10 이상 12 이상 7 이상 7 이상
기타 표시면	가) 업소명 및 소재지 나) 영양성분 다) 주의 사항 표시 라) 기타 사항 표시	8 이상 8 이상 10 이상 6 이상

(3) 제조연월일 표시 대상 식품

① 즉석 섭취 식품(도시락, 김밥, 햄버거, 샌드위치) : 제조 시간 함께 표시

② 설탕, 식염, 빙과류, 주류(맥주, 탁주, 약주 제외)

(4) 영양 표시 및 열량 표시 대상 식품

장기 보존 식품(레토르트 식품만 해당), 과자, 캔디류, 빙과류, 빵류, 만두류, 초코릿류, 잼류, 식용유지, 면류, 음료류, 특수 용도 식품, 어육가공품(어육 소시지), 즉석 섭취 식품(김밥, 햄버거, 샌드위치) 등

(5) 유통기한 생략 가능 식품

설탕, 식염, 빙과류, 주류(맥주, 탁주, 약주 제외), 식용 얼음, 과자류 중 껌류(소포장 제품), 품질 유지 기한으로 표시하는 경우

(6) 품질 유지 기한 표시 대상 식품

레토르트식품, 통조림식품, 잼류, 당류(포도당, 과당, 엿류, 당시럽류, 덱스트린, 올리고당류에 한한다), 다류 및 커피류(액상 제품은 멸균에 한한다), 음료류(멸균 제품에 한한다), 장류(메주를 제외한다), 조미식품(식초와 멸균한 카레 제품에 한한

다), 김치류, 젓갈류 및 절임식품, 조림식품(멸균에 한한다), 주류(맥주에 한한다), 기타 식품류(전분, 벌꿀, 밀가루에 한한다)

(7) 냉동식품 표시일 경우

① '가열하지 않고 섭취하는 냉동식품', '가열하여 섭취하는 냉동식품'으로 구분 표시, 살균한 제품은 '살균 제품', 발효 제품 또는 유산균을 첨가한 냉동 제품의 경우 효모 또는 유산균 수를 함께 표시

② 냉동 보관 방법 및 조리 시의 해동 방법 표시

③ 조리 또는 가열 처리 방법을 표시

(8) 소비자 안전을 위한 주의사항 표시

카페인 등 소비자 안전을 위한 주의사항 표시(10포인트 이상)

(9) 표시 사항 예외 규정인 경우

① 자연산물(농산물, 임・수산물)이 용기・포장에 넣어진 경우

・제품명, 내용량, 제조연월일(포장일 또는 생산연도), 업소명(생산자 또는 생산자 단체명), 보관 방법 또는 취급 방법 ⇒ 투명(비닐랩 등) 포장일 경우 모든 표시 사항 생략 가능

② 단무지, 두부류 또는 묵류 운반용 위생상자 사용하여 판매하는 경우

・업소명 및 소재지

③ 제조・가공, 조리 목적 반제품을 가맹점에 공급하는 경우

・제품명, 제조일자/유통기한, 보관 방법 또는 취급 방법, 업소명 및 소재지

과자 표시 사례

제품명

- 실제 감자를 원재료로 사용하였으므로 제품명에 '감자'문구를 사용할 수 있음
- 반드시 한글로 표시하되, 외국어를 병기할 수 있으며, 이 경우 외국어 'Potato Chip'는 한글 '감자칩' 활자보다 같거나 작게 표시
단, 수입식품이나 상표법에 등록한 상표는 외국어를 한글보다 크게 표시할 수 있음

원재료의 함량

제품명에 원재료명인 '감자'를 사용하였으므로 감자 함량을 주표시면의 제품명 주위에 12포인트 이상의 활자로 백분율로 표시

그림이나 사진 사용

실제 감자를 원재료로 사용하였으므로 감자를 뜻하는 그림, 사진 등 사용 가능

식품의 유형

- 식품 유형은 주표시면 또는 일괄표시면에 표시하여야 함
- 과자류를 유탕 또는 유처리하였다면 '유탕처리제품' 또는 '유처리제품'을 표시하여야함

영양성분

영양성분을 주표시면에 표시하는 경우에는 [도3] 표시서식도안을 따라야 함

내용량(내용량에 해당하는 열량)

- 영양성분 표시대상에 해당하는 식품인 경우 내용량 옆에 총 내용량에 해당하는 열량을 괄호로 표시
- [도3]에 표시된 열량이 내용량에 해당하는 열량이 되는 경우 생략 가능

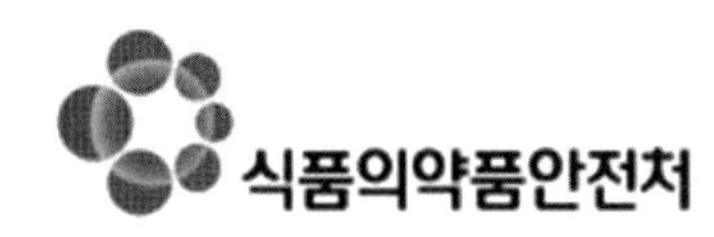

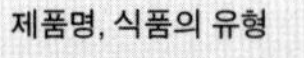

제품명, 식품의 유형

주표시면에 제품명, 식품 유형을 표시하였다면 생략 가능

유통기한

유통기한은 주표시면 또는 일괄표시면에 표시하여야 함

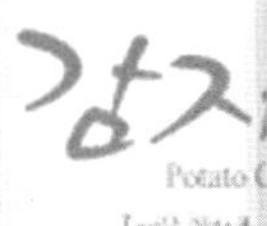

★ △△제과

제품명: 감자칩

식품유형: 과자(유탕처리제품)

유통기한: 0000.00.00까지

원재료명: 감자 80%(국산), 해바라기유, 치즈맛분말[치즈조미분말(우유, 대두), 식염, 말토덱스트린, 합성착향료(치즈향)]

영양성분

식품제조업소: (주) △△

(00도 00구 00동 00)

유통전문판매업소: △△제과

(00시 00구 00동 00)

내포장재질: 폴리에틸렌(PE)

부정 · 불량식품 신고는 국번없이 1399

제품의 신선도 유지를 위해 질소충전포장을 하였습니다.

보관상 주의사항: 실온 보관

제품교환장소: 소비자 상담실(000-0000) 및 각 구입처

분리배출

원재료명

- 원재료명은 많이 사용한 순서에 따라 표시하되, 중량비율로서 2% 미만일 경우에는 함량 순서에 따르지 않고 표시할 수 있음
- 복합원재료(치즈맛 분말)가 중량 비율이 5% 이상인 경우 많이 사용한 5가지 이상의 원재료명을 표시해야 함
- 한국인에게 알레르기를 유발하는 것으로 알려져 있는 우유, 대두가 원재료에 포함된 경우는 예외 없이 원재료명 옆에 '우유', '대두'의 명칭을 반드시 표시하여야함
- 합성착향료는 '합성착향료와 그 향의 명칭'을 표시하여야 하므로 '합성착향료(치즈향)'으로 표시하여야함

영양성분

- 영양성분은 [도2] 표시서식도안에 맞추어 주표시면 또는 일괄표시면에 표시하여야함
- 다만, 영양성분을 주표시면 표시에 표시하려는 경우에는 [도3] 표시서식도안을 사용하여 표시하여야 하며, 주표시면에 [도3]을 표시한 경우에는 기타 표시면의 영양성분 표시를 생략할 수 있음

재질

합성수지체인 경우는 재질 표시

이 경우 분리배출마크에 'PE'라고 표시된 경우는 별도로 한글표시를 하지 않아도 무방함

업소명 및 소재지

실제 해당 제품을 제조한 식품제조가공업소명 및 소재지와 유통전문 판매업소의 업소명 및 소재지를 함께 표시해야함

이 경우 유통전문 판매업소의 소재지 대신 반품교환 업무를 대표하는 소재지를 대신 표시할 수 있음

CHAPTER 05

식품 중 유해물질 위해관리

1. 유해물질 종류 및 특성
2. 유해물질 위해관리 원칙
3. 유해물질 위해평가
4. 인체 노출량관리

CHAPTER 05

식품 중 유해물질 위해관리

우리의 일상생활에서 화학물질은 매우 광범위하게 사용되고 있어, 화학물질의 존재를 부정하고는 의식주 자체를 영위할 수 없을 정도이다. 화학섬유, 의약품, 플라스틱 제품 등은 우리 주위에서 흔히 볼 수 있는 화학물질이며 이로 인해 우리 삶의 질은 비약적으로 발전하였다.

그러나 이러한 화학 제품의 무분별한 사용은 환경오염이라는 예기치 않은 부산물을 제공하여 오히려 삶의 질을 악화시켜 왔다. 특히 화학물질은 값싸고 대량생산이 가능하며 제품이 쉽게 변형되지 않는다는 이유로 일반 천연 제품을 사용하는 경우보다 광범위하게 사용되고 특히 편의성을 증대시킬 수 있다는 점이 강조되고 있으나, 물성이 안정하다는 점은 오히려 이들이 환경 중에 오랜 기간 잔류하게 되는 결과로 나타나 심각한 환경 문제를 불러일으키는 원인이 되고 있다.

즉 화학물질은 제조, 사용, 폐기 과정에서 토양, 물, 대기, 생태계 등 환경으로 배출되며, 이럴 경우 2차 오염물질로 변환되기도 하거나 생체 농축을 통하여 인간이나 환경에 악영향을 미치기도 한다.

화학물질은 그 용도와 성상, 입법 목적에 따라 각 법률별로 규제하고 있다. 유해화학물질관리법은 유해성 심사를 통해 화학물질의 독성을 종합적으로 평가하고 독성 등이 문제가 되는 화학물질에 대하여는 관리 기준 및 등록 · 허가 등의 절차를 통하여 관리하는 것을 기본 내용으로 하고 있다.

약사법에 의한 의약품, 의약부외품 및 화장품, 마약법에 의한 마약, 향정신성의약품관리법에 의한 향정신성 의약품, 비료관리법에 의한 비료, 농약관리법에 의한 농약, 식품위생법에 의한 식품 및 식품첨가물, 고압가스안전관리법에 의한 독성가스,

총포 · 도검 · 화약류단속법에 의한 화약류 및 원자력법에 의한 방사성 물질은 유해화학물질관리법의 적용을 받지 아니한다.

[표 5-1] 유해 화학물질 관리 관련법

소관 부처	근거 법령	관리 대상	관리 목적
식약처	식품위생법	식품첨가물, 식품 중 유해물질 안전 기준	공중위생의 향상
	약사법, 마약법, 향정신성 의약품관리법	의약품, 마약 등	의약품 등의 품질, 유효성, 안전성 확보
환경부	유해화학물질관리법	화학물질 (유해 화학물질) 730여 종	국민보건 및 환경 보전
	환경보전법(수질,대기) 폐기물 관리법	배출 오염물질	국민 건강보호 및 생활환경보전
해수부	해양오염방지법	폐기물, 폐유 등	해양 오염 방지
농식품부	농약관리법	농약 440여 종	농약의 품질 향상 및 적정 사용
미래과학부	원자력법	방사성 물질	재해 방지 및 공공 안전 도모
노동부	산업안전보건법	유해물질(작업장 노동자에 노출되는 화학물질) 730여 종	근로자 안전과 건강보호

식품에 사용할 수 있는 화학물질은 식품위생법에서 인정하는 식품첨가물뿐이다. 모든 독성평가를 통한 안전성을 평가하고 식품에 안전 사용량(식품첨가물 사용 기준)을 정하여 인정하고 있다.

한편, 식품에 직접 사용은 아니지만, 식품을 생산할 때 간접적으로 사용하여 잔류하는 농약과 동물용 의약품은 관리 가능한 안전성이 입증되고 잔류가 지속적으로 되지 않은 것에 대하여 농약관리법(농약)과 약사법(동물용 의약품)에 따라 등록하여 사용을 허가하고 있다. 따라서 식약처에서는 식품에 사용이 허가된 이들은 화학물질에 대하여 사용 기준, 잔류 기준 등을 통하여 통제하고 관리하고 있다.

1. 유해물질의 종류와 특성

▪ 위해요소의 정의 : 식품에 잔류하여 인체의 건강에 잠재적인 유해 영향을 일으킬 수 있는 미생물학적, 화학적, 물리적 요소 및 상태

▪ 유해물질의 정의 : 일반적으로 인체의 건강에 잠재적인 유해 영향을 일으킬 수 있는 화학적 위해요소를 유해물질이라 한다.

· 화학적 위해요소 : 농약, 식품첨가물, 중금속, 곰팡이독소 등의 유해물질

※ 식품첨가물, 농약 등 사용 허가를 하여 사용/잔류 기준이 정해져 있는 물질은 사용 기준을 지켜서 사용하는 경우는 위해요소가 아니나 오 · 남용하는 경우에는 화학적 위해요소로 작용

1) 화학적 위해요소의 독성 특성에 따른 분류

독성물질은 입이나 피부를 통해 1회 또는 24시간 이내에 투여로 곧바로 유해한 영향을 일으키는 급성 독성물질과 일정량 이상의 독성이 조금씩 지속적으로 축적되어야 유해한 영향을 일으키는 만성 독성물질로 구분된다.

[표 5-2] 급성 독성물질과 만성 독성물질

	급성 독성물질	만성 독성물질
독성 특성	1회 또는 24시간 이내에 수회 투여로 유해 영향이 나타나는 물질 또는 생물체	장시적인 노출로 인하여 체내에 일정량 이상이 축적되면 발암 등 유해한 영향을 일으키는 물질
독성 발생	1회 식품 섭취로도 위해 발생	일상 식생활을 통한 일정량 이상 축적 시 위해 발생
물질 종류	복어독, 마비성 패독 등 패류독소, 어류 히스타민, 황색포도상구균 등의 식중독균 독소 등	카드뮴, 납 등 중금속, 아플라톡신 등 곰팡이독소, 다이옥신, 벤조피렌 등

사전 관리	어독, 패류 독소, 히스타민 : 최대 허용 기준 설정 관리 식중독균 : 불검출 기준 또는 정량 기준관리	환경 오염물질 : 최대 기준 설정 제조 공정 중 생성 물질 : 저감화(필요 시 기준 설정 관리)
사후 관리	기준 초과 시 위해 우려가 있어 바로 유통 차단, 폐기 조치	인체 총 노출량을 독성치(인체 노출 안전 기준, TDI, PTWI 등) 이하로 관리

2) 화학적 위해요소의 의도성 여부에 의한 분류

전체 화학물질 수는 정확히 파악이 안 되고 있지만, 전 세계적으로 약 10여만 종이고, 매년 2천여 종씩 생성된다고 보고(미국 EPA, JECFA)

[표 5-3] 식품 중 유해물질의 의도성 여부에 의한 분류

구분 / 의도성	위해요소	노출량 관리
의도적 사용 물질	농약 : 이피엔 등 432여 종 동물용 의약품 : 겐타마이신 등 156여 종 식품첨가물 : 안식향산 등 살균소독제 : 차아염소산나트륨 등 102여 종	기준 설정
비의도적 오염물질	금속류 : 카드뮴 등 17종 난분해성 유기물질 : 다이옥신 등 14종 자연 유래 물질 : 베네루핀 등 3종 제조공정 중 생성 물질 : 벤조피렌 등 23종 곰팡이독소 : 아플라톡신 등 10종	기준 설정 및 저감화

(1) 의도적 사용물질

유해물질이지만 식량(식품) 생산을 위해 불가피하게 필요로 하여 사전에 안전성을 평가하여 사후 안전관리가 가능한 물질로써, 일정량의 사용을 허가하거나 일정량의 잔류량을 허가한 물질

① 농약, 동물용 의약품, 식품첨가물 등 특정 목적(병해충 방제, 질병 치료)이나 용도(유화제, 감미료 등)로 사용 승인된 물질

② 대상(품목, 동물, 식물)별 사용 기준 또는 잔류 허용 기준(MRL) 설정

※ 식품첨가물은 사용 기준, 농약과 동물용 의약품은 잔류 허용 기준(maximum residue limit) 설정

③ 생산 · 재배 환경, 국민적 특성(식습관, 유전적 특성 등), 산업 환경 등을 종합적 판단하여 의도적 사용 물질을 허가 · 관리(기준 설정)

(2) 비의도적 오염물질

인체 유해 영향으로 식품에 사용할 수 없는 물질로써 오염된 환경에서 유래하거나 제조 · 가공 등 과정에서 의도하지 않게 생성되는 물질

※ 오염물질 : 생산, 제조, 가공, 포장, 운송 혹은 보관의 결과로 인해 혹은 환경오염의 결과로 인해 의도적이지 않게 식품에 존재하는 물질

[표 5-4] 비의도적 오염물질의 발생 단계별 분류

구분 / 발생 단계	위해요소	노출량 관리
생산, 재배 등 단계	금속류 : 카드뮴 등17종	기준 설정 저감화
	난분해성 유기물질 : 다이옥신 등 14종	
	자연 유래 물질 : 베네루핀 등 3종	
제조·가공·조리 단계	제조 공정 중 생성 물질 : 벤조피렌 등 23종	저감화 기준 설정
유통·보관 단계	곰팡이독소 : 아플라톡신 등 10종	기준 설정 저감화

3) 화학적 위해요소의 발암성 여부에 의한 분류

(1) 비발암성물질

의도적 사용 물질은 허가 시 발암 물질은 모두 배제함으로 농약, 동물용 의약품, 식품첨가물은 모두 비발암 물질임

(2) 발암성물질

주로 비의도적 생성 또는 오염물질 : 아플라톡신, 푸모니신, 오크라톡신, 다이옥신류(2, 3, 7, 8-TCDD), 폴리클로리네이티드 비페닐(PCBs) 등

[표 5-5] 제조 공정 중 생성 물질의 발암성

	제조 공정 중 생성 물질
발암성 (IARC 1~2B)	벤젠, 벤조피렌, 에틸렌옥사이드, 포름알데히드, 아크릴아마이드, 에틸카바메이트, 바이오제닉아민류, 헤테로사이클릭아민, 퓨란, 다환방향족탄화수소, 아세트알데히드, 2-아미노-3-메틸이미다조(4, 5-f)퀴놀린, 2-아미노-3, 8-디메칠이미다조(4, 5-f)퀴녹살린, 트리할로메탄, 3-메틸클로란스렌, 니트로소피롤리딘, 니트로소디에틸아민, 니트로소디메틸아민, 니트로소피페리딘
비발암성	3-MCPD, 아세트알데히드, 3-메틸클로란스렌(생식 발생 독성) 히스타민(심혈관계질환) 트랜스지방, 1,3-디클로로프로파놀(DCP)

4) 인체 노출 안전기준 적용에 따른 분류

구분	대상 물질	독성 구분	인체 노출 허용량
급성 독성물질	복어독, 마비성 패독 등 패류독소, 어류 히스타민, 특정 농약 등		aRfD
만성 독성물질	의도적 사용 물질 농약, 동물용 의약품, 식품첨가물	비발암성 물질[1]	ADI
	비의도적 사용 물질 중금속, 곰팡이독소, 다이옥신 PCBs, 벤조피렌 등	비발암성 물질	TDI - 비축적성 : PMTDI 등 - 축적성 : PTWI, PTMI 등
		발암성 물질	BMD[2]

1) 의도적 사용 물질의 경우 발암성 물질은 원천적으로 사용 승인 불가

2) 유전 독성이 있는 발암 물질인 경우, 인체 노출 허용량에 대응하는 참고치

2. 유해물질 위해관리 원칙

유해물질의 위해관리 원칙

- 안전성이 입증되지 않아 허가되지 않은 화학물질은 식품에 사용금지 → 원칙적으로 불검출 기준 관리
- 다만, 식품에 존재할 경우 존재하는 함량과 그 섭취량, 그리고 그 물질의 독성 정도에 근거하여 인체 위해 여부(위해평가)를 따져서 관리 ⇒ 식품 중 유해물질은 검출량(함량) 관리에서 식품섭 취로 인한 인체 노출량으로 관리

㉠ 식품에 사용이 허가되지 않았으나, 생산・제조 과정 중 오염이나 생성된 유해 화학물질은 인체 총 노출량(섭취량)이 인체 노출 안전(허용) 기준을 초과하지 않도록 관리(식품별 최대기준 설정, 화학물질의 저감화, 섭취 제한)

㉡ 식품 생산・제조에 허가한 화학물질은 인체 총 노출량(섭취량)이 인체 노출 안전(허용) 기준을 초과하지 않도록 관리(잔류 허용 기준 설정)

위해분석 기반 유해물질의 위해관리 4단계

식품 중에 사용이 허가된 의도적 사용 화학물질이나, 허가되지 않은 비의도적으로 오염 또는 제조 과정 중 생성된 화학물질에 대한 관리는 과학에 근거하여 4단계로 관리한다.

첫째, 독성평가를 통한 화학물질(위해요소)의 인체 노출 안전 기준을 결정하고,
둘째, 식품을 통한 화학물질(위해요소)의 인체 총 노출량을 산출하고 인체 노출 안전 기준 대비 위해 수준을 결정하는 위해평가를 실시하고,
셋째, 위해평가 결과에 따라 노출량을 줄이기 위한 기준 설정, 저감화 등의 위해관리 방안을 마련하고,
넷째, 기준 등 위해관리 실태를 시험검사 등으로 확인하고 준수 여부를 지속적 관리

신종 위해요소 출현 시 위해관리 절차

① 시험법 확립 → ② 식품 중 함량(오염도) 조사 → ③ 인체 노출량 산출 및 위해도 결정(위해평가) → ④ 위해관리(유통차단, 기준설정, 저감화 등)

▪ 식품 중 위해요소 검출에 따른 조치 방향

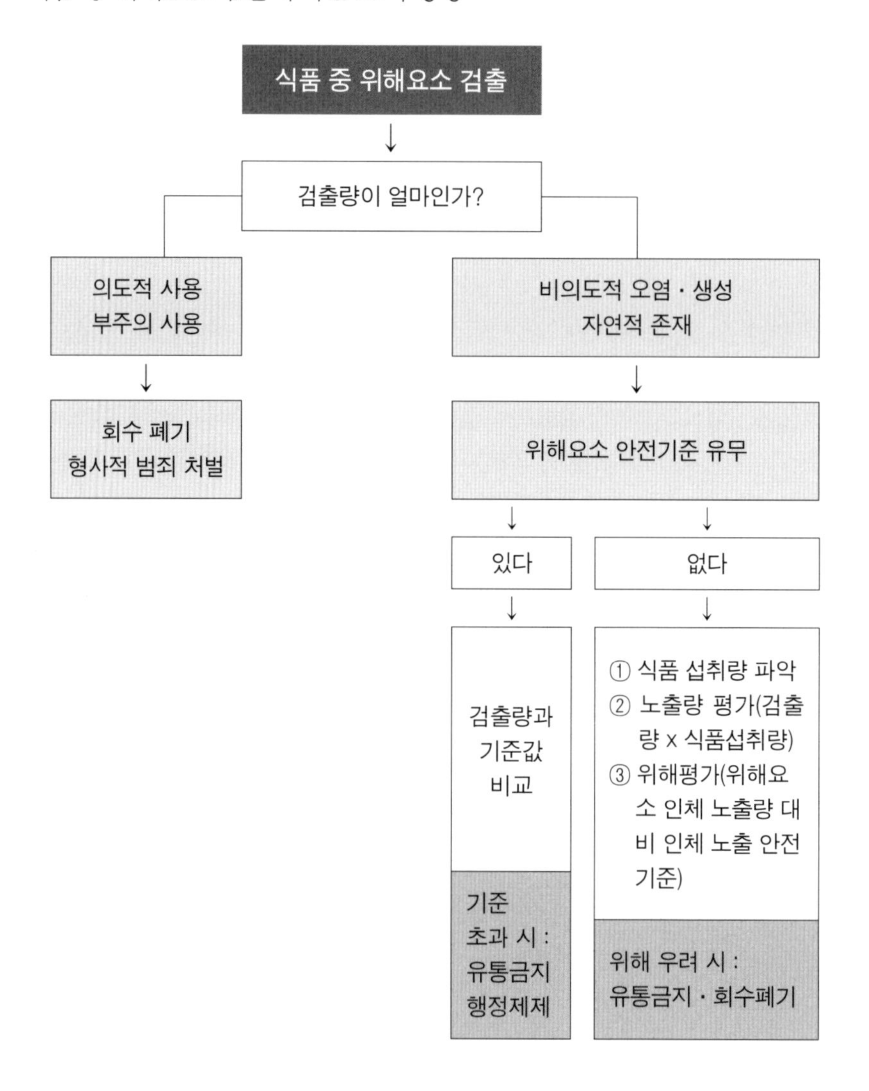

1) 안전성이 입증되지 않은 화학적 합성물질

1 원칙적으로 식품 사용금지 : 식품 중 불검출 기준 관리

· 화학적 합성품은 식품으로서의 안전성이 입증되지 않아 식품에 사용할 수 없다. 예를 들어 화학적 구조가 동일한 에틸알코올의 경우, 발효로 생산한 에틸알코올(주정)은 술(소주 등)의 원료로 사용 가능하지만 합성 에틸알코올은 술의 원료로 사용할 수 없다.

2) 안전성 입증 후 식품에 첨가 · 사용 허가된 화학적 합성물질

식품의 생산 · 제조 · 공급을 위해 불가결한 경우, 안전성 등을 평가하여 안전성이 입증되고 식품 중 안전관리가 가능하다고 판단될 경우, 관리 방안과 함께 사용 허가를 하고 있다.

1 **식품첨가물** : 안전성 평가 후 사용 승인, 사용 기준 설정 관리

- 식품의 품질 유지 · 개선을 위한 기술적 효과 등 사용 목적 및 필요성에 대한 정당성이 입증되어야 함
- 제안된 식품 및 사용량을 토대로 일일 추정 섭취량(EDI) 산출 → 극단 섭취군(95th)의 EDI까지도 일일 섭취 허용량(ADI)의 100%를 초과하지 않도록 사용 기준 설정

2 **농약** : 안전성 유효성 평가 후 사용 승인, 식품 중 잔류 허용 기준 설정 관리

3 **동물용 의약품** : 안전성 유효성 평가 후 사용 승인, 식품 중 잔류 허용 기준 설정 관리

- 농산물 재배 또는 동물 사육 기간 중 발생되는 병해충 방제 및 질병 치료를 위해 의도적으로 사용되는 농약 및 동물용 의약품은 잔류 허용 기준(Maximum Residue Limit, MRL)을 설정하여 관리
- 농약 및 동물용 의약품은 독성 자료를 검토하여 일일 섭취 허용량(Acceptable daily Intake, ADI)을 설정하고, 농산물 또는 축 · 수산물의 잔류 자료에 근거하여 잔류 허용 기준을 마련
- 식품 섭취량, 체중 등을 고려한 노출평가를 실시하여 국민이 평생 섭취하더라도 이상이 없는 수준에서 잔류 허용 기준을 설정

3) 식품의 생산 · 제조 과정중 오염 또는 생성된 화학물질

식품에 사용 불허된(안전성이 입증되지 않은) 화학물질이 식품에 오염 또는 자연적으로 생성될 경우 이를 유해 오염물질로 간주하여 관리한다.

1 환경오염 화학물질 : 중금속, 다이옥신 등

[2] 식품 제조공정 중 생성 화학물질 : 벤조피렌, MCPD 등

[3] 식품 생산 · 유통 중 생성 화학물질 : 곰팡이독소, 마비성 패독, 복어독 등

유해 오염물질의 안전관리는 첫째 유해 오염물질의 저감화, 둘째 식품별 기준 설정, 셋째 식품 안전섭취 가이드로 유해물질 섭취를 제한하여야 한다. 유해 오염물질의 인체 노출(축적)을 최소화하기 위해 환경오염이나 제조 과정에서 잔류 · 생성되어 기술적으로 제거하기 어려운 경우 최소량의 원칙(ALARA)을 적용하여 기준 설정한다.

기준 설정은 식품 총 섭취량을 통한 인체 노출량이 인체 노출 허용량을 초과하지 않도록 식품 중 최대 기준을 설정하여 관리한다. 비의도적 오염물질의 경우 저감화 또는 섭취 제한(예, 참치 메틸수은) 등 교육 · 홍보로 관리가 어려울 경우 기준 · 규격을 설정하여 관리한다.

4) 식품에 천연적으로 존재하는 동식물 구성 성분인 화학물질

[1] 천연 동식물에는 사람의 영양소 성분이나 유익한 성분이 혼재되어 있는 것 : 식품 원료로 사용 가능

[2] 천연 동식물에는 사람의 영양소와 독성물질이 혼재하여 함유되어 있는 것 : 안전성(독성 등)을 평가하여 안전성 입증될 경우 식품 원료로 사용 가능

5) 식품 중 화학물질의 검출(사용) 시 회수 폐기의 원칙

허가되지 않은 화학물질, 안전성이 확인되지 않은 원료는 식품에 사용할 수 없다. 허가되지 않은 화학물질이나 원료가 식품에 조금이라도 의도적으로 사용될 경우 안전성과 무관하게 그 식품은 회수 폐기한다. 이는 식품의 안전성을 확보하기 위한 조치이다. 아직 안전성이 확인되지 않은 상태에서 먹을 수 있다, 또는 먹을 수 없다는 과학적으로 말할 수 없다. 다만, 허가되지 않은 것을 식품에 사용할 수 없다는 것은 큰 틀에서 식품의 안전관리 차원일 뿐이다. 하지만 허가되지 않은 화학물질이나 원료가 식품에 비의도적으로 오염이나 생성으로 식품에 존재(검출)한다면 이는 위해평가 후 위해 여부에 따라 회수 폐기하고 있다.

기본적으로 식품을 먹을 수 있는지 없는지는 과학에 기반한 안전성 평가 후 결정하여야 한다.

최근 논란이 되었던 사례를 보면 백수호를 원료로 사용한 건강기능식품이 국내에서 식품 원료로 인정되지 않은 이엽우피소를 백수호 대신 사용하였다고 하여 회수 폐기하였다. 하지만 안전성에 문제가 없다고 발표(이엽우피소가 중국에서는 섭취하고 있고 안전성에 문제가 없다고 발표)를 하면서 소비자에게 혼란을 준 것이다. 치약에 극미량의 MIT, CMIT를 사용 · 검출로 치약을 회수한 사례도 국내는 규정이 없고 유럽에서는 기준 이내로 치약에 사용토록 규정되어 있는 것으로 안전성에는 문제가 없었던 것이다.

프랑스 포도주에서 DEHP 3.0 ppm 검출된 경우 위해관리 사례

가) 위해관리 방안 : 먼저 화학물질인 DEHP를 포도주에 첨가하였는지 아니면 다른 원인에 의해 포도주에서 검출되었는지를 확인한다.

㉠ 포도주에 첨가 확인 시 : 미승인 화학적 합성물질 사용금지 위반

- 영업 허가 취소, 회수 폐기

㉡ 포도주에 첨가하지 않을 경우 : 포장이나 용기 중에서 용출되었을 가능성 파악 후 용출 기준 부적합 판정

- 품목 제조 정지 15일

※ DEHP는 승인되지 않은(기준 규격 고시되지 않은) 화학적 합성물질로서 사용금지 → 불검출(식품 중). 다만, 기구 용기 포장 중 PVC에서 용출 기준으로 DEHP는 1.5 ppm 이하로 허용하여 관리

식품에 사용할 수 없는 첨가물을 사용한 전분 및 그 가공품에 식품의 위해관리 사례

▪ 위해 발생 : 제조 공정 중 '생감자', '생고구마' 분쇄 · 가공 시 발생되는 거품을 제거할 목적으로 기준 · 규격이 고시되지 아니한 화학적 합성물질(첨가물)을 소포제로 사용

- 해당 제품 총 802,700kg 가량(시가 약 24억 800만 원 상당)이 식재료 공급업체 등에 생산·판매

▪ 위해관리 : '전분' 제품과 관련하여, 허용되지 않은 화학적 합성물질(첨가물)을 식품에 사용한 행위는 식품위생법 규정에 따라 업체에 대한 행정 처분과 해당 제품의 폐기 조치

- 해당 '전분' 제품은 제조 과정 중 화학적 합성물질(불법 소포제)가 제거되어 '전분' 제품에서는 남아 있지 않은 점 등을 감안할 때 위해성이 있다고 볼 수 없어, 이를 사용하여 제조한 가공품에 대한 조치는 불필요

3. 유해물질의 위해평가

식품 중 위해요소의 위해성 판단은 위해평가를 통하여 인체에 위해 영향이 있는지 없는지를 판단한다. 즉 식품을 통하여 유해물질이 우리 몸에 얼마나 축적 또는 누적되었는가를 조사하고 그 축적 또는 누적된 양(인체 노출량)이 독성을 발현하는 값인 인체 노출 안전(허용)기준(ug/kg b.w./day) 대비 어느 정도인가를 평가하여 판단한다.

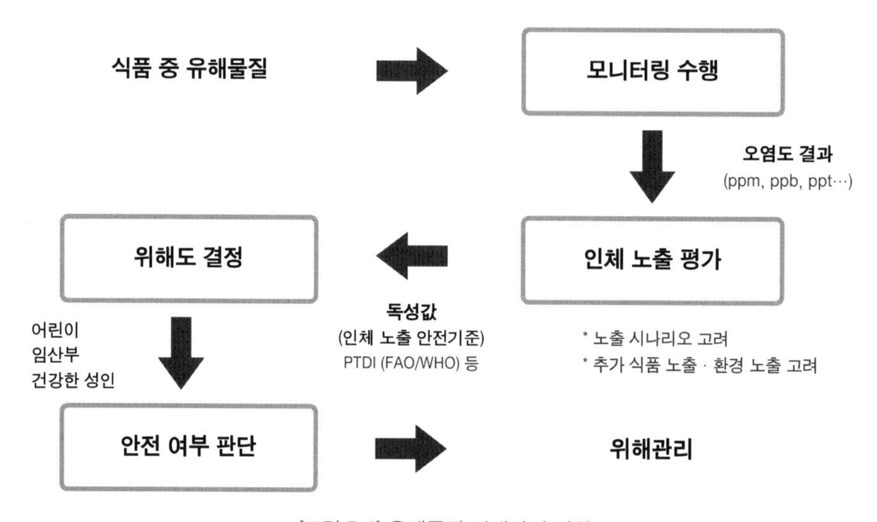

[그림 5-1] 유해물질 위해관리 절차

1) 식품 섭취를 통한 유해물질 노출량 산출

▪ 유해물질의 인체 노출량은 유해물질의 오염도, 식품 섭취량[95th percentile (P95) 극단 섭취량 포함], 체중 등을 고려하여 추정한다.

▪ 노출평가에 사용된 수식

평가 대상 인구집단의 유해물질 1일 인체 노출량 (㎍/kg b.w./day)

$$= \frac{\text{식품별 유해물질 함량(㎍/kg)} \times \text{인구집단의 식품 섭취량(g/day)}}{\text{인구집단의 체중(kg b.w.)}}$$

2) 인체 유해물질 노출에 따른 위해도 결정

▪ 유해물질 노출량을 해당 유해물질의 1일 인체 노출 안전(허용) 기준과 비교 · 평가한다.

위해도 (%)

$$= \frac{\text{식품 섭취로 인한 유해물질 1일 인체 노출량(ug/kg b.w./day)}}{\text{1일 인체 노출 안전(허용) 기준(ug/kg b.w./day)}} \times 100$$

▪ 위해영향 정도는 위해도가 100% 이상일 때 위해 우려가 있다고 판단한다. 유해물질별 위해도 평가 시 적용하는 인체 노출 안전(허용) 기준은 아래와 같다.

· 중금속(인체 축적성 물질) : PTWI 대비 노출량으로 위해수준 평가
· 곰팡이독소, 3-MCPD, 다이옥신 및 PCBs : TDI 대비 노출량으로 위해수준 평가
· 패독, 복어독(급성 독성물질) : 급성 독성치(aRfD) 대비 노출량으로 위해수준 평가
· 다만, 유전독성 발암물질(벤조피렌 등)은 벤치마크 용량(BMDL) 대비 노출량으로 MOE로서 위해수준 평가

[참고 1] MOE의 해석과 커뮤니케이션

산출된 MOE에 대한 위해관리상의 관심과 우선순위 수준을 표현하기 위해, EFSA(2005)는 "10,000 이상의 MOE는 동물 연구에서 도출한 BMDL10에 기초하는 경우, 공공 보건의 관점에서는 크게 문제가 되지 않으며, 위해관리 조치에서는 우선 순위가 낮은 것으로 판단된다"고 밝히고 있다. 다만, 유전 독성이 아닌 발암물질은 MOE 100 이하면 위해우려 관리 대상으로 하고 있다.

10,000이라는 수치는 종 간 보간법의 경우 10이나 종 내 보간법의 경우 10과 같은 기본 불확실성 계수를 고려해 여러 불확실성을 고려한 것에 기초하였다. 하지만 발암 과정에 영향을 미칠 수 있는 인간의 셀 사이클 통제(cell cycle control) 및 DNA 수선(repair)에 있어 개인차로 인해 유전 독성과 발암성을 가진 물질에 대해서는 특히 추가적인 불확실성이 존재한다.

MOE 해석

유전독성 발암물질의 경우, 10,000 이하면 위해우려 관리 대상이고,
비유전독성 발암물질의 경우, 100 이하면 위해우려 관리 대상

※ (10,000) : 불확실성 계수(10 X 10) : 동물과 사람, 사람과 사람
: 추가적 불확실성(10 X 10) : BMDL10과 인간의 셀 사이클(cell cycle control) 및 DNA 수선(DNA repair)에 있어서의 개인차

또한, 기준점은 NOAEL과 동일하지 않고, 더 낮은 용량에서도 영향을 미칠 수 있다.

MOE는 관심 수준이 높은 것과 중간 정도, 낮은 노출 상황 간을 구분할 수 있는 능력이 있고, 위해관리 조치들의 우선순위를 정할 수 있는 도구로 사용될 수 있다. MOE는 ALARA를 포함해 위해관리 옵션을 적용하는 유용한 지침을 제공한다. MOE는 위해 감소 전략을 위한 목표를 정하는데 사용될 수 있으며, 규제 한도를 초과했을 경우에 도움이 될 수 있다.

10,000 이상의 MOE는 $BMDL_{10}$에 기초한 경우 위험관리에 있어 우선순위가 낮은 것으로 볼 수 있다. 10,000 이상의 MOE 수치를 남용하고 잘못 해석할 가능성

에 우려 또한 있다. MOE가 10,000보다 큰 경우 해당 화학물질에 대한 우려가 없으며 추가 조치를 취할 필요가 없는 것으로 해석될 수 있는 위험이 있다. 중요한 것은 10,000 이하의 회색 구간으로서, 많은 MOE가 이 구간에 해당된다. 또한, 10,000이라는 수치도 산출된 MOE의 신뢰 구간에 따라 다르기 때문에 목표 수치나 역치로 간주되어서도 안 된다. 높은 MOE 수치는 낮은 MOE 수치에 비해 우려 수준이 낮은 것을 의미한다는 것은 확실하다.

3) 식품 중 유해물질의 위해평가 결과 해석 및 활용

식품 중 유해물질에 대한 위해평가는 평상시 식품 섭취로 인하여 유해물질을 얼마나 먹고 있는가를 평가하고 그 먹은 양이 그 유해물질의 독성 허용치(인체에 유해한 영향을 미칠 수 있는 가능성을 평가하여 인체에 유해 가능성이 없는 허용 가능한 량, 인체 노출 안전 기준이라고 한다.)와 비교하여, 초과하는지, 얼마나 근접하고 있는지를 평가하는 것이다. 인체 노출 안전 기준을 초과 시는 위해 우려가 있다고 판단하고 초과하지 않도록 관리한다.

① 우리가 섭취하는 식품 품목별로 유해물질이 인체의 노출에 얼마나 영향을 미치는지를 파악할 수 있다. 인체 노출에 영향을 많이 미치는 식품 품목부터 기준 설정이라든지 저감화라든지 안전관리 정책을 펼 수 있다.

② 관리가 되지 않은 특정 식품에 유해물질 검출 시 그 식품으로 인하여 기존의 인체 노출량에 얼마나 영향을 미치는지를 파악하여 유해물질이 검출된 특정 식품이 인체에 위해를 미치는지를 평가할 수 있다.

③ 전 국민의 연령대별 노출 패턴을 알 수 있으며, 극단적으로 식품을 섭취하는 집단의 파악이 가능하여 극단 섭취자에 대한 유해물질 안전관리 정책을 펼 수 있다.

④ 우리나라 국민의 유해물질 인체 노출량은 제외국과의 비교 수단으로 사용하여 수입식품이라든지 건강관리 정책을 수행에 반영한다.

⑤ 유해물질의 인체 노출 수준 변화를 주기적으로 조사함으로써 변화 추이를 파악할 수 있다. 그 변화 추이에 따라 환경정책이라든지 식품 안전관리 정책에 반영된다.

⑥ 과학적이고 예측 가능한 유해물질 안전관리에 활용할 수 있다.

- 정부는 식품 중 유해물질의 기준·규격 설정, 저감화 정책 추진, 식품 섭취 가이드 제공 등 안전관리에 활용
- 산업체는 제조 공정 개선, 위생적 원료 관리 등을 통한 식품 중 유해물질 저감화 등 안전관리에 활용

식품으로 인한 인체 유해물질의 노출을 줄이는 방법

㉠ 기준 (재)설정 : 오염도 높은 식품 제거

㉡ 저감화 : 생산 환경 개선, 제조 공정 개선 등

㉢ 식품 섭취량 제한 : 오염도가 높은 식품을 가능한 적게 섭취하는 것도 노출량을 줄일 수 있는 방법임

식품섭취로 인해 유해물질 인체 노출량이 독성 기준치(인체 노출 안전 기준, 인체 무독성 기준량)를 초과하지 않을 경우 소비자는 평생 식품을 섭취해도 그러한 유해물질로는 안전하다는 이야기다. 현재 수준의 식품 중 중금속 함량으로는 우리나라 국민은 식품 섭취로 인한 중금속의 중독은 염려할 필요가 없다.

다만, 일부 고농도로 오염된 식품을 극단적으로 섭취하는 극단 섭취자나 영·유아 등 유해물질에 민감하게 반응하는 민감 섭취자는 고농도로 오염된 식품에 대하여 섭취하는 것을 고려하여야 한다. 즉 우리가 즐겨먹는 낙지내장, 꽃게내장 등에는 카드뮴의 농도가 높다. 일반인은 평소처럼 즐겨 먹어도 전혀 문제될 것 없지만, 지속적으로 자주 먹는 사람은 주의해야 할 필요가 있다.

지금까지 우리나라는 일반 식품을 먹고 중금속 중독이 발생한 사례는 없다. 그러면 왜 식품 중 중금속 오염이 문제인가?

극도로 중금속 등이 오염된 환경에서 재배 생산한 식품을 지속적으로 섭취할 경우 예를 들어 중금속 오염이 심한 폐광 지역이나 공장 폐수를 무단 방류하는 지역에서 생산한 쌀을 먹고 사는 주민은 중금속 중독이 발생할 우려가 있을 수 있다. 쌀은 매일 먹는 주식이고 이 쌀에 중금속이 과량 오염된 줄 모르고 계속하여 섭취하였다면 중독의 가능성이 있을 수 있다. 물론 정부(환경부)에서 오염 지역의 관리를

철저하게 하고 있어서 그런 오염된 지역에서는 경작을 할 수 없도록 하고 있다. 그래서 정부에서는 환경 유래 오염물질에 대해서는 환경(환경부)과 식품(식약처)에 대하여 사전에 관리를 철저히 하고 있으며, 일반 소비자는 염려할 필요는 없다.

2016년 식약처 발표에 의하면 현재 우리나라 국민의 식품 섭취로 인한 곰팡이독소 노출은 아래서 보는 바와 같이 안전한 수준이다.

[표 5-4] 곰팡이독소(8종)의 인체 총 노출량 및 위해도

물질명	일일 노출량 (㎍/kg bw/day)	인체 노출 안전기준 (㎍/kg bw/day)	위해도
데옥시니발레놀	0.141	TDI 1	14.1%
총 아플라톡신	0.0011	$BMDL_{10}$ 0.17	MOE 154
아플라톡신 B_1	0.0011	$BMDL_{10}$ 0.17	MOE 154
아플라톡신 M_1	0.000088	$BMDL_{10}$ 0.17	MOE 1,931
오크라톡신 A	0.0026	PTWI 0.11	16.6%
제랄레논	0.0168	TDI 0.4	4.2%
파튤린	0.0008	TDI 0.4	0.2%
푸모니신	0.212	TDI 1.65	12.8%

다만, 아플라톡신은 오염 우려가 있는 식품을 중심으로 적극적인 기준 설정을 통하여 관리할 필요가 있다. 곰팡이독소의 생성은 대상 식품이 대부분 알려져 있다. 물론 이러한 식품의 경우 이미 기준을 설정하여 관리하고 있다. 곰팡이 중심의 발효식품이나, 생산이나 저장 중 곰팡이 번식이 왕성한 식품에 대하여 관리를 철저히 하여야 한다. 예를 들어 메주를 원료로 하는 된장의 경우, 일반 가정에서 아플라톡신 생성 균에 오염된 매주를 사용하여 된장을 제조할 경우 아플라톡신에 노출될 수 있다. 동일한 가정에서 매년 계속해서 아플라톡신에 오염된 된장을 제조하여 섭취한다면, 그 가족은 위해 우려 확률이 높아진다. 시중에 판매하는 된장은 곰팡이독소를 검사하여 적합한 것만 유통되지만 일반 가정에서 직접 담아서 먹는 된장은 검

사를 받지 않기 때문에 곰팡이독소 오염 여부를 알 수 없다.

우리나라의 경우 봄, 여름, 가을, 겨울의 사계절 탓인지 발효식품을 제외하면 곰팡이독소의 노출량이 외국보다 낮은 편이다. 하지만 수입식품의 증가(식품 원료의 약 70%가 수입 원료), 급변하는 기후 변화 등으로 인하여 안심할 처지만은 아니다.

벤조피렌의 경우, 우리나라 보통 사람은 식품 섭취로 인해 하루에 3.5 ng이 인체에 노출되어 MOE 20,226으로 안전한 수준이다. 노출 안전역(Margin of Exposure, MOE)이 10,000 이상이면 유전 독성 발암물질의 경우 위해우려가 없는 것으로 판단한다.

[표 5-5] 벤조피렌의 인체 총 노출량 및 위해도

물질명	일일 노출량 (㎍/kg bw/day)	인체 노출 안전기준 (㎍/kg bw/day)	위해도
벤조피렌 (B(a)P)	0.0035	$BMDL_{10}$ 70	MOE 20,226

벤조피렌 노출과 관련된 논란은 담배에 대한 이야기를 꺼내지 않을 수 없다. 물론 벤조피렌에 의한 것만이 아니지만 세계보건기구에서는 모든 암 사망의 30%가 흡연 때문이라고 보고하고 있다. 담배 1개비에 있는 벤조피렌 양은 20~40 ng이다. 담배를 피우는 사람은 보통 하루에 한 갑(20개비)을 피운다고 가정하면 하루에 벤조피렌을 400~800 ng을 몸에 축적하는 셈이다. 담배를 피우는 사람은 담배를 피우지 않은 보통 사람보다 100~200배 높은 수치이다. 즉 담배를 피우는 사람은 식품으로 인한 벤조피렌 염려를 말할 자격이 없다. 현재 식품으로 인한 벤조피렌 노출은 담배 한 개비를 피워서 노출된 것의 1/5~1/10 수준밖에 안 된다. 즉 매우 안전한 수준이라는 것이다.

소비자의 일부는 오염도가 높은 식품 위주로 식품을 섭취하는 경향이 있다. 이들에 대한 관리는 식품 중 안전기준 설정만으로는 한계가 있다. 왜냐하면, 기준 이하의 식품이라도 기준이 높게 설정된 식품을 위주로 편식하게 되면 인체에 축적되는 유해물질은 인체 노출 안전 기준을 초과할 수 있기 때문이다. 한 예로 슈퍼푸드로 알려져 있는 아마씨의 경우 현 오염 수준에서 권장섭취량 1일 16g 이하로 섭취하면 인체 노출 안전 기준 대비 18% 이하로 안전한 수준이다. 하지만 몸에 좋다고 해서 과량을 섭취하고 다른 식품도 이런 식으로 섭취하는 것은 바람직하지 않다. 따라서 식품은 편중되지 않고 골고루 섭취하는 것이 영양 측면이나 위해 측면에서 바람직한 방법이다. 식품 특성상 유해 오염물질이 많이 축적된 식품은 기준 설정만으로는 한계가 있으며, 이들 식품에 대해서는 안전 섭취 가이드 제공을 통하여 소비자가 올바른 선택을 하도록 하여야 한다.

4. 인체 노출량 관리

1) 인체 노출량 관리의 이해

(1) 인체 총 노출량 관리의 필요성

① 안전한 삶에 대한 높은 기대에도 불구하고 식품 중 유해물질 검출과 기준이 없는 신종 물질 출현 등 안전 문제가 지속 등장으로 식품 안전에 대한 소비자 불안은 여전하다.

※ 멜라민('08), 낙지 · 꽃게 · 대게 카드뮴('10 ~ '11), 방사능 오염('11), 신종 유해물질(DHEP, 벤조피렌 등) 사건 · 사고 지속 발생

② 식품 중 유해 오염물질 함유는 곧 사회적 이슈로 등장하여 검출량과 식품 섭취량으로 보면 위해하지 않을 수 있음에 불구하고 검출만으로도 위해성 논란이 가중되고 있다. 이러한 논란은 사회적 이슈로 발전하여 사회적 갈등과 막대한 비용을 유발한다.

③ 식품의 섭취량과 검출량으로 볼 때 위해 우려가 없는데도 불구하고 불필요한 기준 설정으로 산업계의 경제적 손실을 주고 있다.

※ 호주, 뉴질랜드 등은 위해평가와 비용 · 편익 분석을 통해 기준 설정

(2) 인체 총 노출량 관리의 이해

식품(농 · 축 · 수산물 · 가공식품) 총 섭취에 따른 유해 오염물질 총 섭취량을 종합적으로 평가하여 인체 총 노출량을 산출하고 안전한 노출 수준으로 관리하는 것이다.

일정량의 유해물질이 함유된 식품을 얼마나 섭취하였는가를 보면 소비자가 어느 정도의 유해물질을 먹었는지(유해물질 인체 노출량)를 알 수 있으며, 그 양이 위해할 수 있는지를 평가하여 관리하는 것이다.

따라서 식품 섭취로 인해 유해 오염물질을 일정량(인체 노출 안전기준) 이상을 섭취하지 않도록 관리가 필요하며, 유해 오염물질 총 섭취량(노출량)을 인체 노출 안전기준(독성치) 대비 적정한 수준을 유지할 수 있도록 총 노출량을 관리하는 것이다.

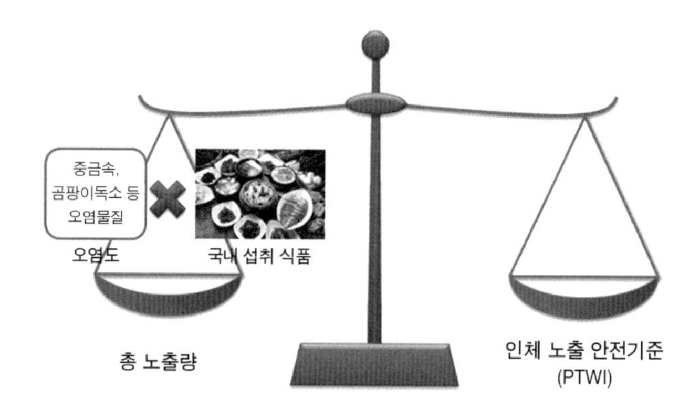

[그림 5-2] 유해 오염물질 인체 노출량과 인체 노출 안전기준

유해물질의 안전관리는 **식품별 오염도 관리에서 식이를 통한 인체 총 노출량(유해물질 섭취량) 관리 체계로 전환되고 있다.**

[표 5-6] **오염도와 식품 섭취량**을 고려한 총 노출량 관리

식품별 유해 오염물질 오염도 관리		식이에 따른 유해 오염물질 인체 총 노출량 관리
▪ 각 식품별 유해 오염물질 관리 · 식품별 개별 오염도 관리 (위해 예측 불가능) ▪ 외국 인체 노출 자료 의존 ▪ 유해물질 노출 재평가 부재 ▪ 기준 설정 시 안전역 미확보 ▪ 극단 민감 집단 관리 부재	⇒	▪ 총 식이에 따른 유해 오염물질 관리 · 유해 오염물질 총 노출량 관리 (위해 예측 가능 → 사전 예방) ▪ 한국형 인체 노출 안전관리 ▪ 기후 및 식습관 변화를 반영한 유해물질 노출 재평가로 과학적 안전관리 ▪ 기준 설정 시 충분한 안전역 확보 ▪ 유해 오염물질 극단 민감 집단 관리 가능

(3) 유해 오염물질의 노출량 관리의 장점

① 유해 오염물질의 총 노출량 적정 관리로 식품 섭취로 인한 유해 오염물질로부터 안정성 확보 및 국민 건강보호

② 유해 오염물질의 검출만으로 위해성 논란이 되던 시대에서 과학적 평가로 위해성 논란을 잠식

③ 주기적 평가를 통한 실제 노출량 관리로 현실이 반영된 선진국 수준의 안전관리로 진입

④ 유해 오염물질의 극단 섭취군에까지 위해관리를 확대하여 위해 발생을 최소화

⑤ 위해와 직접 관계가 적은 규격은 완화 또는 폐지되어 사회적 손실 비용 저감

⑥ 유해 오염물질의 존재만으로 발생되었던 소비 불안, 기피 현상 등 사회적 갈등 · 손실 비용 저감 등

자국민의 유해 오염물질 인체 노출량을 평가하여 관리하고 있는 국가는 다음과 같다.

- 호주 · 뉴질랜드 : 국민의 식습관 및 식생활을 고려해 식이 모델링 및 노출량 평가 시스템으로 DIAMOND(Dietary Modeling of Nutritional Data) 운영하고 있다.

- 독일 : National monitoring을 통하여 독일에서 다소비되는 식품을 선정하여 1995년 이후 매년 유해물질(중금속, 곰팡이독소 등)에 대한 모니터링 및 기준 · 규격 설정을 위한 노출평가(위해평가)를 실시하고 있다.
- 유럽 : 유럽식품안전청(EFSA)은 유해물질의 기준 조화를 위하여 회원국의 모니터링 자료를 요구 → 위해평가(BfR 수행)를 실시하고 EU 공동 기준 · 규격을 설정하여 관리하고 있다. 노출평가를 위한 식품 분류 시스템을 개발하고, 활용에 대한 지침 운영하고 있다.

유해 오염물질의 인체 총 노출량 관리를 위하여 인체 총 노출량에 근거하여 기준 · 규격을 설정하여 관리하는 국가는 독일로서 독일은 알루미늄(Al)의 총 노출량이 인체 안전기준 대비 50%를 상회하자 노출 기여율이 높은 사과 주스에 대해 권고기준을 마련하여 관리하고 있다.

ex) 최근 독일은 알루미늄 기준은 없으나, 노출량이 독일 국민의 건강을 위해할 수준이라 판단하고, 우리나라가 수출한 당면(알루미늄 함유)에 대해 수입 금지 조치를 취한 바 있다.

유해 오염물질의 총 노출량에 의한 안전관리 가상 사례

- 유통 중인 A식품에서 2.1 mg/kg 수준의 카드뮴이 검출되었다고 발표.

다른 식품에 비하여 카드뮴 함량이 높아 섭취해도 되는지에 대한 국민들의 여론이 뜨거웠다. 과연 이 식품을 먹어도 될까?

- A식품이 인체에 얼마나 위해영향을 미치는지를 위해평가 실시

국민건강영양조사에 의한 A식품 섭취량과 식품별 카드뮴 오염도, A식품의 카드뮴 오염도를 종합하여 카드뮴 총 노출량 산출 : 우리나라 카드뮴 총 노출량은 평균 월간 8.73 ㎍/kg b.w/month 인체 노출

- 인체 노출 안전기준(PTMI 25 ㎍/kg b.w/month) 대비 35.1% 수준 유지
- 주요 국가보다 낮거나 유사한 수준
- 2.1 mg/kg 카드뮴이 오염된 A식품의 섭취는 섭취량이 미미하여 인체 위해영향(위해도)을 기존 수준에서 1.5% 증가시켰을 뿐 안전한 수준임

→ A식품을 섭취해도 국민에게 위해 영향이 없으며, 먹어도 안전함을 평가

2) 유해물질 인체 노출량 평가

(1) 식품 품목별 오염도와 식품 섭취량을 활용한 유해물질 노출량 조사

식품별 오염도 조사와 식품별 섭취량 조사를 통한 인체 유해물질 총 섭취량(노출량)을 평가한다. 일반적인 노출량 평가 방식은 조리되지 않은 식품[식품 원료(ingredient), 가공식품(processed food)]의 유해물질 함량 모니터링 결과와 국민의 해당 식품 섭취량에 근거해 평가한다.

이 노출량 조사의 장단점은 노출량 관리를 위해서는 가장 필수적인 조사(기준 설정 식품 품목 결정, 저감화 품목 결정, 식품 안전 섭취 품목 결정 등), 고비용과 장시간 소요, 인체 실체 축적량과 차이가 있을 수 있으며, 식품에 의한 노출에 국한된다는 것이다.

1 식품을 통한 노출량 산출 방법

유해물질의 인체 노출량은 유해물질의 오염도, 식품 섭취량, 체중 등을 고려하여 추정한다. 이러한 추정 방법을 결정론적 방법(Deterministic estimation)이라고 한다.

2 식품별 유해물질 오염도 조사

주기적인 오염도 조사를 통하여 환경 변화와 식생활 변화에 따른 노출량 변화를 조사하여 위해관리 정책에 반영한다.

대상 물질	5년 주기		5년차	정책 수행
중금속	식품별 오염도 조사	⇒	평가	총 노출량 관리 - 기준 재조정 - 저감화 등
곰팡이독소 등			평가	
오염물질			평가	
신종 유해물질			평가	

3 최근 식생활 패턴을 반영한 식품 섭취량 조사

식생활 변화에 따른 식품 섭취량 조사 : 우리나라는 매년 국가건강영양조사를 하고 있으며 그 결과를 반영하여 식품 섭취량을 조사한다.

미국의 식품 섭취량 추정

미국 농무부(USDA)는 USDA는 연례 조사인 개인의 식품 섭취 연속 조사(Continuing Survery of Food Intake by Individuals : CSFII)를 실시하고 있다.

CSFII 조사는 시간에 따라 식품 섭취 패턴이 달라지고 유해물질 노출의 영향 추정도 달라지기 때문에 매우 중요하다. 예를 들어 전체적인 과일 섭취량은 변하지 않고 있지만, 아이들은 더 많은 과일 주스를 마시고 있다. 사람들은 10년 전에 비해 더 얇게 썬 고기를 먹고 있으며, 치킨과 생선을 더 많이 섭취하는 반면 소고기는 덜 섭취하고 있다. 우리는 레스토랑에서 더 많이 식사를 하고 있고, 전자레인지에 데워 먹는 음식을 더 많이 섭취하고 있다.

USDA 식품 섭취 조사의 목적은 연중 여러 기간을 대상으로 미국 전역에 걸쳐 가구들의 일일 섭취 패턴을 측정하는 것이다. 이 조사에서는 참가자들에게 2~3일간 가구의 총 식품 섭취를 조사하는 설문지를 작성하게 한다. 각 참가자들은 섭취한 각 식품의 종류와 수량, 섭취한 시간과 음식의 출처(가정 또는 식당) 등을 기록한다.

작성한 질문지는 USDA 영양사에게 제출하고, 영양사는 섭취한 식품을 해당 원농산물 성분으로 환원시킨다. 이러한 판단은 일반 또는 제품 특정적인 레시피와 식품 라벨에 적혀 있는 성분명에 기초해 이루어진다. 예를 들어 어떤 사람이 두 조각의 슈프림 피자를 먹었다면, 실제로는 토마토 반죽, 페퍼, 양파, 밀가루, 올리브, 설탕, 우유 제품, 돼지고기, 채소 및 오일을 섭취한 것이다.

섭취한 각 식품의 총량은 섭취한 식품에 각 성분이 함유되어 있는 양을 더해 산출한다. 예를 들어 밀가루의 일일 섭취량은 빵, 베이커리 제품, 파스타 및 기타 밀가루 함유 식품에서 섭취한 밀가루의 총량을 더해 산출한다.

최종 산출량을 섭취한 각 식품의 중량을 개인이 섭취한 중량으로 나누어 산출한다. 식품 섭취 추정치는 일일 kg(체중)당 g으로 표시된다.

만일 69kg의 여성이 일일 100g의 밀가루를 섭취했다면, 그녀의 섭취량은 1.45g/kg(체중)이 된다. 27kg의 아이가 일일 100g의 밀가루를 섭취했다면 이는 약 4g/kg(체중)(100g / 27kg = 3.7g/kg)이 된다.

(2) 실제 섭취 형태의 총 식이조사를 통한 유해물질 노출량 조사

조리 후 식이(식사)별 오염도와 식사량에 따른 노출량을 측정하는 것으로 실제 섭취 형태(조리, 가공 등의 형태에 따른 유해물질의 존재 형태)를 고려한 오염도 조사를 통한 노출량 평가이다.

총 식이조사(TDS)를 통한 노출량 평가 방식은 먹기 직전(table-ready) 상태로 준비된 식품의 유해물질의 함량 모니터링 결과(쌀의 경우 밥 짓기 등의 조리 과정에서 증감될 수 있는 유해물질의 함량이 반영)와 우리 국민의 1인 일일 섭취량에 근거해 평가하는 방식으로 실제 식생활에 가장 가까운 노출량 평가 방식으로 알려져 있다.

이 조사의 장단점은 유해물질 관리 방향 설정 시 주로 이용, 신속한 노출량 조사 시 사용, 저비용과 단시간에 조사 가능(1~2년 정도), 식품에 의한 노출에 국한된다는 점이다.

(3) 인체 바이오 모니터링을 통한 유해물질 노출량 조사

인체 조직 내 유해물질 조사를 통한 노출량 조사로서 인체 혈액, 요, 머리카락 등의 인체 조직에 축적된 유해물질 농도를 조사한다.

※ 바이오 모니터링 : 인체 시료(혈액, 요, 대변, 모발 또는 모유 등)에서 생체지표물질(biomarkers)의 농도를 측정하는 것, 노출평가 방법 중 직접적인 노출평가 방법임

이 평가의 장단점은 제일 현실적인 유해물질 인체 유입량 조사 방법, 식품뿐만 아니라 환경, 물 등에 의한 노출까지 파악 가능하다는 것이다.

3) 인체 노출에 따른 위해도 결정

유해물질 노출량을 해당 유해물질의 인체 노출 안전기준과 비교하여 평가한다.

위해도 평가 시 적용하는 유해물질별 대상 인체 노출 안전(허용)기준은 중금속(인체 축적성 물질)은 PTWI, 곰팡이독소, 3-MCPD, 다이옥신 및 PCBs은 TDI, 벤조피렌(발암성, 유전독성 물질)은 벤치마크 용량, 패독, 복어독(급성독성물질)은 급성독성치(aRfD) 대비 노출량으로 위해수준, 즉 위해도를 평가한다.

4) 유해 오염물질 인체 총 노출량 적정관리

- 유해 오염물질의 인체 노출량에 근거한 과학적 안전관리
- · 식품 섭취로 인한 위해로부터 충분한 완충-ZONE 확보

인체 총 노출량 관리 기법은 노출(위해) 수준과 노출 기여율에 따른 노출량 관리 방법에 따라 결정된다.

첫째, 제조 공정이나 생산 환경 개선으로 저감화가 가능한 경우 우선적으로 저감화 추진(위해수준이 높을 경우 기준 설정과 저감화 동시 추진)한다. 저감화 후 인체 총 노출량을 평가하여 인체 노출 안전기준 초과 우려 시 기준설정을 고려한다.

둘째, 노출량이 인체 노출 안전기준을 초과하지 않도록 사전 예방 차원에서 기준 설정, 노출 기여율이 높은 식품 위주로 기준을 설정한다.

셋째, 극단 섭취자나 민감 집단(영유아, 노인)에 대한 유해 오염물질 노출량 제한을 위해 식품 안전 섭취 가이드 등을 제공하여 식품 섭취량을 제한한다.

※ 식품 안전 섭취 가이드 : 기준 설정이나 저감화와 무관하게 추진 - 일반인과 식품 섭취 방법, 섭취량이 다르고, 영유아 등은 유해물질에 대한 민감도가 달라 별도 관리 필요

기후 변화 등 환경 변화(오염도)나 식습관의 변화(식품 섭취량)에 따른 인체 총 노출량이 변할 수 있어, 주기적인 재평가를 통한 노출량 관리 시스템을 운영하여 결과에 따라 기준 재평가, 저감화 실행, 식품 안전 섭취 가이드 제공 등의 위해관리를 한다.

(1) 유해 오염물질 저감화로 노출량 관리

① 폐광 지역 등 토양 오염, 바다 등 수질 오염, 대기 오염 등의 환경오염 저감화 관리

② 원료관리, 다른 성분의 첨가, 제조 공정 개선 등을 통해 저감화 관리

※ 제외국과 동일하게 제조 · 가공 · 조리 단계에서 저감화 관리(최소량의 원칙 적용)

③ 식품 제조 · 가공 중 생성되는 아크릴아마이드, 에틸카바메이트, 퓨란, 벤조피렌, 3-MCPD 등에 대한 저감화 지침서 개발 보급

※ 제조 · 가공 · 조리 과정에서 발생되는 물질은 ① 벤조피렌 ② 벤젠 ③ 아크릴아마이드 ④ 에틸카바메이트 ⑤ 바이오제닉 아민류 ⑥ 퓨란 ⑦ 헤테로사이클릭 아민류 ⑧ 다환방향족 탄화수소 ⑨ 1, 3-디클로르프로파놀(DCP), ⑩ 2-아미노-3, 8-디메칠이미다조(4, 5-f)퀴녹살린, ⑪ 2-아미노-3-메틸이미다조(4, 5-f)퀴놀린, ⑫ 3-메틸클로란스렌, ⑬ 3-MCPD, ⑭ 니트로소디메틸아민, ⑮ 니트로소디에틸아민, 니트로소피롤리딘, 니트로소피페리딘, 아세트알데히드, 에틸렌옥사이드, 트랜스지방, 트리할로메탄, 포름알데히드, 히스타민

④ 개발된 저감화 기술을 식품업체로 보급하여 업계 자율적 저감화 유도

[참고 2] 제조 공정 유해물질 저감화 사례 : 참기름 제조 공정별 벤조피렌 저감화

중점요소	벤조피렌 저감화 방법	비고
1. 참깨 선정	- 생산일이 짧고 참깨 표면에 윤기가 있으며 이물질(줄기, 껍질 등)이 적은 것을 선정 - 참깨분을 사용할 경우, 벤조피렌 기준에 적합할 수 있는 적절한 원료 사용	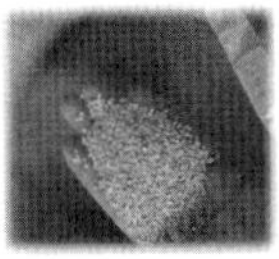 
2. 참깨 세척 2~5회 세척	- 참깨에 포함되어 있는 먼지 또는 불순물 등 이물질 제거 - 2~5회 반복하여 세척수가 맑아질 때까지 세척	 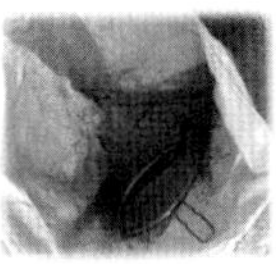
3. 볶음 온도 215±5℃	- 참깨가 균일하게 볶아질 수 있도록 교반기, 온도 조절기가 부착된 볶음기 사용 - 참깨의 품온이 215±5℃가 적당	 

4. 볶음 시간 20±5분	- 타이머가 설치된 볶음기 사용 - 볶음 시간은 20±5분이 적당	 
5. 배기설비 강제 배기	- 볶음기에는 반드시 배기 설비를 갖추어야 함 - 참깨를 볶거나 볶음 후 냉각 시에도, 불완전 연소로 생긴 연기는 '강제 배기'하여야 함	 
6. 냉각 150℃ 이하	- 볶음기와 별도로 냉각 설비를 갖추어야 함 - 참깨는 볶음이 끝나는 즉시 통풍·냉각 장치에 옮겨 배기하면서 150℃ 이하로 냉각하여야 함 - 냉각 장치에도 배기설비를 갖추어야 함	
7. 착유 90±10℃	- 착유 시, 착유기의 온도는 90±10℃ 이하로 설정	 
8. 여과 여과지 또는 여과천	- 착유한 참기름은 찌꺼기로 인해 산패가 유발될 수 있으므로 부스러기 등 이물질을 여과천, 여과지 등으로 여과하여야 함	 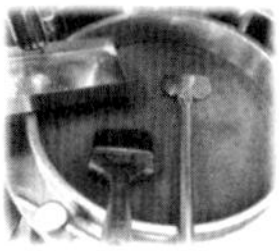
9. 보관 실온 암소	- 참기름은 실온 암소에 보관	 
10. 기구관리	- 볶음 전·후 볶음기 내 잔여물 제거 - 착유기는 식용유지별로 구분 사용하고 이물질(짜고 남은 유지) 제거	 

(2) 기준 설정을 통한 유해물질 노출량 적정관리

총 노출량(식품 섭취량, 오염도 조사 결과)을 산출하여 인체 안전기준을 초과하지 않도록 유해물질의 안전기준을 설정하여 기준 이상으로 오염된 식품을 차단한다. 유해 오염물질은 인체 노출량의 노출 점유율이 높은 식품에 대하여 우선적으로 최소량의 원칙에 따라 기준을 설정한다.

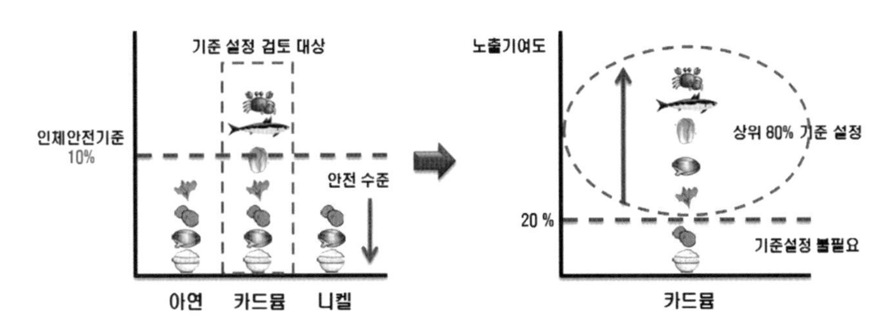

[그림 5-3] 노출량 및 노출 점유율에 따른 기준 설정

[참고 3] 카드뮴 총 노출량 적정관리 가상 사례 : 기준 재설정(쌀)

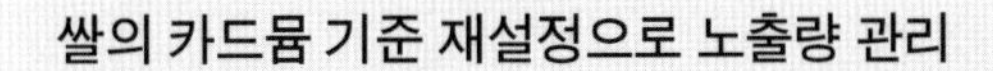

쌀의 카드뮴 기준 재설정으로 노출량 관리

쌀 중 카드뮴 기준을 0.2ppm에서 0.15ppm으로 재설정하여, 평균 오염도를 현행 0.017ppm → 0.007ppm으로 **0.01ppm 저감화**한다면,

⇒ 카드뮴 노출량(섭취량)을 인체 노출 안전기준 대비 현행 22.7%(10.4 ㎍/day)에서 18.9%(8.6 ㎍/day)로 3.8%를 낮출 수 있음

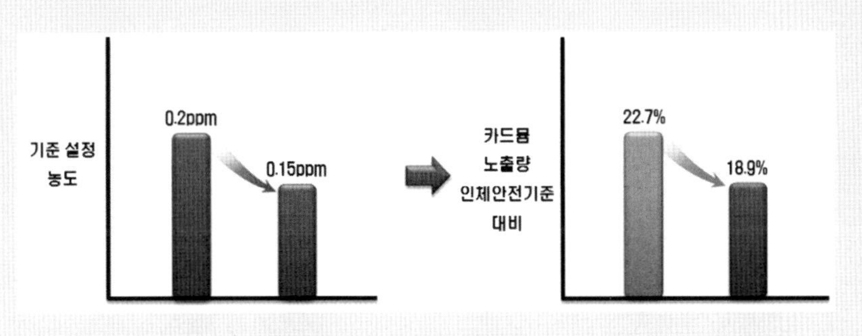

(3) 섭취량 권고 등으로 극단 및 민감 섭취군의 유해물질 노출량 관리

극단 섭취군의 유해 오염물질별 노출 패턴, 노출 정보, 위해영향, 총 노출량에 따른 위해수준 종합평가 수행하고, 극단섭취군의 유해오염물질 노출량 감소를 위하여 식품섭취 가이드라인 제공 등 교육 · 홍보를 강화한다. 영 · 유아, 임산부 등 민감 섭취군에 대해서도 적정 섭취 가이드라인 제공을 한다.

임산부 수은 과잉 노출 관련 생선 적정 섭취 가이드라인 제공 사례

▪ 임신부가 생선을 자주 먹으면 태아가 수은에 노출돼 위험할 수도 있음

- 생선 소비와 제대혈의 수은 농도 관계를 조사한 결과에 따르면 조사 대상의 10%가 제대혈 수은 함량이 세계보건기구(WHO) 허용기준(5.0ppb)을 초과(제대혈 수은 함량이 WHO 허용치의 3배에 달하는 14.8ppb가 검출)

생선의 적정 섭취 가이드라인

▪ 참치, 상어, 황새치 등 메틸수은의 검출 농도가 높은 어류에 대해서는 임산부, 가임 여성, 어린이가 주 1회(100g) 이상 섭취하지 않도록 섭취 가이드라인을 제시

임산부, 가임 여성, 수유부에 있어서는 상어, 황새치, 냉동참치를 주 1회 이하(100g 이하)로 섭취할 것을 권고합니다.

- 우리나라 생선 중 수은 기준은 모든 생선(어류, 연체류, 패류)에 대하여 총 수은 0.5ppm 이하, 다만 심해성 어류는 메틸수은으로 1.0ppm 이하로 관리하고 있음. 현재로서는 어류 등에 대한 기준 설정은 더 이상 필요성이 없고, 대신 민감 섭취군에 대한 섭취 가이드라인 제공

(4) 고농도 오염 식품의 극단 섭취자 노출량 관리

식품 중 유해 오염물질 함량은 높은데 그 식품 섭취량이 미미하여 전체 노출 기여율이 낮은 식품(노출량이 미미한 식품)은 일부 소비자, 언론, 국회에서는 기준 설정을 요구하고 있으나, 기준 설정보다는 극단 섭취자를 위한 관리 체계가 필요하다.

극단 섭취자의 경우 노출량이 인체 노출 허용량을 초과할 수 있어 식품 안전 섭취 가이드를 제공하여 소비자가 스스로 섭취를 제한할 수 있도록 한다.

※ 식품 안전 섭취 가이드 : 그 식품을 섭취하여 유해 오염물질의 노출량이 인체 노출 허용량(TDI, PTWI 등)을 초과하지 않도록 올바른 식품 섭취 요령 제공

예를 들어 톳은 무기비소 함량이 높은 식품으로 대부분 소비자는 섭취량이 미미하나, 일부 극단 섭취자는 무기비소의 노출량이 독성치인 인체 노출 안전기준(허용량)을 초과할 우려가 있다.

[참고 4] 식품 안전 섭취 가이드 사례

톳(해조류)의 안전 섭취 가이드

▪ 톳은 우리 국민이 수세기 전부터 먹어오던 웰빙 식품임 톳은 갈조식물로 칼슘(우유 15배), 철분, 마그네슘(우유 40배), 비타민 등이 매우 풍부해 어린이 뼈 성장, 성인병 예방 등으로 주목받고 있음. 그러나 무기비소 함량이 높아 섭취에 주의 요구

- 일반적으로 해조류는 비소 함량이 높지만, 대부분 유기비소로서 유해하지 않음. 하지만 톳의 경우, 무기비소 함량이 높아 안전관리 필요
- 우리나라의 경우, 톳에 대한 국민 평균 섭취량은 미미하나, 일부 지역(남서해안)에서 자주 섭취하는 경향이 있어 섭취자에 대한 안전관리 필요

※ 무기비소가 고함량이나 섭취량이 적고, 일부 지역에서만 주로 섭취하는 톳에 대해서는 기준 설정보다는 섭취 집단에 대한 안전 c섭취 가이드 제공으로 안전관리
이에 따라 극단적 섭취자의 경우, 무기비소 노출량이 일일 섭취 한계량(TDI, 1μg/kg b.w./day)을 초과할 수 있어, 톳의 섭취 제한, 올바른 조리법 등 식품(톳) 안전 섭취 가이드를 제공

톳의 안전 섭취 가이드 제공

▪ 식품 중 무기비소 오염도 및 식품 섭취량 등을 종합적으로 고려할 때 안전한 수준이나, 극단 섭취자의 건강 보호 차원에서 안전 섭취 가이드 제공

톳은 반드시 60℃ 정도 물에서 20~30분간 침지시켜 끓는 물에서 2~3분간 데친 후 물을 제거하여 조리하고, 조리한 톳은 1회 40g씩 주 5회 정도만 섭취하세요!

※ 체중이 58.5kg인 사람이 1일 30g[주 5회(1회 40g 정도)]의 톳을 평생 동안 섭취하여도 일일 섭취 한계량(TDI)를 초과하지 않음(조리된 톳의1회 먹는 양은 40g 정도)

- 톳의 섭취로 고혈압 등 성인병 예방, 빈혈 방지 등 건강증진 효과를 고려할 때, 적정한 톳 섭취로 건강한 식생활이 바람직함

[안전 섭취 가이드 산출]

▪ 조리에 의한 저감화

- 톳은 물에 침지 및 데치기로 무기비소 50% 이상 제거

톳은 60℃ 물에 약 20~30분 동안 담가 두었다가 끓는 물에 약 2~3분간 데친 후 조리하여 섭취

※ 건조된 톳을 60℃ 물에 20~30분 동안 침지 결과, 무기비소가 32~60% 저감(Hanaoka, Appl. Organometal. Chem. 2001)

※ 톳을 100℃에서 5분간 데칠(blanching) 경우, 무기비소가 약 40% 저감(J. Agric. Food Chem. 2003, 51)

▪ 톳의 안전 섭취량 산출

- 무기비소로부터 안전한 수준의 톳의 섭취량은 물에 침지-데치기 후 조리한 톳의 경우 평생 1일 30g 이하로 섭취하면 안전

톳은 1주에 5회(1회 섭취량 40g) 정도 섭취 권고

※ 국민건강영양조사, 톳 섭취자 평균 일일 섭취량 33g(30~40g)

톳의 비소 감소에 있어 조리 과정의 중요성

▪ 일반적으로 톳은 끓이기, 스팀, 건조의 과정을 거친 후 소비자에게 판매됨

▪ 보통 비소는 섭취 후 3일 이내에 소변과 대변으로 배설됨. 식이섬유가 많기 때문에 체내 흡수가 어렵다는 설도 있으며 동 연구에서 조리 과정을 거친 톳의 경우 일반 건조 톳보다 체내 축적률이 낮은 경향을 보임

가) 물에 끓이는 것이 비소 함량에 미치는 영향

▪ Ichikawa et al. 연구에서 조리된 톳을 섭취할 경우 체내에 쉽게 흡수되지 않는다는 점을 발견하였음. 이 연구에서 사용된 조리 방법으로는 조리 전 침지시키는 방법이 비소 제거에 효과적인라는 사실을 보여주며 이때 건조한 톳을 30분간 맑은 물에 침지한 후 90도에서 20분간 가열하는 방법을 사용하였음

나) 조리 전/후 비소 함량 변화

비소 종류	조리한 톳	건조 톳	reference
무기비소	13+1.0	104+3.2	Ingestion and excretion of arsenic compounds present in edible brown algae, Hijikia fusiforme, by mice
이외	15+1.6	30+0.5	
합계	28+2.5	133+3.1	

- 동일한 연구결과는 Laparra et al에서도 나타났는데 이때 조리 방법은 500mL의 끓는 물(100℃)에서 30g의 톳을 20분간 데치는 방법을 사용하였으며, 비소의 함량이 유의적으로 감소하는 결과를 보임

	조리 전	조리 후	reference
총비소	99.4℃ ±4.0	65.3±2.6	Estimation of Arsenic Bioaccessibility in Edible Seaweed by an in Vitro Digestion Method
무기비소	54.3±2.9	30.6±0.5	

다) 침지가 비소 함량에 미치는 영향

- FSA(영국식품기준청)에서 발표한 자료에서 시중 판매 중인 톳을 불에 불리기 전과 후 비소 함량 데이터 비교 결과 물에 불리는 과정이 비소 함량을 감소시키는 결과를 보였음

라) 조리수의 오염도가 비소 함량에 미치는 영향

- She and Kheng의 연구에서 비소에 오염되지 않은 조리수를 사용하여 채소를 끓인(boiling) 경우 비소의 함량이 60% 가까이 감소된 결과를 보여 줌
- 반대로 Diaz et al의 비소에 오염된 조리수를 이용하여 조리를 한 연구에서 조리된 음식의 비소 함량이 높아졌다는 결과를 보임

마) 열처리가 비소 함량에 미치는 영향

- Devesa et al의 연구에서, 해산물을 굽기, 튀기기 등 150℃ 이상의 고온에서 열처리를 한 경우, 원재료(열처리 전)에서 검출되지 않았던 무기비소가 건조물 기준 1.79μg/g 정도였음

▪ Hanaoka et al의 연구에서도 유사한 결과를 보였으며, red crayfish를 태웠을 때, 비소가 TMA로 전환되는 비율이 40% 이상이었음

▪ 반대로, Wei et al의 연구에서 해조류의 일종인 김(Porphyra tenera)을 100℃에서 단시간 가열(굽기)하였을 경우 비소의 형태가 변화하지 않는 결과를 보임

CHAPTER 06

식품 생산 · 제조 · 유통 단계별 위해관리

1. 식품원료의 위해관리
2. 식품 생산단계 안전관리
3. 식품 제조가공단계 위해관리
4. 식품 보존 · 저장단계 위해관리
5. 식품 유통 · 소비단계 위해관리

CHAPTER 06

식품 생산·제조·유통 단계별 위해관리

식품 생산·제조·유통 단계별 위해관리

원재료의 안전성(식용 가능 여부) → 식품 재료의 생산 시 안전성(위해요소의 잔류 또는 오염 여부) → 식품 제조 · 가공 시 안전성(위해요소 생성 및 오염 여부) → 식품 보존 · 유통 시 안전성(위해요소 오염 및 생성 여부)

가) 식품원료의 위해관리(자연 함유 독성물질 안전관리)

㉠ 안전성 평가를 통한 식품 원료의 안전관리(식용 가능 여부 판단)

- 기존의 알려진 안전성(국내 식용 근거 등)을 근거로 식품 원료 인정
- 독성시험 등을 통한 안전성 평가 후 식품 원료 인정
  - 자연산물 원료의 천연 유래 독성물질
  - 구조 등 변형에 의한 원료 생산시 독성물질 생성 우려
  - 새로운 물질(원료) 합성 시 독성물질 생성 우려
  - 미생물 배양 등 방법에 의한 원료 생산 시 독성물질 생성 우려
- 이미 알려진 독성 성분의 경우 제거 후 식용 가능(복어, 옻나무 등)

나) 식품 재료의 생산 시 사용 또는 오염 위해요소 위해관리

㉠ 의도적 사용 위해요소의 안전관리

- 식품 원료 생산을 위해 사용한 농약, 동물용 의약품의 안전관리
- 식품 제조 시 사용한 식품첨가물(유해물질은 아님), 방사선 조사 안전관리

⇒ 관리 방법 : 농약, 동물용 의약품의 안전 사용 기준 및 휴약 기간 준수, 식품첨가물 사용 기준 준수 등

㉡ 비의도적 오염 위해요소 위해관리

- 식품 원료의 재배, 사육 등으로 생산 시, 환경오염 등에 의한 중금속, 다이옥신, PCBs, 방사능 등 오염
- 식품 원료 생산 시, 오염된 곰팡이, 조류 등 미생물에 의해 생성된 독소(곰팡이 독소, 패류 독소)

⇒ 관리 방법 : 폐광 등 오염 지역 경작 배제, 재배지의 오염물 제거, 패독 생산 시기 어패류 채취 금지 등

다) 식품 제조 · 가공 시 생성된 위해요소 위해관리

- 식품 제조 · 가공 시 생성되는 유해물질(벤조피렌, MCPD)
- 식품 제조 시 오염된 곰팡이 등 미생물에 의해 생성된 독소(발효식품 중 곰팡이 독소)

⇒ 관리 방법 : 유해물질 생성 환경 · 제조 공정 제거 · 개선, 식품 제조 시 미생물 오염 제어 등

라) 보존, 유통 중 보존 · 오염된 위해요소 위해관리

- 식품 보존 시 오염된 곰팡이 등 미생물에 의해 생성된 독소(옥수수의 보관 · 운송 중 곰팡이 독소, 고등어의 보관 · 유통 중 히스타민)
- 식품의 보존 · 운송 중 식중독균등 유해 미생물 오염 및 증식

⇒ 관리 방법 : 보관 · 유통 환경의 온 · 습도 조건 최적화, 미생물 오염 · 증식 제어 등

미국 FDA는 식품 안전성 저해 요소로서 병원성 미생물에 의한 오염, 영양학적 불균형, 환경오염 물질, 식품 중의 자연독, 잔류농약 순으로 보고 있다. 우리나라는 500명을 대상으로 설문한 결과, 식품 안전을 위협하는 요인으로 식품첨가물, 그 다음으로 농약, 환경호르몬, 중금속 순으로 나타났다. 한편, 우리나라 국내 식품 산업 생산 규모는 증가하나 식품 제조업체는 여전히 영세하여 식품 안전관리가 녹녹하지 않은 실정이다.

※ 식품 생산액(조 원) : ('11) 105 → ('13) 122 → ('15) 123

※ 식품 수입액(조 원) : ('11) 23.5 → ('13) 23.6 → ('15) 26.4

※ 종업원 5인 이하 업체가 69% 차지, 상위 3.0%(종업원 51인 이상)의 업체가 전체 매출액의 72% 점유('15)

지금까지는 식품 위해관리의 대부분이 화학적 위해요소에 대한 것이었다면 향후에는 기후 변화 등에 따라 생물학적 위해요소에 대한 것이 늘어날 전망이다. 기후 변화에 따른 기온 상승으로 새로운 세균, 곰팡이, 바이러스 등의 미생물이 출현하여 질병이나 식중독을 일으킬 가능성이 높아졌다. 또한, 해수의 기온 상승과 염분 상승에 따른 신종 미생물 출현, 기생충 증가, 어패류의 독소 생성 등에 따른 식품에 대한 위해는 지속적으로 증가할 것 같다. 앞으로 생물학적 위해요소에 대한 위해관리가 중요해졌다.

[폭염 등 기후 변화로 신종(변종) 병원체 출현 및 식중독 발생 증가 추세]
※ 병원성대장균 환자 수(명) : ('14) 1,784 → ('15) 2,138 → ('16.10) 2,643
※ 장염비브리오 환자 수(명) : ('14) 78 → ('15) 25 → ('16.10) 252

우리나라의 식품 생산 · 제조 · 수입 · 유통 · 소비 각 단계별 안전관리 제도 운영 현황은 아래와 같다. 안전관리 대상은 농산물, 축산물, 수산물, 가공식품, 식품첨가물, 건강기능식품, 식품용 · 기구 용기 포장, 음식점, 급식소 등이다. 안전관리 수단으로는 GAP, GMP, HACCP, 식품의 기준 및 규격, 식품 표시기준, 식품이력 추적제도, 수거검사, 지도점검, 검사명령, 회수명령, 수입 시 국외 제조업체 등록 및 현지 실사 등이다.

	생산	제조	수입	유통	소비
안전관리 대상	농산물, 축산물, 수산물 (생산자 1,266,000 가구)	가공식품, 식품첨가물, 건강기능식품, 기구용기 (식품제조업체 35천개소)	농축수산물, 가공식품, 식품첨가물, 건강기능식품, 기구용기 (수입업체 31천개소)	농축수산물, 가공식품, 식품첨가물, 건강기능식품, 기구용기 (수입업체 31천개소)	외식, 급식 등 조리식품 (음식점, 급식소 등 817,000 개소)
안전관리 수단	▪ 농산물 농약검사 ▪ 축수산물 항생물질 검사 ▪ 농산물 · GAP ▪ 축,수산물 · HACCP (양식장, 사육장) ▪ 농축수산물 ▪ 농약, 항생물질 등 기준 규격 설정	▪ 지도점검 ▪ 검사명령 ▪ 회수명령 및 공포 ▪ 행정처분 및 공개 ▪ HACCP ▪ GMP ▪ 가공식품의 기준, 규격, 첨가물 사용기준 등 설정	▪ 해외제조업체 사전등록 ▪ 해외제조업체 현지실사 ▪ 수입통관단계 검사 ▪ 우수수입업소 등록 ▪ 검사명령, 교육명령	▪ 수거검사(인터넷 등 포함) ▪ 지도점검 ▪ 위해식품 판매 차단시스템 ▪ 식품이력 추적 관리제도 ▪ 어린이 식품안전 보호구역	▪ 조리식품 검사 ▪ 지도점검 ▪ 모범음식점 ▪ 어린이 급식관리 지원센터 ▪ 식중독 조기 정보 시스템 ▪ 식품표시(영양표시)
안전관리 주체	▪ 식의약품안전처 총괄 ▪ 농식품부, 해수부 위탁	▪ 식의약품안전처 총괄 ▪ 지자체 집행	▪ 식의약품안전처	▪ 식의약품안전처 총괄 ▪ 지자체 집행	▪ 식의약품안전처 총괄 ▪ 지자체 집행

[그림 6-1] 식품의 생산 유통 단계별 안전관리

식품의 생산 · 제조가공 · 유통 · 소비 각 단계별로 관리하여야 할 위해요소들이다. 각 단계별로 발생 가능한 위해요소를 알아야 위해관리 방법을 알고 사전 예방이 가능하다.

[표 6-1] 식품의 생산 유통 단계별 위해요소 현황

	생산 단계	제조·가공 단계	유통 단계	소비 단계
화학적 위해요소	- 중금속(6종) - 다이옥신 - 잔류농약 (432종) - 동물용 의약품 (156종) - PCBs (폴리염화디페닐)	- 벤조피렌 - 3-MCPD - 멜라민 - 히스타민 - 벤젠 - 아크릴아마이드 - 퓨란 - 에틸카바메이트 - 포름알데히드 - 트리할로메탄 - 트랜스지방	- 히스타민 (바이오제닉 아민)	
생물학적 위해요소	- 곰팡이 독소 (10종) - 패류 독소(2종) - 복어독소 - 공통인수전염병 (38종) - 식육 중 식중독균	- 식중독균(11종) - 세균수 - 대장균군 - 대장균 - 바이러스	- 식중독균 - 세균수 - 대장균군 - 대장균 - 바이러스 - 곰팡이독소	- 식중독균 - 세균수 - 대장균군 - 대장균 - 바이러스
물리적 위해요소	- 주사바늘	- 이물(금속이물 등) - 강도(압축강도) - 탄화물		
기타 위해요소	- 방사능 (세슘, 요오드)	- 방사선 - 식용 불가원료 - 발기부전 치료제 (36종) - 당뇨병 치료제 - 비만 치료제(4종)		

한편, 식품별로 발생하기 쉬운 위해요소를 정리한 표이다. 각 단계별 식품별 발생할 수 있는 위해요소를 잘 관리하여 사전 예방적 위해관리가 필요하다.

[표 6-2] 식품별 존재 가능 위해요소 (화학물질)

식품	위해요소 (화학물질)	비고
유제품	aflatoxin M1, hormones, pyrrolizidine alkaloids, antibiotics	
식육 및 육가공품	hormones, pesticides, antibiotics	
수산물 및 가공품	environmental contaminants (heavy metals, pesticides, PCB, antibiotics), ciguatoxin, shellfish toxins, illegal colorants, aquaculture drugs, food and color additives, histamine	
파스타	heavy metals, aflatoxin, pyrrolizidine alkaloids	
쌀	pyrrolizidine alkaloids	
빵반죽 및 빵	aflatoxin, pyrrolizidine alkaloids	
과일, 채소, 허브	heavy metals, pesticides, aflatoxin	
콩류	phytohaemagglutinin (especially kidney beans)	
버섯류	mushroom toxins	

[표 6-3] 식품별 존재 가능 위해요소 (미생물)

식품	위해요소 (화학물질)	비고
굽지 않은 빵	*Salmonella*	
유제품	*Salmonella, Listeria monocytogenes, Staphylococcus aureus*	
란류	*Salmonella, Staphylococcus aureus*	
양념류	*Salmonella, Clostridium perfringens, Bacillus cereus*	

밀가루 등 곡분	*Salmonella, E. coli O157:H7*	
콘밀 (Corn Meal)	*Salmonella, E. coli O157:H7*	
열처리 쌀	*Salmonella, Clostridium perfringens, Bacillus cereus*	
빵류	*Salmonella, E. coli O157:H7, Clostridium perfringens, Bacillus cereus*	
전분	*Clostridium perfringens, Bacillus cereus*	
파스타	*Salmonella, Clostridium perfringens*	
땅콩	*Salmonella*	
건조 과일	*Salmonella*	
생감자	*Salmonella, Listeria monocytogenes, Clostridium botulinum, Hepatitis A, Norovirus*	
건조 채소류	*Salmonella, Listeria monocytogenes, Bacillus cereus, Clostridium perfringens*	
건조 허브류	*Salmonella, Clostridium perfringens, Bacillus cereus*	

다음은 그동안(2003년부터 2011년까지) 식품 사고의 발생 실태에 대하여 매스컴에서 소개한 내용이다.

지난 2003년엔 미국에서 처음으로 광우병이 발생하면서 수입 소고기에 대한 공포감이 극에 달했다. 그해 겨울, 광우병 파동이 가라앉기도 전에 조류독감 바이러스가 전 세계를 공포로 몰아넣었다. 2004년에는 '불량 만두소 사건'이 터졌다. 불량 재료로 만든 만두소를 5년간 국내 20여 개 유명 만두 업체에 저가로 납품한 납품업자들이 입건됐다. 그 외에도 표백제를 넣은 중국산 찐쌀이 유통되는가 하면 구기자 등 한약재에 기준치 이상의 이산화황이 검출되기도 했다. 2005년은 중국산 김치에서 기생충 알이 발견되면서 국산 김치에까지 그 파장이 컸다. 2006년 6월 당시 식자재 공급 업체였던 모 회사의 식재료로 인하여 '식중독 사건'을 일으켰고, 급기야는

'학교급식법'이 제정되기도 했다. 9월에는 분유에서 식중독균의 일종인 사카자키균이 검출됐다. 2008년은 불량식품에 대한 불신이 극에 달했던 해다. '쥐머리 새우깡' 이후 참치 통조림에선 칼날이 발견됐다.

이탈리아산 버팔로 모짜렐라 치즈와 칠레산 돼지고기에선 허용치 이상의 다이옥신이 확인됐다.

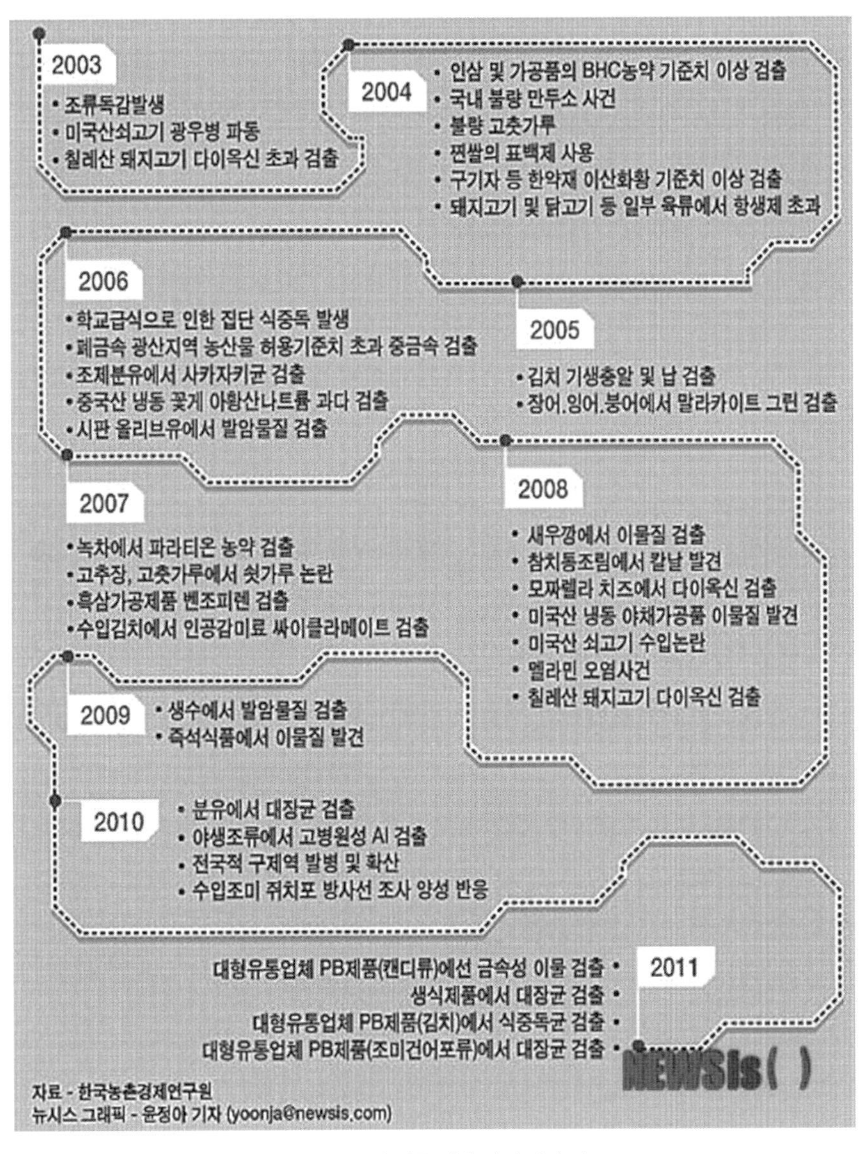

[그림 6-2] 국내 식품 위해 관련 사건 사고

중국에서는 멜라민에 오염된 분유가 유통되기도 했다. 2009년에는 발암 가능 물질인 '브론산염'을 과다 함유한 생수 제품이 시중에 유통됐다. 당시 회수율이 절반에도 미치지 못해 국민의 공분을 사기도 했다. 2010년에는 전국적으로 구제역이 발병해 수십만 마리의 소 · 돼지가 살처분됐다. 구제역과 동시에 야생 조류에서 고병원성 조류인플루엔자(AI)가 발견됐다.

이렇게 매년 크고 작은 식품 사고가 일어나고 있어, 드디어 정부는 2013년 생산단계부터 가공 · 유통 · 최종 소비 단계까지 이르는 모든 과정이 통합적으로 안전관리를 수행할 식품의약품안전처를 출범하게 되었다.

그 후 식품 안전관리 체계는 유통 · 소비 단계에서 수거 검사 등의 사후 관리보다 생산 · 가공 단계에서 위해요소를 차단하는 사전 예방 관리로 전환하고 있다.

1. 식품 원료의 위해관리

식품 원료는 식품을 제조 · 가공 · 조리하는데 사용되는 모든 원료를 말한다. 예를 들면 빵에는 밀가루뿐만 아니라 제품에 따라서 우유, 치즈, 버터, 설탕, 소금 등의 원료나 합성 착향료 등의 식품첨가물이 들어가기도 하며, 예전에는 전혀 먹지 않았던 새로운 원료를 넣어서 만들기도 한다.

국제 교류가 활발한 현대에는 다양한 새로운 원료를 이용한 식품들이 도입되거나 개발되고 있다. 정부는 여러 제도를 통해서 식품에 대한 안전성을 관리하고 있으며, 식품 원료 진입 단계에서부터 어떤 원료를 식품에 사용할 수 있는지에 대한 기준을 정하고 관리하고 있다. 식품으로 사용할 수 있는 원료와 제한된 조건에서만 사용할 수 있는 원료로 구분하여 관리를 하고 있다. 또한, 국내에서 식용하지 않았던 새로운 원료인 경우에는 과학적인 방법으로 평가를 하여 식품 원료로 인정 여부를 검토한다.

현재 우리나라에서 식품에 사용할 수 있는 원료는 약 4만여 종이 된다. 식품으로 사용할 수 있는 원료 중에 식품에 제한적으로 사용할 수 있는 원료는 식품 사용에 조건이 있는 식품 원료를 말하며, 다음에 해당하는 것은 제한적 원료로 판단한다.

① 향신료, 침출차, 주류 등 특정 식품에만 제한적 사용 근거가 있는 것

② 독성이나 부작용 원인 물질을 완전 제거하고 사용해야 하는 것

③ 독성이나 부작용 원인 물질의 잔류기준이 필요한 것

예를 들어 은행나무의 은행잎은 침출차의 원료로만 사용할 수 있다. 건강기능식품 기능성 원료로도 사용되고 있는 식물스테롤은 사용 조건뿐만 아니라 사용량이 정해져 있다. 제품의 kg당 6.5g 이하로 사용할 수 있으며, 1일 섭취량이 3g을 초과하지 않도록 사용해야 한다.

'식품에 제한적으로 사용할 수 있는 원료'를 이용하여 식품을 제조할 경우, 특별히 사용 조건이 명시되어 있지 않은 원료는 다음의 사용 조건을 따라야 한다.

'식품에 제한적으로 사용할 수 있는 원료'로 명시되어 있는 동 · 식물 등은 가공 전 원재료의 중량을 기준으로 원료 배합 시 50% 미만(배합수는 제외한다) 사용하여야 한다. 다만 다류, 음료류, 주류 및 향신료 제조 시에는 제품의 구성 원료 중 '제한적 사용 원료'에 속하는 식물성 원료가 1가지인 경우에는 '식품에 사용할 수 있는 원료'로 사용할 수 있다.

식품으로 사용할 수 없는 원료(물질, 성분 등)는 다음과 같다.

1 화학적 합성품 (원칙적으로 식품 원료로 사용할 수 없다)

ex) 알콜은 발효 알코올(주정)만 가능 합성 알코올은 불가능, 자연산물에 함유된 성분은 화학 성분임에도 불구하고 섭취 가능하지만, 그 성분을 동일하게 화학적 합성품으로 제조하여 식품으로 하는 것은 불가능

① 다만, 자연 산물(천연 성분)로써는 거의 불가능한 역할을 하는 경우, 안전성 평가를 통한 사용량 제한 등을 통하여 일부 허용 : 식품 보존을 위한 보존료 등 식품첨가물(사용 기준 설정)

② 또한, 식품에 직접적 첨가는 불가능하지만, 식품(농 · 수 · 축산물 등)의 안정적 생산(재배, 사육, 양식 등)을 위한 농약, 동물용 의약품(항생제, 호르몬 등)에 대하여 잔류허용량을 정하여 허용

2 안전성이 확보되지 않은 원료

① 안전성이 아직 평가되지 않은 원료(신소재, 자연 산물 등)

② 독성이 알려져 있는 자연 산물

③ 일부 독 제거후 사용 가능 : 복어, 옻나무

1) 우리나라 식품 원료의 안전관리

식품 원료로써 사용 가능 여부는 정부에서 판단하여 식품원료를 고시하고 있다.

(1) 전래적으로 식품으로 사용되어 왔다는 식용 근거에 의한 판단

원료의 독성이나 부작용이 없고 식욕 억제, 약리 효과 등을 목적으로 섭취한 것 이외에 국내 식용 근거가 있는 경우 식품에 사용할 수 있는 원료 또는 식품에 제한적으로 사용할 수 있는 원료로 판단한다.

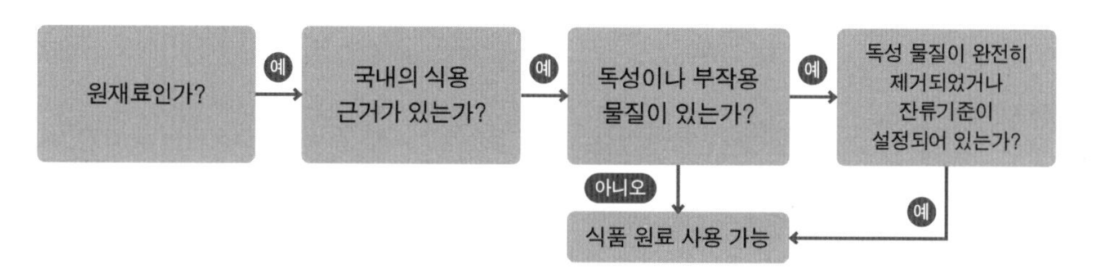

[그림 6-3] 식품 원료 인정 절차

식용 근거는 식품 원료로 사용할 수 있는지 혹은 없는지 판단하기 위한 자료로 중요하게 사용된다. 우리의 먼 조상은 시행착오를 통해, 어떤 식물이나 동물을 섭취한 경험을 통해 '이것을 먹어도 안전하다'는 것을 알게 되었다. 옛날부터 고사리나 톳은 데쳐서 먹었는데, 고사리와 톳은 독소가 함유되어 있어서 이를 제거하기 위해 데쳐서 먹는 것이 안전하다는 것을 오랜 경험을 통해 알았을 것이다.

이처럼 오랫동안 안전하게 섭취해왔다는 사실, 즉 식용 근거가 있다면 우리가 섭취하기에 안전하다는 것을 알려준다.

따라서 식용 근거는 식품 원료 사용 여부를 판단하는 중요한 기준이 된다. 식용 경험을 판단하기 위해서는 해당 원료의 사용 기간, 사용 범위, 사용량, 자료 출처의 신뢰성 등 종합적으로 고려하여 판단한다.

(2) 식용 근거가 없는 경우 안전성 평가에 의한 판단

기존에 섭취하지 않았던 새로운 원료를 식품 원료로 사용하고자 하는 경우에는 '한시적 기준 및 규격 인정' 제도를 통해 식품의약품안전처장이 정하는 자료를 구비하여 안전성 평가를 거쳐 식품의 원료로 사용할 수 있다.

새로운 원료를 개발할 때 안전성 평가가 불필요한 경우는 기존의 식품 원료를 이용하여 규정된 용매(물, 주정 등) 사용, 물리적 가공(압착, 가압, 가열 등), 자연 발효 생산, 식용 미생물을 이용하여 생산하는 원료 등이다.

새로운 원료를 개발할 때 독성시험 등을 통한 안전성 평가가 필요한 경우는 기존의 식품 원료를 이용하고 위에서 언급한 이외의 방법을 통한 개발 또는 기존의 식품원료가 아닌 소재로 식용 근거가 없는 자연 산물, 유전자 등 구조 변형 생산물, 식용 근거가 없는 미생물 이용 생산 등이다.

식품 원료별 안전성 관련 특성을 보면 다음과 같다.

1 섭취량에 따라 안전성 확보 방법이 다르다

- 섭취량 정도 : 식품 > 건강기능식품 > 식품첨가물
  - 식품 원료는 섭취량 무한대(제한적 사용원료 제외)
  - 건강기능식품은 일일 섭취량 내에서 안전성 확보
  - 식품첨가물은 사용 기준 내에서 안전성 확보

2 안정성 확보 정도 : 식품 원료 > 건강기능식품 > 식품첨가물

3 유효성 확보 정도 : 식품첨가물 > 건강기능식품 > 식품 원료

(3) 유전자 재조합 식품(GMO)의 경우

물의 유전자 중 유용한 유전자만을 취하여 다른 생물체의 유전자와 결합시키는 등의 유전자 재조합 기술을 활용하여 재배 · 육성된 농 · 축 · 수산물 등을 원료 등으로 사용하고자 할 경우는 '유전자재 조합 식품의 안전성 평가 심사 등에 관한 규정'에 따라 안전성 평가 심사 결과 적합한 것이어야 한다.

(4) 식품첨가물

식품의 품질 유지, 안정성 향상 또는 관능적 특성 개선 등을 목적으로 「식품위생법」에 따라 관련 자료를 제출하여 식품의약품안전처에서 안전성을 평가한 후에 사용 기준을 정하여 식품첨가물로 인정을 받아야 한다.

(5) 건강기능식품 원료

건강기능식품은 인체에 유용한 기능성을 가진 원료 · 성분을 사용하여 법적 기준에 따라 제조 · 가공한 식품(「건강기능식품에 관한 법률」 정의)을 말하며, 기능성 원료는 인체의 구조 · 기능에 대해 영양소 조절 또는 생리학적 작용을 통해 보건용도로 유용한 효과를 얻는 기능성을 갖는 소재(원료)이다.

건강기능식품 원료는 별도로 「건강기능식품에 관한 법률」에 따라 관련 자료를 제출하여 식품의약품안전처에서 인정을 받아야 한다.

새로운 식품 원료의 안전성과 유효성 확보 사례

새로 찾은 미생물(흙 속의 방선균)을 이용하여 올리고당을 생산하는 효소 생산

- 이 효소를 이용하여 해조류에서 한천올리고당 생산
- 이 올리고당은 비만, 당뇨 예방에 효과가 있어 건강기능식품으로 개발

가) 식품 개발 단계별 안전성 및 유효성 확보 절차

㉠ 새로 찾은 미생물(흙속의 방선균) : 안전성 확인(기존의 식용 가능 원료인지 확인, 아닐 경우 안전성 평가) → 식품 원료 개발

㉡ 올리고당을 생산하는 효소 생산 : 식품첨가물 등록(식품첨가물로서의 안전성, 유효성 평가) → 식품첨가물 개발

㉢ 해조류에서 효소를 이용한 한천올리고당 생산 : 효소를 식품첨가물로 허가 후 생산 → 일반 식품 개발

㉣ 건강기능식품 개발 : 기능성(비만 예방) 평가 → 건강기능식품 원료(개별 인정형) 개발

나) 효소 생산 단계를 거치지 않는 식품 개발의 안전성 및 유효성 확보 절차

㉠ 새로 찾은 미생물(흙 속의 방선균) : 안전성 확인(기존의 식용 가능 원료인지 확인, 아닐 경우 안전성 평가) → 식품 원료 개발

㉡ 이 미생물과 해조류(식용 가능)의 배양으로 한천올리고당 생산 → 일반 식품 개발

㉢ 건강기능식품 개발 : 한천올리고당의 기능성(비만 예방) 평가 → 건강기능식품 원료(개별 인정형) 개발

다) 건강기능식품만의 제조를 위한 안전성 및 유효성 확보 절차

새로 찾은 미생물(흙 속의 방선균)과 해조류의 배양으로 기능성 한천올리고당 생산 : 한천올리고당의 안전성 및 기능성(비만 예방) 평가 → 건강기능식품 원료(개별 인정형) 개발

GM미생물 원료의 안전성과 유효성 확보 사례 II

식품 원료로 사용 가능한 미생물(세균)을 유용성이 있는 유전자를 삽입하여 만든 새로운 세균을 이용하여 효소 생산

이 효소를 식품첨가물로 등록하고자 함

㉠ GM 미생물 : 안전성 평가 · 확인(유전자 재조합 기술, 유전자 가위 기술)

→ 식품 원료 개발

→ 식품의약품안전처 : GM 미생물 안전성 확인

㉡ GM 미생물이 생산한 효소 : 식품첨가물로서의 안전성 및 유효성 확인

→ 식품첨가물 개발

→ 식품의약품안전처 : 효소의 식품첨가물 인정

㉢ 효소를 이용한 식품 생산 : 기능성 평가

→ 일반 식품 생산

→ 건강기능식품 원료(개별 인정형) 개발

→ 식품의약품안전처 : 건강기능식품 원료 인정

2. 식품의 생산 단계 위해관리

- 위해요소 : 잔류농약, 잔류 동물용 의약품, 중금속 등 오염물질, 마비성패독, 노로바이러스, 식중독균 등
- 식품별 위해요소 : 특히, 수산물 중 굴의 노로바이러스 오염이나, 홍합 등 패류의 마비성 패독, 복어의 독소, 연근해 수산물의 비브리오 패혈증균 오염 등은 생명에 치명적인 위해를 줄 수 있는 위해요소이다.

1차산물의 생산 단계 위해관리 부적합 사례는 채소 중 국내 미등록 농약 검출(국내 등록된 농약에 대해서만 잔류기준을 설정하고 시험검사한다는 점을 악용하여 국내 미등록 농약 사용, 이 경우는 불검출 기준임), 장어에 항생제 검출(말라카이트그린은 국내 사용 불가), 홍합의 마비성 패독 기준 초과 등이다.

(1) 의도적 사용 잔류농약, 잔류 동물용 의약품의 위해관리

농약, 동물용 의약품의 적정 사용(사용 기준 준수)과 휴약 기간 준수 등으로 시중 유통 전에 잔류농약 및 잔류 동물용 의약품의 잔류 허용 기준에 적합하도록 관리한다.

(2) 환경오염으로 인한 중금속, PCBs 등 유해 오염물질의 위해관리

토양, 용수 등에 오염되어 식품에 이행되는 중금속, PCBs 등 유해 오염물질은 폐광 지역, 공장 지대 폐기물 등 오염원 관리를 통하여 유해 오염물질 제거 또는 저감화로 관리한다.

식품 생상 중에는 식품으로 이행 축적 여부, 최대 기준 적합 여부를 확인한 후에 생산 유통하여야 한다.

(3) 농산물의 생산 · 저장 중 곰팡이독소 관리

곰팡이독소는 곰팡이가 생산하는 2차 대사산물로써 고온다습하거나 건기가 심한 경우 곡류, 견과류 등 농작물의 농산물의 생육 기간 및 저장, 유통 중에 곰팡이 번식에 의하여 생성되는데, 열에 안정하여 조리 · 가공 후에도 분해되지 않으며, 특히 간암이나 식도암 등의 발암성과 관련이 있기 때문에 식품 안전성에 있어서 중요하게 관리하고 있다.

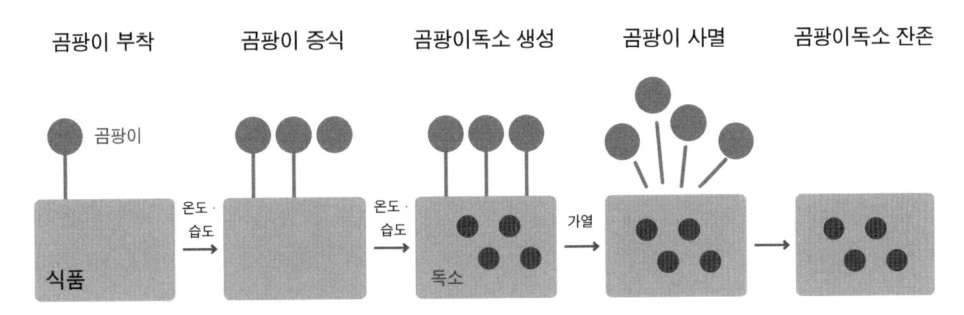

[그림 6-4] 곰팡이 발생 및 독소 생성 과정

생산 시 곰팡이 번식 여부 확인 제거 및 저장 조건 개선으로 곰팡이 번식을 억제함으로써 관리한다. 식품의 보관 저장 · 운송은 곰팡이가 피지 않도록 습기가 차지 않는 서늘한 곳에 보관하고, 마른 용기에 넣어 밀봉 상태로 보관하여야 한다. 곡류나 견과류 등을 보관할 때는 습도 60% 이하, 온도는 10 ~ 15도 이하에서 최대한 온도 변화가 적은 곳에 보관하여 곰팡이가 번식하는 것을 예방할 수 있다.

곰팡이 번식이 우려되는 농산물은 시중 유통 전 독소 오염 여부를 확인하고 최대 기준 적합 여부를 시험검사로 확인한 후 유통시켜야 한다.

(4) 생산 중 식품 매개 질환 유해 미생물 관리

1 노로바이러스 관리

감염된 환자의 분변 및 구토물에 포함된 노로바이러스가 다시 환경으로 배출되어 하천 및 지하수가 오염되어 배추 등의 농산물 생산 시에 오염되기도 하고, 지하수를 식수로 사용하거나 조리 시에 사용할 경우 식중독에 걸린다. 이러한 오염을 방지하기 위해서는 주변 정화조나 간이 화장실에 균열이 생겨 오염물질이 새어나오지 않도록 하고, 주변의 하수관이나 오수관이 파손되어 오염물질이 지하로 스며드는 것을 방지하고, 지하수 깊이가 너무 낮아 지상의 오염물질에 쉽게 노출되지 않도록 하여야 한다. 통영 굴 생산의 경우, 2014년 미국 FDA의 실사를 통하여 노로바이러스의 오염원 제거 등의 개선 조치를 취한 바 있다. 한편, 지하수는 끓여 마시고, 식재료 세척 등을 금지하는 것이 좋다. 그리고 특히 굴은 노로바이러스가 체내에 축적되는 특성이 있어 가열 조리하여 먹는 것이 좋다.

2 수산물의 비브리오 패혈증 균 관리

비브리오 불니피쿠스(Vibrio vulnificus)균에 의해 발생하는 비브리오 패혈증은 현재에도 6~9월경 고위험군을 대상으로 지속적으로 발생하고 있으며 면역 저하 환자군에서는 그 치명률이 50% 내외를 보이는 위중한 질환으로 이를 사전에 예방하여 한다. 정부에서는 해수 중 비브리오 불니피쿠스(Vibrio vulnificus)균 오염지역을 매년 조사하여 발표하고 있으며, 이 지역의 어패류를 생식하거나 오염 해수 접촉을 삼가도록 하고 있다.

3 축산물은 인수공통전염병 균 등 관리

국내에서 발생되는 주요 인수공통전염병은 가금류에서의 고병원성 인플루엔자 및 살모넬라, 소에서의 살모넬라, 장출혈성 대장균증, 브루셀라, 탄저 및 결핵, 돼지에서의 살모넬라 등은 동물과 사람에 질병을 유발한다. 대부분의 인수공통전염병은 숙주세포에 기생하거나 분변을 통한 배출로 인하여 감염된 가축의 축산물에 오염되는 특징을 보이고 있고, 인수공통전염병의 발생이 오염된 축산물의 섭취에 의해 발생되는 점에 비추어 축산물의 안전성 확보가 중요하다. 따라서 가축으로부터 생산된 축산물의 안전성 확보를 위해서는 생산 농가에서부터 소비자의 식탁에 이르기까지 철저한 검사, 위생적 가공 및 안전한 유통의 유기적인 체계가 중요하다 할 수 있다.

(5) 축 · 수산물의 생산 중 기생충 관리

오늘 날 우리나라에서 감염률 및 임상적인 관점에서 주목을 받는 기생충 질환은 간흡충증을 비롯한 패류 매개성 또는 식용 동물 매개성인 흡충류 감염증이다. 음식을 통한 기생충 감염은 어류, 육류, 패류, 양서류 등을 통해 일어나며, 어류에 의한 감염으로 간흡충, 장흡충, 광절열두조충, 고래회충유충 등이 있고, 육류에 의한 감염으로 유구조충, 무구조충, 톡소포자충, 선모충 등이 있다. 음식 매개성 기생충 감염은 흡충류와 조충류가 많으나 선충류, 원충류 등 모든 종류의 기생충에서 볼 수 있으며, 날음식 또는 부적절하게 조리된 음식, 오염된 음식을 섭취한 경우 감염이 일어난다.

(6) 수산물의 생산 중 독소(패독, 복어독, 히스타민 등) 관리

패독에는 마비성 패독, 설사성 패독, 기억상실성 패독, 신경성 패독 등이 있으며, 패류(진주담치, 굴, 바지락, 피조개, 꼬막, 대합 등)와 피낭류(멍게, 미더덕, 오만둥이 등)에서 생성된다.

패류 독소는 매년 3월부터 남해안 일원을 중심으로 발생하기 시작해서 점차 동 · 서해안으로 확산되며 해수 온도가 15~17℃일 때 최고치를 나타내다가 18℃ 이상으로 상승하는 6월 중순경부터는 자연 소멸된다. 패류를 가열 · 조리해도 독소가 파괴되지 않으므로 이 시기에는 채취를 주의하여야 한다. 이 시기에는 정기적인 검사를 통하여 패류 독소의 최대 기준이 상회할 경우, 패류 채취 금지 해역을 지정하고 있으며, 이 지역에서는 임의로 패류를 채취해서는 안 된다.

3. 식품 제조 · 가공 단계 위해관리

제조 · 가공 단계 위해관리 부적합 사례는 과자에 사용 기준을 초과한 보존료 사용(보존료 기준 초과 검출), 감자튀김에서 아크릴아마이드 검출(기준 없음), 굴에서 노로바이러스 검출, 유통 도시락에서 황색포도상구균 검출 등이다.

식품의 제조 가공 중 위해요소가 생성되는 경우, 생성 조건을 제어하는 제조 공정 개선으로 위해요소 관리, 식품별 제조 가공 기준을 마련하여 이행함으로써 위해관리를 한다.

1) 제조 공정 중 생성 위해요소

- 제조 공정 중 생성 위해요소 : 아크릴아미드, 퓨란, 3-모노클로로프로판디올(3-MCPD), 글리시돌 에스테르 벤젠, 1, 3-디클로로프로판올 (1, 3-DCP), N-니트로사민(NDMA), 다방향족 탄화수소(PAHs); 헤테로고리 방향족 아민, 에틸카바메이트, 포름알데히드, 세미카마자미드, 니트로-PAHs.

① 식품의 제조 · 가공 · 조리 과정 중 가열, 건조, 발효 과정과 식품에 첨가되는 물질에 의해 식품 성분 간의 화학적인 반응을 거쳐 자연적으로 유해물질이 생성

② 식품의 제조 과정 중 가열 처리하는 과정에서 식품 성분과 반응하여 자연적으로 생성되는 유해물질에는 벤조피렌, 아크릴아마이드, 퓨란, 헤테로사이클릭아민 등

③ 식품의 제조 · 가공이나 보존을 할 때에 필요에 의해서 첨가 · 침윤 · 혼합하거나 사용되는 첨가물이 식품 성분과 반응하여 생성되는 유해물질에는 벤젠과 3-MCPD, 1, 3-DCP, 트리할로메탄 등

④ 발효과정을 거치는 중에 식품 중에 자연적으로 생성되는 유해물질에는 에틸카바메이트, 바이오제닉아민, 알데히드 등

아크릴아마이드는 식품 안전이라는 문제에 있어서 우선순위에 있으며, 식품 내의 아크릴아마이드 함유량을 줄이기 위한 목적을 두고서 추가적인 노력이 필요하다. 3

-MCPD 또한 MOE 값이 낮을 뿐만 아니라, 정제 기름과 지방에서 발견되는 복합물인 글리시돌과 3-MCPD 에스테르에 관해 확실히 알지 못하는 상태이기 때문에 상대적으로 우선순위에 있는 오염물로 간주된다. 이러한 에스테르가 100% 가수분해된다고 가정한다면, 이러한 물질은 특히 영유아에게 위험을 야기할 수 있을 것이다. 영유아용 식품에서 존재하나, 독성과 정확한 노출에 대해 여전히 알려지지 않은 푸란도 가공 과정과 관련된 주요 오염물로 여겨진다.

벤젠, 1, 3-DCP, N-니트로사민 (NDMA), HAP, AAH와 EC, 포름알데히드, SEM, 니트로-HAP 등도 식품 내에서 이들 물질의 함유량을 가능한 한 줄이기 위한 노력을 하여야 한다.

가공 과정과 연관된 오염물의 농도를 낮출 때는 일반적으로 가공 과정 또는 식품 준비 조건에 대해 개입을 해야 한다. 이를 위해서는 오염물의 함유량 감소와 제품의 특성 및 식품의 영양적 측면을 두고, 장단점(위해와 이익)에 대해 검토해야 한다. 그러나 이같은 대책에 대한 평가는 매우 주관적이며, 적합한 비교를 가능케 하기 위한 위해 · 이익 분석의 적절한 틀이 존재하지 않는다.

(가정, 레스토랑, 구내식당 등에서) 준비된 요리는 종종 이러한 오염물질(AA, 니트로사민, AAHs, HAP 등)에의 노출에 상당한 영향을 미치고 있으며, 소비자 자신과 레스토랑 업계가 이러한 노출 제한과 관련하여 중요한 역할을 한다는 점 때문에 또 다른 딜레마가 생긴다.

이러한 딜레마의 일례가 pH를 높임으로써 제빵류 내의 3-MCPD 함유량을 줄이려 했으나, 이로 인해 아크릴아미드가 더 많이 생성되는 결과를 낳았던 일이다.

(1) 제조 과정에서 유해 오염물질 발생

식료품 생산 과정 중 원하는 화합물뿐 아니라 여러 화학 반응으로 인해 원치 않는 화합물까지 생성될 수 있다. 이렇게 생성된 원치 않는 화합물, 또는 가공 과정과 관련된 오염물질 중 일부는 독성 물질이다. 가열 처리 과정 중(ex. 아크릴아미드, 헤테로고리 방향족 아민, 클로로프판올, 다향족 탄화수소), 또는 숙성(ex. 에킬카바메이트, 비오겐 아민)이나 보관(N - 니트로사민, 벤젠) 중에 생성될 수 있다.

1 메일라드 반응과 산화반응

식품 가공 시 발생될 것으로 여겨지는 두 가지 중요한 반응이, 메일라드 반응과 산화 반응(특히 지방산화반응)이다. 이 두 반응은 1단계에서, 1차 화합물 또는 '주요 화합물'이 생성되는데, 이것이 즉 아마도리 화합물과 지질의 히드로과산화물이다. 그다음 이 화합물이 숙성되고, 재배열되고, 취약한 분자 단량체 형성과 더불어 파괴될 수 있다. 이 단량체들은 알도릭 응축, 카르보닐-아민 폴리머화 및 피롤릭 폴리머화 매커니즘 등을 통해 결과적으로 중축합 산물, 즉 멜라노이딘이 생성되는 원인이다. 지방질의 산화 산물이 메일라드 반응에 영향을 미치고, 또 그 반대의 경우도 있다. 게다가 두 반응은 공통의 매개체인 화합물(ex. 아크롤레인, 글리시다마이드)과 폴리머화 메커니즘을 갖고 있다.(출처 : Zamora & Hidalgo, 2005)

2 메일라드 반응

메일라드 반응(갈색화 반응)은 열을 가한 음식 내의 카르보닐과 아민 사이에서 나타나는 일상적 반응이다. 메일라드 반응의 첫 번째 단계는 아마도리 산물의 생성과 더불어 포도당 같은 당 분해 산물과 아민산이 반응하는 것이다. 재배열 이후, 아마도리 부산물은 다양한 반응을 보일 수 있으며, 그중에는 탈수, 분열, 스트레커 분해 등이 있다. 푸르푸랄이나 히드록시메틸푸르푸랄(HMF) 등과 같은 중요 방향족 성분이 생성된다. 마지막 단계는 특히 방향족 구성물과 고분자의 갈색 색소, 즉 멜라노이드의 복잡한 혼합에 의해 나타난다. 메일라드 반응은 pH(산성도), 아민산 종류, 존재하는 당분, 온도, 시간, 산소, 물, 물의 활동(aw), 기타 식품 내에 존재하는 구성 성분 등의 다양한 인자에 의해 영향을 받는다.

메일라드 반응은 많은 (가열된)식품의 감각 수용적 성격에 영향을 미친다. 예를 들어 커피, 빵, 맥주에는 멜라노이딘이 들어 있다. 멜라노이딘은 항산화 작용과 같은 다른 좋은 특징을 가지고 있다. 그러나 메일라드 반응은 여러 가지 중에서도 라이신과 같은 일부 다량 함유된 필수아미노산을 감소시킴으로써 영양적 가치를 떨어뜨리는 원인이다. 몇몇 메일라드 반응의 최종 산물은 독성을 가지고 있거나 발암물질일 수 있다. 알려진 것들이 아크릴아미드와 푸란, 헤테로사이클릭 아민이다.

3 발효 숙성

발효식품은 미생물에 의하여 원료가 되는 식품에 새로운 풍미와 영양소 등이 생성되는 경이로운 발효 과정을 거쳐 생산되는데 김치, 된장, 간장, 치즈, 요쿠르트, 나또 등이 대표적이다. 그러나 이러한 생물학적 공정인 발효 과정 중 예기치 못한 바이오젠익 아민, 아플라톡신 등의 곰팡이 독소와 같은 유해물질을 생성한다. 발효 과정은 매우 복잡한 과정으로 시간에 따른 생물·화학적 변화가 끊임없이 진행되는 과정이다. 이러한 발효 과정 중 어떠한 숙성 시기 또는 조건에서 화학적인 원인에 의하여 독성물질이 생산된다. 발효 또는 숙성 과정 중에 생성되는 중간 부산물이기 때문에 숙성 조건이나 숙성 시기 등에 따라 생성되기도 자연적으로 소멸하기도 하는 등 많은 변화를 보이는 것으로 알려져 있다. 서양의 경우 와인에서 발생되는 에틸카바메이트에 대하여 저감화를 위한 다양한 노력을 기울인 결과 와인에서 발생되는 에틸카바메이트의 양을 줄이는 성과를 이루었다.

4 단백질 산분해

단백질의 산분해 시 MCPD 생성 : 3-MCPD은 1,3-DCP 등과 함께 클로로프로판올류(choropropanols)에 속하는 화학물질로서 탈지대두(기름을 뺀 콩, defatted soy beans)를 염산(hydrochloric acid)으로 가수분해하여 간장을 만드는 과정에서 생성되며 특히 이 물질은 산분해를 통해 제조되는 산분해 식물성 단백질(Hydrolysed Vegitable Protein, HVP)을 성분으로 하는 식품을 제조할 때 발생되는 대사물질로 알려져 있다. 유지 성분을 함유한 단백질을 염산 용액으로 분해할 때 글리세롤(glycerol) 및 그 지방산 ester와 염산과의 반응에서 형성되는 물질로서 총칭하여 클로로하이드린(chlorohydrin)이라 하며 가장 많이 형성되는 것이 3-MCPD이다.

3-MCPD는 산분해 식물성 단백질로 만드는 간장이나 스프, 소스류 등의 식품 제조 과정 중 생성되어 오염된 식품에서 검출되고 있다.

맥주 쉰 맛의 정체와 위해관리

2014년 여름 맥주에서의 쉰 냄새와 소독약 냄새 루머에서 시작한 맥주의 이취 발생 사건은 맥주를 좋아하는 소비자의 심려와 불편을 초래했다. 다행히 이취의 주요 원인 물질이 인체에 무해한 성분인 것으로 판명됨으로써 일단락되었다.

맥주는 발아시킨 보리(맥아)를 발효시킨 알코올성 음료(주류)로서 상쾌한 맛을 내기 위해 일부 산소를 주입하고 있다. 맥주가 고온에 보관되면 맥주 속의 맥아 지방성분과 과량의 용존산소가 산화반응을 일으켜 트랜스 논엔날(trans-2-nonenal)이라는 알데하이드 성분이 생성되는데 이 성분이 쉰 맛(이취)을 내게 하는 주범이다. 이 쉰 맛 성분은 착향료의 일종으로 인체에는 전혀 무해한 성분이다.

그해 여름, 소비자와 언론에서 논란이 되었던 맥주의 이취(쉰 맛) 사건은 더운 여름 날씨에 맥주 속의 지방과 과량의 산소가 고온에서 반응하여 발생한 것으로 산소 주입량을 조절함으로써 이취(쉰 맛) 발생이 해결되었다.

맥주에 산소를 과량으로 주입하고, 고온에서 보관할 때 이취(쉰 맛)가 발생함에 따라 맥주를 햇빛 등의 고온 상태에서 유통 · 판매하는 일이 없도록 하고, 제조 시 산소 주입을 적정량으로 하도록 하는 등 제조 공정 관리 등이 필요하다.

2) 제조 공정 중 의도적 사용 식품첨가물

식품첨가물은 식품의 외관, 향미, 조직 또는 저장성을 향상시킬 목적으로 식품에 의도적으로 보통 미량으로 첨가하는 물질로서 식품 원료와는 달리 화학적 합성품도 허가를 받으면 가능하고, 제조 시 추출용매도 다양하게 사용할 수 있다. 또한, 천연 원료에서 순수하게 추출하는 것도 가능하다. 이렇듯 식품 원료보다 식품첨가물은 안전성 측면에서 관대하다고 볼 수 있다.

그러나 그 이유는 식품 중에 첨가되는 첨가물의 양은 물리적, 영양학적 또는 기타 기술적 효과를 달성하는데 필요한 최소량으로 사용하도록 하고 있기 때문이다. 즉 섭취량을 제한하기 때문이다. 그 수단이 식품첨가물 사용 기준이다. 이 사용 기준은 독성평가를 통하여 인체에 위해하지 않도록 식품의 일일 섭취 허용량(average daily intake, ADI), 식품의 섭취량, 유효 농도(식품첨가물로서의 효과) 등을 고려하여 결정하고 있다.

식품첨가물에 따라서는 독성 유무에 따라 사용 기준이 없는 것도 있다. 따라서 식품첨가물은 사용 기준에 따라 적절하게 사용하여야 한다. 간혹 식품첨가물로 혼동하여 사용이 금지된 첨가물 효과가 있는 유해물질을 사용하는 경우가 있는데 주의하여야 한다.

(1) 사용 금지된 유해성 화학물질

1 유해성 감미료

- Cyclamate : 이 물질이 발암성 물질이라는 것은 1969년 미국 위스콘신주립대학 연구소에서 FDA에 보고함으로써 1970년에 사용 금지. 청량한 단맛을 가진 백색 결정성 물질로 감미도는 설탕의 30~50배 정도
- Dulcin : 사람의 위 속에서 소화기능 장애 및 중추신경계 이상을 유발하며 혈액독으로 적혈구의 생성 억제 및 간종양을 나타내는 것으로 알려져 1966년 사용 금지. 감미도는 설탕의 약 250배 정도이며 열에 안정
- Ethylene glycol : 부동액으로 사용되는 점조성 액체인 ethylene glycol은 흡습성이 있어 물과 잘 섞이며 단맛을 가지고 있으나 사람의 체내에서 산화되면 수산(oxalic acid)을 생성하여 구토, 호흡곤란에 이어 뇌와 신장에 장애. 설탕의 약300배 단맛으로 온수에 잘 녹고 독성은 dulcin보다 강함
- p-Nitro-o-toludiene : 다량 섭취 시 위에 통증을 수반하고 구토와 황달, 혼수상태를 야기하여 2~3일에 사망하여 살인당. 설탕의 200배의 단맛을 가진 물질로 상쾌한 단맛 때문에 감미료 대용품으로 부정하게 사용
- Perillartin : 설탕의 약 2,000배의 단맛을 가진 백색의 결정성 물질로 섭취 시 신장장애를 유발

2 유해성 살균제와 보존제

- Nitrofurazone(5-Nitrofural semicabazone) : 어육 연제품 등에 살균제로 사용되었으나 간장장애, 구토 및 식욕부진 등의 증상으로 1972년 사용 금지

- Nitrofurylacrylamide : 강한 살균력으로 어묵, 어패류 건제품, 팥앙금 및 두부 등의 방부제로 사용되었으나 강한 독성과 안전성으로 1972년에 사용 금지
- β-Naphtol : 백색결정으로 물에는 난용성이며 0.005%의 농도로 곰팡이의 생육을 억제하기 때문에 간장 등의 방부제로 사용되었으나 강한 독성 때문에 사용 금지
- 불소 화합물 : 불화수소(HF), 불화나트륨(NaF) 등의 불소 화합물은 강력한 방부 효과로 육류, 우유 등에 있어서 보존제로 사용하였고, 알코올 음료에서 이상 발효 억제 등의 목적으로 사용되었으나 강한 독성 때문에 사용 금지
- 붕산, 붕사, 과붕산나트륨 : 보존제로서 햄, 베이컨과 같은 육제품, 그리고 과자류에 사용된 것으로 방부 작용은 약하지만 그 독성이 인정되어 사용 금지
- 살리실산(salicylic acid) : 방부 작용이 강하며 약산성 조건에서 곰팡이, 효모, 세균 등의 발육을 억제하며 유산균 및 초산균 등에 대하여 항균 작용을 나타내어 청주, 과실주 및 식초 등에 보존료로 사용되었으나 강한 독성으로 1973년 사용 금지
- 승홍 : 살균력과 방부력이 강하여 주류 등에 사용되었으나 독성이 강하여 식품에는 사용 금지
- Utropin : 포름알데하이드와 암모니아가 결합하여 생성되는 백색의 비늘 모양 결정으로 물에 녹아 formaldehyde가 유리되어 방부 효과를 나타내지만 피부발진이나 신장염, 방광염 등으로 식품에의 사용은 금지
- 포름알데하이드, 포르말린 : 포르말린은 살균력과 방부력이 강한 성질로 육가공품, 주류, 간장 등에 사용된 적이 있었으나 독성으로 인해 현재 사용 금지
- Halazone : 과거 살균제로 지정되어 사용되었으나 강한 독성과 안전성 때문에 1972년 모두 사용 금지

3 유해성 착색료

- 갈색계 : bismark brown, 녹색계 : Light green S. F. yellowish, Malachite green, 적색계 : rhodamin B, SudanIII, 등적색계 : silk scarlet, orange I, orange II, 자색계 : methyl violet, gentian violet, crystal violet

④ 유해성 표백제

- Rongalite : Rongalite(sodium formaldehyde bisulfide)는 과거 물엿의 표백제로 사용되었지만 수용 상태에서 발생되는 아황산에 의하여 표백 작용을 나타내지만 이때 발생되는 formaldehyde가 식품에 독성을 나타내는 것으로 밝혀져 1967년 사용 금지
- 삼염화질소(Nitrogen trichloride) : 과거 밀가루 표백제로 사용되었으나, 개 실험에서 히스테리 증상을 나타내 사용 금지
- 형광 표백제 (Diaminostilben Diaminostilben sulfonate sulfonate) : 국수, 우유병의 종이 마개, 생선묵의 표백 등에 사용되었으나 독성으로 사용 금지
- 과산화수소 : 오징어포 등에 표백을 위하여 사용하고 있으나 허가되지 않은 첨가물

3) 제조 공정 중 유해 미생물 오염

식품 제조 공정 중 부주의한 세척, 불완전한 살균 · 멸균 등에 의한 식중독균 오염이나 증식이 식품의 안전성을 해친다. 따라서 세균 등 오염 여부 확인 및 살균 · 멸균의 확인이 필요하며, 기구 등의 살균 소독제 사용으로 제조시설 살균 소독 실시 등도 한 방법이다.

부패와 식중독은 미생물의 작용인데, 부패는 식품에 미생물이 증식하여 식품 본래의 맛과 향기가 손상되어 먹을 수 없게 되는 현상으로써, 이러한 변화에는 보통 식품 1g당 $10^7 \sim 10^8$ 정도의 균 수가 필요하며, 식중독은 병원성 미생물이 식품에 오염 · 증식하여 독소를 생산하며, 이를 먹은 사람에게 발생하는 것으로, 부패를 일으키지 않는 정도의 균 수에 의해서도 식중독은 발생된다.

따라서 식품에 처음 부착된 균 수가 많을수록 빨리 발생하므로 초기 발생 균 수를 되도록 적게 하는 미생물 제어가 가장 중요하며, 식품에서 변패나 식중독을 일으키기 쉬우므로 식품 제조 초기 단계에서의 미생물 오염 제어는 특히 중요한 공정이 된다.

일본식육수출입협회(JMTA)에 의하면, 호주산 소고기의 품질 유지 기한은 77일간, 미국산은 62일간, 일본산은 45일간으로 발표하고 있는데, 이는 호주가 세균 발생과 증식을 최소한으로 억제하여 철저한 위생관리와 세심한 온도관리를 하기 때문이다. 미생물은 식육의 육질 부분에는 거의 존재하지 않으나, 내장 내의 미생물이 누출되거나 작업 중의 칼, 디바이더, 톱, 도마 등 기계 기구 및 사람의 손과의 접촉, 외부에서의 먼지 등에 의해 식품을 오염시킨다. 식육 및 가공품에서 식중독 사례를 보면 캠필로박터가 가장 많고, 이어서 살모넬라, 웰치균, 황색 포도상구균 순이며, 생식원은 내장, 사람 손, 인분 및 기타이고, 2차 오염원으론 조리기구 등이었다.

[참고 1] 미생물의 제어

미생물(세균)의 증식 : 증식 요인은 영양소, 온도, 수분, pH 등이다. 예를 들어 식육 가공품의 제조 공정 중에서는 미생물이 증식하기 좋은 영양소(식육)와 약 70% 전후의 수분(식육)이 있고 가축의 내장은 37~38℃로서 세균 증식이 쉬운 온도이며, pH는 6.8~8.0으로 세균 번식이 쉬운 조건이다. 따라서 작업 환경, 작업 기계 기구를 청결하게 유지하고 신속하게 작업을 하며, 세균 증식을 억제하기 위한 적절한 냉각과 함께 가열에 의한 살균이 매우 중요하다.

식품의 제조 공정과 작업 순서에 따라서 미생물의 분포와 미생물 제어 작업이 분류되어 있는데, 각 공정에 따른 미생물의 거동을 파악하고, '오염시키지 않는다, 증식 시키지 않는다, 사멸(살균)시킨다.'는 미생물 제어의 3원칙을 달성해야 한다.

[표 6-4] 미생물 제어 방법

분류	방법	
제균	세정, 여과, 원심분리	
정균	저온	냉장
	낮은 수분활성(저 Aw)	식염, 당, 당알코올, 건조, 탈수
	낮은 pH(저 pH)	유기산
정균	탈산소(산소 제거)	진공, 가스 치환, 탈산소제
	보존료	천연 및 합성 보존료

<table>
<tr><td rowspan="5">살균</td><td colspan="3">가열 살균</td></tr>
<tr><td rowspan="4">비가열 살균</td><td>방사선 조사</td><td>감마선, 엑스선, 자외선, 전자선</td></tr>
<tr><td colspan="2">초음파 살균</td></tr>
<tr><td colspan="2">초고압 살균</td></tr>
<tr><td colspan="2">전기충격 살균</td></tr>
<tr><td>차단</td><td colspan="3">포장, 크린룸</td></tr>
</table>

[참고 2] 식품 제조 가공장의 미생물 제어

가) 건물 입지 및 구조 요건

빗물 배수구가 있을 것, 반입 차량의 세정, 소독 설비를 설치, 바닥, 벽, 천정은 평평하여 청소하기 쉽고 조명 및 통풍이 충분할 것, 수세설비, 기타 세정설비를 갖출 것, 쥐 방지, 방충 대책을 세우고, 먹이를 주지 않고 진입로를 막고 정리정돈, 청소를 한다.

나) 식품 취급 설비

세정 작업이 용이하고 식품의 이동을 최소한으로 할 수 있는 장소에 설치, 식품에 직접 접하는 기구는 내수성 재료로 청소하기 쉬울 것, 식품 기구는 녹슬거나, 갈라지거나 접합부가 어긋나지 않을 것, 식품의 가열, 냉각 또는 저장설비는 필요에 따라 온도, 압력을 정확히 조절이 가능할 것, 급수설비 완비, 화장실은 위생적일 것, 식품에 직접 접하는 면은 사용 전에 청결히 하고, 영업 시간 중에 항상 위생적으로 유지하며, 세정 후 76.5℃ 이상의 열탕이나 증기 또는 살균제로 소독, 식품은 모두 안전성을 유지하기 위한 고온 살균, 저온 살균 또는 세균 증식 억제를 위해 충분한 온도로 취급, 가공 또는 보존한다.

다) 식품 취급자

화농성의 상처나 종기가 있는 사람은 오염 방지 조처가 되어 있지 않은 식품 취급에 종사하면 안 된다. 머리를 짧게 하고 청결한 작업복, 마스크를 착용한다. 작업원은 항상 손을 청결하게 하고, 식품 취급 기구에 머리카락, 코, 입, 귀가 접촉하지 않도록 하며, 작업 중 가래나 침을 뱉지 않는다.

라) 시설 구획과 작업 환경에서 미생물 오염 제어

식품 공장은 시설을 작업 내용에 따라서 청정도 구분을 설치함으로써 구획에 따라 상호 오염을 막고 철저한 미생물 관리가 가능하도록 한다. 물건의 흐름과 사람의 흐름은 작업 공정 흐름에 따라 일방통행이 되도록 해서 오염물 동선과 비오염물 동선이 교차하지 않도록 하고, 오염 작업 구역의 사람과 청정 작업 구역 사람이 서로 교차하지 않도록 한다. 공기 흐름은 청정 구역에서 오염 구역으로 해서 역류되지 않도록 하고, 배수도 오염 구역과 청정 구역이 공통 배수로로 해서는 안 된다. 오염물을 청정 구역으로 이송하는 경우 세정, 살균이나 Air Shower 등의 적절한 Barrier 설비를 해야 하며, 작업원이 청정 구역을 들어갈 경우도 마찬가지이다. 물건과 사람의 동선은 첫째, 청정도가 다른 구역은 교차하지 않도록 하고, 둘째, 청정도가 다른 구역 간 작업이 있는 경우 벽을 설치한다.

마) 미생물 오염 방지 작업

청정 구역에서 사용하는 물건은 오염 구역에 방치되지 않도록 한다. 가공 조리가 끝난 품목의 방냉, 방열은 지정된 기기나 장소에서 한다. 원료나 제품을 포장하지 않고 보관하지 않는다. 제조 공정 전용 기계, 기구를 사용한다. 오염물과 접촉된 모든 것은 소독한다. 결로에 의한 미생물 증식과 낙하 방지한다. 세정 순서의 준수하고 살균을 철저하게 한다.

4) 허용되지 않은 화학물질은 첨가 금지

화학적 합성품을 의약적 효과를 위해서 의약품 성분을 식품에 사용할 개연성이 있으나 이는 불법이다. 또한, 사용이 허용되지 않은 농약, 동물용 의약품, 식품첨가물을 사용해서는 아니 된다. 다만, 자연 산물(1차 산물)인 식품원료에 천연적으로 존재하거나 제조 과정 중 불가결하게 생성된 성분에 대해서는 허용하고 있다.

4. 식품 보존 · 저장단계 위해관리

- 위해요소 : 유해 미생물 오염 및 증식, 저장 중 곰팡이독소 생성, 벌레, 곰팡이 등 이물, 유해 미생물 오염
- 위해관리 : 살균 또는 멸균 처리, 보존 처리, 저온 유지 등을 통한 유해 미생물 오염 및 증식 방지, 방충시설 설치 등으로 벌레 등 이물 혼입 방지, 항온항습 시설 설치 등으로 농산물 등 저장 중 곰팡이 독소 생성 억제 등이다.

식품 저장은 식품을 상하지 않고 안전성을 유지하면서 오래 보관할 수 있도록 처리하는 저장법이다. 대표적인 식품 저장법으로는 보존 처리, 통병조림, 냉장법, 냉동법, 건조법, 냉동건조법, 식품첨가물 사용, 무균포장, 방사선 처리, 저온 살균법, 발효, 훈증소독 등이 있다. 식품 저장 중 특성 변화를 고려하여 안전성과 품질 적합성을 유지하는 방법을 찾아야 한다.

[1] 식품은 풍부한 영양소를 함유하고 있다.

영양소는 사람의 몸에 필요한 성분인 동시에 미생물의 번식에 유용한 배양기의 역할도 한다. 그러므로 식품은 그의 특성상 미생물이 쉽게 번식하여 변패되기 알맞다. 일단 미생물이 식품에 번식하여 변패되면 여러 가지 유해물질이 생기게 된다. 어떤 경우는 프토마인(ptomaine)과 같이 식품의 성분 자체가 변패되어 독성물질이 생기는 수도 있고, 또 어떤 경우는 아플라톡신(aflatoxin)과 같이 미생물이 생성시켜 내는 독성물질도 있다.

그러므로 식품을 변패되지 않도록 저장하기 위해서는 미생물의 번식을 막아 주어야 한다. 그렇다고 식품 중의 영양소를 빼내어 버릴 수는 없는 일이기 때문에 우선 식품의 주성분이 되는 영양소와 그 영양소를 가장 좋아하는 미생물과의 관계를 고려하여 대책을 세워야 한다.

2 신선 식품의 경우는 수확한 후에도 호흡 등 생명 현상을 그대로 유지하고 있다.

이와 같은 생명 현상이 일어나고 있을 때에는 수많은 종류의 효소(enzyme)가 작용하여 자가소화(autolysis), 변패(deterioration), 변색(discoloration) 등을 일으킨다. 그러므로 식품은 수확한 후에 적당한 대책을 세워 저장하여야 한다.

3 식품은 여러 성분의 복잡한 관계를 이루고 있다.

식품이 일단 수확되거나 가공 처리되고 나면 이들 성분의 복합 평형을 잃고 이어서 여러 가지 복잡한 부정형 반응을 일으키게 된다.

4 대부분의 식품은 다량의 수분을 함유하고 있다.

이들 식품 중의 수분은 각종 성분을 가용화시켜 성분 간의 반응을 촉진시키며 미생물의 생육을 촉진한다. 식품의 품질 보존과 안전성을 유지하기 위해서는 적절한 저장 방법이 필요하다.

식품 저장 기술 중 허들기술(Hurdle technology, combined methods, barrier technology)란 품질 변화에 영향을 미치는 미생물이 극복할 수 없는 조건(hurdle)을 제공하여 식품의 저장성을 향상시키는 방법으로 여러 가지의 저해 요인이 작용할 수 있도록 다양한 조건을 혼합 또는 혼용하는 방법이다. 허들기술에 의해 저장된 식품은 냉동, 냉장 없이도 안전하게 유지되고, 성분이 안정된 상태에서 간단한 가공 방법이 적용되므로 관능평가와 영양가 면에서도 우수한 것으로 알려져 있어 최근 유럽에서는 신제품 개발에 응용하고 있다. 그 외 저장 기술은 숙도를 조절하고 미생물의 번식이 억제되므로 장기 저장이 가능한 CA저장(Controlled Atmosphere Storage), 별도의 시설 없이 가스 투과성을 지닌 폴리에틸렌이나 폴리프로필렌 필름 등의 적절한 포장재를 이용하여 CA저장의 효과를 얻는 MA저장(Modified Atmosphere Storage), 통병조림, 레토르트 파우치(Retort Pouch) 등의 밀봉살균 저장, 방사선 조사 등이 있다.

식품 보존 방법

억제 (저해)	억제 (저해)	억제 (저해)
저온 저장	멸균	포장
수분활성도 저하	살균	위생 가공
산소 감소	방사선조사	위생 저장
이산화탄소 증가	가압 처리	무균 가공
산성화	브랜칭	HACCP
발효	가열조리	GMP
보존료 첨가	튀기기	ISO9000
항산화제 첨가	통전(전기)	TQM(총체적 품질관리)
pH 조절	압출성형	위해분석 및 관리
냉동, 건조, 농축	빛	
표면 코팅	소리	
구조적 변성	전기장	
화학적 변성		
가스 제거		
상전이 변화		
저장 허들기술		

[그림 6-5] 식품의 품질 보장 및 저장 방법

5. 식품 유통 · 소비단계 위해관리

- 위해요소 : 유해 미생물 오염 및 증식, 벌레, 곰팡이 등 이물, 유해 미생물 오염
- 위해관리 : 저온 유지 등을 통한 유해 미생물 오염 및 증식 방지, 방충시설 설치 등으로 벌레 등 이물 혼입 방지 등이다.

식중독균의 오염 또는 증식을 방지하기 위해서는 미생물들이 증식하지 못하도록 적절한 온도와 습도 유지가 중요하다. 식품의 보관 온도를 제대로 관리하지 못할 경우, 아주 적은 양의 균이라도 시간이 지남에 따라 활발히 증식하기 때문에 주의해야 한다. 특히, 4℃ ~ 60℃의 실온은 식중독균 성장 가능성이 높은 위험 온도 구간이므로 식품 보관 시 주의하여야 한다. 따라서 식품을 보관할 때 식중독 예방을 위해서는 4℃ 이하의 저온 저장이나 60℃ 이상의 온장법이 권장된다.

우리나라 유통 식품 중 이물 원인의 대부분은 소비 · 유통 단계에서 혼입된 '벌레'인 것으로 나타났다. 이물 종류별로는 벌레(37.4%) > 곰팡이(10.3%) > 금속(7.3%) > 플라스틱(4.7%) 등의 순이다.

벌레 이물은 7 ~ 11월(60.3%)에 집중하여 발생되었으며, 곰팡이 이물은 7 ~ 10월(48.9%)에 집중되었다. 이는 벌레의 부화 온도와 곰팡이 생육 온도 때문이 아닌가 생각된다.

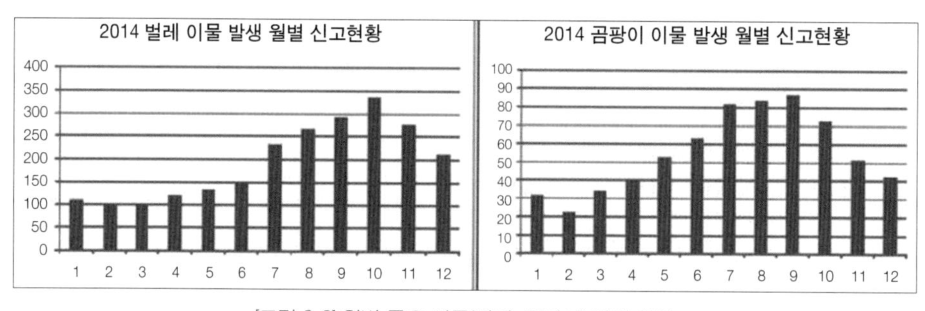

[그림 6-6] 월별 주요 이물(벌레, 곰팡이) 발생 현황

벌레는 대부분 소비자가 식품을 보관 · 취급하는 과정 중에 혼입된 것이며, 곰팡이는 유통 중 용기 · 포장 파손 또는 뚜껑 등에 외부 공기가 유입돼 발생한다.

식품 유형별로 가장 많이 발생한 이물은 면류, 과자류, 커피는 벌레이며, 음료류

및 빵 · 떡류는 곰팡이가 많이 발생하였다.

면류, 커피, 음료류에서 발생된 이물은 소비 · 유통 단계가 제조 단계보다 많았으며 과자류, 빵 · 떡류에서 발생된 이물은 제조 단계가 소비 · 유통 단계보다 많이 발생한다. 과자류, 빵 · 떡류의 제조 단계 혼입 원인은 주로 제조 과정 중 위생관리 소홀로 인해 머리카락, 끈 등이 혼입되거나 건조 처리 미흡 및 포장지 밀봉 불량 등으로 인한 곰팡이 발생으로 판단된다. 그리고 금속, 플라스틱은 소비 · 유통 단계보다 제조 단계에서 혼입된다.

주로 비닐류로 포장되는 식품인 면류, 과자, 커피, 시리얼 등은 화랑곡나방(쌀벌레) 애벌레가 제품의 포장지를 뚫고 침입할 수 있으므로 밀폐 용기에 보관하거나 냉장 · 냉동실 등 저온 보관해야 한다.

식품 제조업체들은 '화랑곡나방'으로 골머리를 앓고 있다. 번번이 소비자들이 구매한 제품에서 화랑곡나방의 유충들이 발견되고 있지만 이에 대한 뚜렷한 대책이 나오지 않고 있기 때문이다.

[참고 3] 라면과 화랑곡나방 애벌레

식품별 이물 발생 신고 건수('11 ~ '13)는 면류(17.4%)가 가장 많았고, 이물로는 벌레(36.3%)가 많았다. 면류 중 이물은 벌레(54.2%)가 가장 많이 발생했으며, 주로 화랑곡나방 애벌레가 다수를 차지하고 있다. 면류 중 라면은 71.8% 차지하고 라면 중 이물('11 ~ '13)은 벌레가 56.8% 차지하였다.

라면의 야채 스프(건더기) 중 벌레 알로 인해 유통 중 유충 부화로 벌레 발생이 추정되나 제조 단계 원인을 밝히지 못하고 있다. 라면의 면과 분말 스프는 고온 제조 공정으로 벌레 알이 사멸하나, 야채 스프(건더기)는 열풍 건조(브랜칭 후 70℃ 4시간) 저온 처리(-25℃ 48시간), 일부 벌레 알 생존 가능성이 있다. 건더기 스프 중 생존한 벌레 알은 생육 온도(약 25℃)에 유충으로 부화할 여지가 충분하다. 라면뿐만이 아닐 수 있으며, 이와 유사한 경우 화랑곡나방 애벌레는 식품에 존재할 수 있어 철저한 원료의 전처리 관리가 필요하다.

'13년도 라면 중 화랑곡나방 발생 현황을 분석한 결과, 라면 중에 이물 신고는 826건이고 그중에서 벌레가 제일 많은 438건(53%)이었다. 벌레 가운데 화랑곡나방이 145건으로 33%이고, 32%(47건)가 소비 · 유통 단계에서 뚫고 들어간 것으로 파악되었다.

화랑곡나방의 특성

▪ 화랑곡나방의 생활사는 **알 → 유충(애벌레) → 번데기 → 성충(나방)** 순이며, **여름철 알에서 성충까지는 약 40 ~ 50일 가량이 소요**(32℃에서 38일, 17℃에서 150일 정도)

[유충]

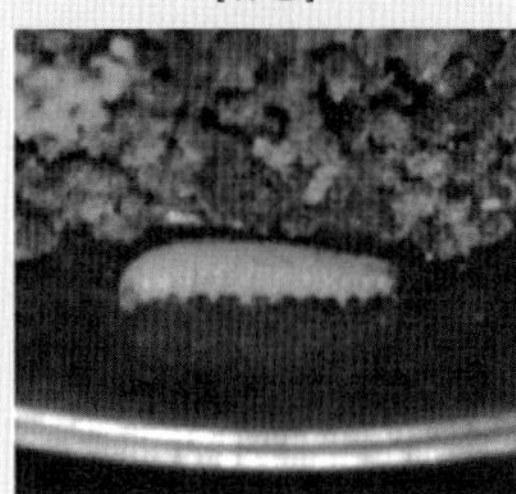

[성충]

- 알 : 0.5mm 유백색의 타원형
- 유충 : 성장하면 10 ~ 15mm 정도(서식 환경, 영양 상태에 따라 다름으로 딱 꼬집어 몇 mm라고 말하기가 어려움)
  - 유충은 다 성장하기까지 4 ~ 6회 탈피함(역시 환경이나 서식 온도 조건 등에 따라 탈피 횟수가 달라지는데, 온도가 낮을수록 탈피 횟수가 많아지며 성장 기간이 길어짐)
  - 봄이나 가을보다 온도가 낮은 조건에서는 생육 일수가 길어진다. (발육 영점은 11.5℃, 즉 11.5℃부터 그 이하 온도에서는 성장이 안 됨)
  - 유충 기간은 약 1개월 정도 소요됨
  - 보통 40일이면 1세대를 거친다고 볼 수 있음

※ 령기 사이의 기간에 대해서는 며칠 걸린다고 말하기 어려우나 약 24 ~ 26℃의 적정 온도 조건인 경우로 말씀드리고, 령기별 구별 방법은 특이한 형태적 특징이 있는 것은 아님. 단지 유충의 크기(길이)로 판단

구분	유충의 성장 단계(령기)				
	1	2	3	4	5
길이(mm)	약 2mm	4 ~ 5mm	6 ~ 8mm	9 ~ 12mm	13 ~ 15mm
발육기간	3 ~ 4일	5 ~ 6일	7일	7일	7일

- 부화 가능 온도 : 13~35℃, 적정 부화 온도: 25℃(3~4일)

※ 17℃(7일), 30℃(1~2일), 28℃ 이상 부화율 감소

▪ 화랑곡나방의 기원은 열대지방으로 알려져 있으며, 기온이 일정한 실내에서 자주 발견되며, 기온이 높은 여름철에는 야외에서 발견

두부 중 위해요소 검출에 따른 대응 사례

▪ 위해 상황 : 두부류에 중금속 3.0mg/kg 이하라는 규격이 있습니다. 중금속 종류에 대한 언급도 없이 이런 기준은 어떤 이유에서 정해 놓은 것인지 궁급합니다. 저희가 철과 망간, 알루미늄, 납, 수은을 검사한 결과 다행히 납과 수은은 검출되지 않았으나 철과 망간은 100g당 나온 수치를 볼 때 3.0mg/kg 수치보다 높았습니다.

⇒ 위해관리

- 두부류의 중금속 기준 3.0mg/kg은 두부 제조 시 중량 목적으로 석회가루 등의 혼합하는 행위를 막고 이로 인한 유해중금속의 섭취를 예방하기 위해 기준을 설정하여 관리하고 있음
- 두부의 중금속 기준은 개별 유해 중금속이 아닌 총 중금속으로서 시험 방법으로 총 중금속 함량을 측정하도록 되어 있음. 한편, 두부의 유해 중금속 관리는 원료인 콩에 대해 납 0.2, 카드뮴 0.2ppm으로 관리 중임
- 검출된 철과 망간은 인체 신진대사에 역할을 하는 필수 영양 성분으로 납, 카드뮴과 같은 유해 중금속이 아님

▪ 위해 상황 : 최근 알루미늄에 대한 유해성이 알려졌는데요, 연구결과에도 1mg을 매일 먹어 인지능력 장애가 올 수 있다는 견해가 있는 걸로 압니다. 그런데 저희가 검사를 한 포장 두부 중 100g당 0.21mg 정도 알루미늄이 검출 된 제품이 있습니다.

⇒ 위해관리 : 두부에서 검출된 알루미늄의 인체 노출량은 인체 노출 안전기준(2 mg/kg b.w./week)과 비교할 때, 미미한 수준으로 관리의 필요성이 없음

▪ 위해상황 : 두부와 함께 포장된 충진수가 먹는 물 수질 기준에 부적합하여 안전성 문제 제기

⇒ 위해관리 : 두부를 제조할 때 사용하는 물은 먹는 물 수질 기준에 적합한 물을 사용하여야 하나, 두부 제품 중 충진수는 제품의 일부로서 먹는 물 수질 기준이 아닌 제품(두부)의 기준 규격을 적용하여야 함

CHAPTER 07

식품의 안전성 확보 절차

07

CHAPTER

식품 안전성 확보 절차

식품의 개발은 유효성, 수익성, 안전성이 고려되어야 한다. 식품 개발자는 우선적으로 제품의 유효성과 수익성에만 초점을 맞출 것이다. 유효성과 수익성에만 초점을 두고 제품을 개발하다 보면 자칫 안전성에는 소홀히 하여 막대한 개발비만 낭비하고 제품화를 못하는 경우가 종종 있다.

식품의 신제품을 개발하기 위해서는 먼저 식품위생 관련 법령을 먼저 이해하여야 한다. 식품의 위생 및 안전성에 대한 모태가 되는 법은 식품 위생법이 있으며, 이 법에 근거한 식품의 기준 규격(식품공전), 식품첨가물의 기준 규격(식품첨가물공전), 각종 기준 및 규정(식품 등의 표시기준) 등이 있다. 이에 따라 식품의 안전관리는 이루어지고 있다.

① 제품의 설계에서 원료의 안전성은 유지되었는가.
  → 식품 원료의 구비 조건(식품위생법, 식품공전)

② 식품첨가물은 적절하게 사용되었는가.
  → 식품첨가물 사용 기준(식품위생법, 식품첨가물공전)

③ 식품의 제조 공정은 적절한가.
  → 식품 제조 가공 기준(식품위생법, 식품공전)

④ 식품의 제조 가공시설은 적절하게 갖추고 있는가.
  → 식품 제조시설 기준(식품위생법)

⑤ 제품 생산은 위생적으로 생산 및 취급되고 있는가.
  → 식품 등의 위생적 취급 기준(식품위생법)

⑥ 식품의 유형은 적정한가.
  → 식품위생법 제7조 - 식품공전

⑦ 식품의 기준 규격(자가 품질검사)에는 적합한가.

→ 식품 기준 및 규격(식품위생법, 식품공전)

⑧ 유통기한은 적절하게 설정되었는가.

→ 유통기한 설정 기준

⑨ 제품에 대한 표시는 적절하게 했는가.

→ 식품 등의 표시 기준

⑩ 보존 및 유통 방법은 적절한가.

→ 보존 및 유통 기준(식품위생법 제7조 - 식품공전)

⑪ 식품 제조를 위한 영업자 위생교육, 종사자 건강진단을 실시하였는가.

→ 식품위생법

⑫ 제조업소 영업 등록(식품위생법)

⑬ 제품의 품목 보고(식품위생법)

⑭ 사후 관리(식품위생법)는 잘되고 있는가.

한편, 식품산업에 있어서의 행정 절차는 제품 개발 과정에서의 안전성 확보와 제품 개발 후 유통을 위한 안전성 확보로 나눌 수 있다.

1. 제품 개발과 안전성 확보 행정 절차

제품 개발 과정에 있어서 식품 행정 절차는 주로 안전성과 관련되어 있다. 제품 개발은 원료→ 제조→ 신제품 완성→ 유통으로 이어지면서 각 단계에 따른 안전성 확보를 위한 식품 행정 절차를 따라야 한다.

제품 개발에서 신제품 출하까지의 식품 안전관리의 흐름은 그림과 같다.

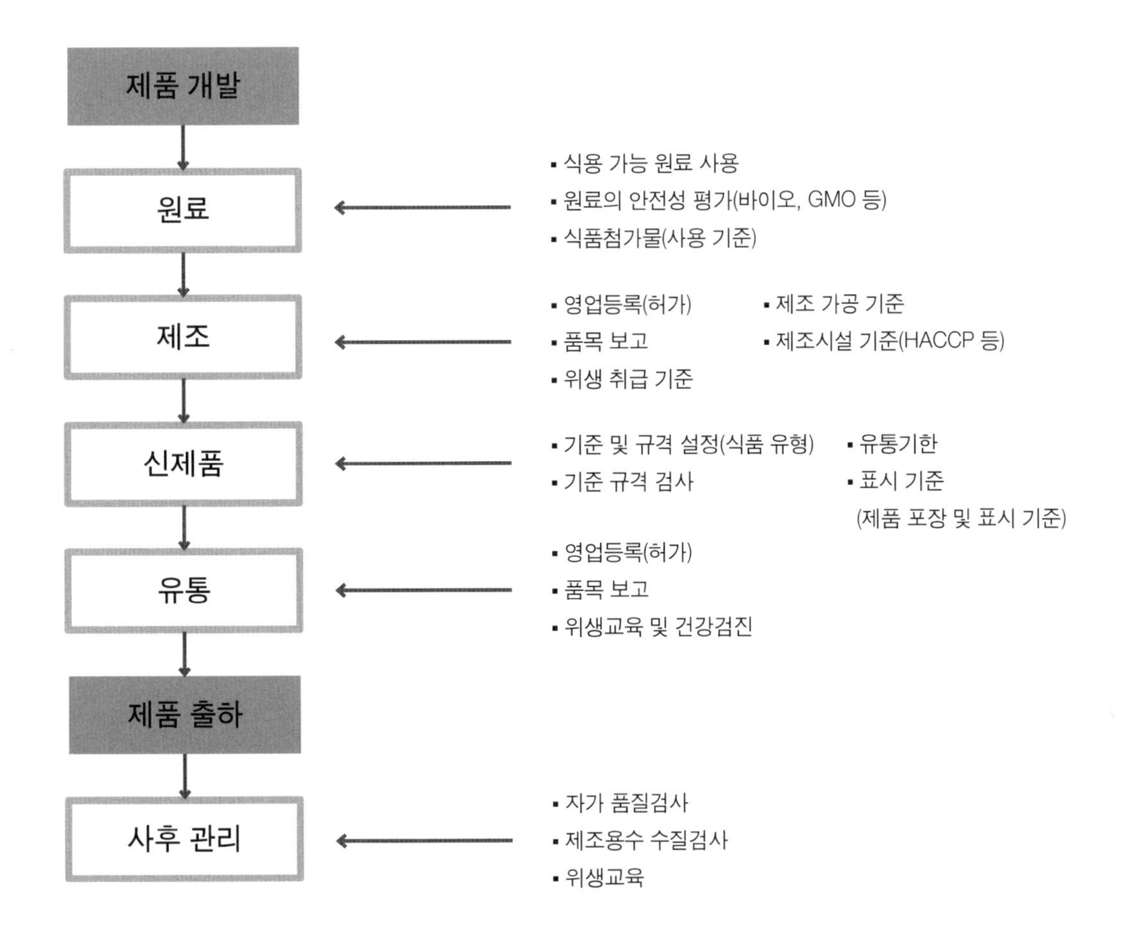

[그림 7-1] 식품 개발과 안전성 확보 절차

1) 제품의 용도

식품위생법에서 식품이라 하는 모든 음식물을 말한다. 다만, 의약으로서 섭취하는 것은 제외한다고 되어 있다. 또한, 식품위생법 식품의 기준 및 규격에서 일반인들의 전래적인 식생활이나 통념상 식용으로 하지 않은 것은 식품으로 할 수 없다고 되어있다.

이에 따라 식품을 의약품으로 오인 · 혼동하게 제조한다든지 유통할 수는 없으며 뱀 등과 같은 혐오 대상도 식품으로 할 수 없다. 식품 개발을 위한 제품 구상에서는 제품의 용도를 건전한 방향에서 설정하여야 할 것이다.

2) 원료의 안전성

식품 개발에 있어서 원료는 식품 원료로 사용 가능한 원료만을 사용하여야 한다. 우리 몸에 좋다고 하여 무조건 그 원료를 사용해서는 안 된다.

특히, 한약재와 같이 약효가 있는 원료를 이용하여 식품을 제조하고자 할 때는 반드시 이 약제가 식품 원료로 가능한지? 가능하다면 주원료인지 제한적 사용 원료인지를 확인하고 사용하여야 한다. 만일 그 원료가 제한적 사용 원료라면 원료 배합비율을 기준으로 50% 미만만을 사용하여야 한다. GMO와 같은 신소재 원료는 안전성을 평가한 후 안전하다고 인정된 것만 식품 원료로 사용 가능하다. 미생물을 이용한 제품 생산도 마찬가지로 식용으로 사용 가능한 미생물만을 사용하여 식품 원료나 식품을 생산하여야 한다.

3) 식품 제조와 안전성

식품의 제조는 원칙적으로 철저한 위생관리로 제조하여야 한다. 모든 식품 제조 기구, 용기는 기구 등의 살균소독제로 살균 처리하여 위생관리 하여야 한다. 제조 가공 과정 중에 이물 출입, 미생물 오염, 유해물질 등이 오염되지 않도록 하여야 한다.

식품 제조에서 식품첨가물은 초기의 목적 달성을 위한 최소량만을 사용하여야 하고 수시로 제조 과정 중에 자가 품질관리를 실시하여 안전한 식품을 생산하여야 한다. 각 식품별에 따른 안전성 유지를 위한 개별 제조 기준으로 설정되어 있다. 반드시 제조하고자 하는 식품 유형을 확인하고 그에 따른 제조 가공 기준을 준수하여 제품을 제조하여야 한다.

예를 들어 통 · 병조림식품은 120℃에서 4분간 또는 이와 동등 이상의 출력을 갖는 방법으로 열처리하여 멸균하여야 한다거나 PH 4.5 미만인 산성 통조림식품은 90℃ 이하에 살균 처리할 수 있다 등의 제조 가공 기준이 있다.

4) 식품의 유형과 기준 규격

식품의 유형은 식품 기준 및 규격을 적용한 중요한 모태이다. 즉 식품의 유형에 따라 기준 및 규격이 정해져 있기 때문이다.

식품을 어떤 유형으로 제조하느냐에 따라 기준 규격에 적합한 식품이 될 수 있고 그렇지 않을 수 있다. 그리고 또한 식품 유형에 따라 식품첨가물을 사용 가능 여부가 결정될 수 있고 그 사용 기준 또한 다를 수 있다. 식품첨가물 사용은 식품첨가물 공전에서 사용 기준을 반드시 확인하고 사용하여야 한다.

개발 목적에 부합하는 제품을 제조하기 위해서는 식품 유형을 어느 방향으로 할지도 매우 중요하다.

5) 유통기한 설정

제품의 유통기한은 유통기한 설정을 위한 실험을 통하여 과학적이고 합리적으로 설정하여야 한다. 제품 개발에 있어 유통기한은 중요하며, 냉동 처리, 또는 열처리, 식품첨가물 사용(보존료, 항산화제 등), 기타 살균 처리 등을 통하여 유통기한을 유지할 수 있을 것이다.

제품의 특성을 고려하여 유통기한 유지 방안도 마련하여야 하며 이를 토대로 제조된 식품은 저장 실험 등 유통기한 설정 실험을 근거로 유통기한을 설정하여야 한다.

2. 제품 개발 후 유통을 위한 안전성 확보 행정 절차

식품산업에 있어서의 행정은 제품 개발 과정에서의 행정 절차와 제품 개발 후 유통을 위한 행정 절차로 나눌 수 있는데 제품 개발 후 행정 절차를 보면 다음과 같다.

영업 등록 → 품목 제조 보고 → 유통 → 사후 관리

↓ ↓

- 식품 제조 가공시설 기준에 따른 시설 완비
- 종사자 건강진단 적합
- 영업자 위생교육 이수
- 제조 용수의 수질검사 실시

- 영업자 준수사항 준수
- 자가 품질관리 이행
- 보존 및 유통기준 준수
- 종사자 건강진단
- 영업자 위생교육

제품 개발이 끝나면 적법한 포장지(용기 포장의 기준 및 규격)에 포장을 하고 식품 등의 표시 기준에 맞는 표시를 하고 제품화(식품)한다.

제품을 생산하려면 식품 제조 가공시설 기준에 따른 시설을 완비하고, 영업자는 식품 생산을 위한 위생교육은 이수하여야 하며, 종사자는 건강진단 결과에 적합한 자를 채용하여야 한다.

이러한 조건들을 갖추었으면 시 · 군 · 구에 식품 제조업 영업 등록을 하여야 하며, 생산하고자 하는 식품에 대하여 품목 보고를 하여야 한다. 품목 보고까지 마치면 그때부터 제품을 식품으로 유통이 가능하다.

생산 과정 중에는 영업자 준수사항을 준수하여야 하고, 제품에 대한 품질관리(자가 품질검사)를 하여야 하며 보존 및 유통기준을 준수하여야 한다.

3. 식품 제조와 안전성

1) 식품 원료의 안전성

식품산업의 발달에 따른 새로운 식품의 개발과 여러 국가에서 수입되는 식품의 종류가 많아짐에 따라 다양한 기능성 소재를 식품에 사용하려는 욕구가 점차 증대되고 있다.

그러나 외국에서 식품으로 제조 · 판매되는 식품 원료라 하더라도 모두 다 우리나라에서도 식품에 사용할 수 있는 것은 아니다. 이것은 각 나라마다 식문화가 다르므로 그에 따른 식품 관리 제도 및 규정도 서로 다르기 때문이다. 또한, 우리나라는 식품에서 의약 효능을 목적으로 섭취하는 것을 제외하고 있다.

이와 관련한 우리나라 규정으로는 식품으로 인한 위생상 피해를 방지하고, 식품영양의 질적 향상을 도모함으로써 국민건강증진에 이바지할 목적으로 제정된 식품위생법이 있으며, 판매를 목적으로 하는 모든 식품의 기준 및 규격을 관리하기 위한 식품공전(식품위생법 제7조 및 제12조 규정)이 있다.

어떠한 식품의 제조 · 가공 또는 수입 시에는 반드시 식품공전의 원료 등의 구비요건에 적합한 식품 원료만을 사용하여야 하며, 특히 다음과 같은 식품은 식품위생법으로 판매를 금지하고 있다.

① 인체의 건강을 위해할 우려가 있는 것

② 유독 · 유해물질에 노출되거나 의심이 있는 것

③ 병원미생물에 오염되어 인체 안전성 문제가 있는 것

④ 위생상의 불결, 다른 물질의 혼입 또는 첨가되어 인체 안전성 우려가 있는 것

따라서 수입 및 국내산의 특정 또는 신소재의 식품 재료를 식품 원료로 사용하여 식품으로 제조 · 가공하고자 할 경우에는 우선적으로 식품으로 사용이 가능한지 여부를 반드시 확인하여야 한다.

(1) 식품 원료의 구비 요건

[1] 동식물 원료(자연산물, GMO포함)

① 식품의 제조 · 가공 · 조리용으로 사용 가능한 동 · 식물 원료만을 사용하여야 한다.

② 농산물, 수산물, 축산물 등의 자연 산물은 잔류농약 잔류허용기준, 동물용 의약품 잔류허용기준, 방사선 조사기준, 중금속 허용기준, 곰팡이독소 허용기준, 마비성 패독 허용기준 등의 해당 '식품 일반에 대한 공통 기준'에 적합한 것이어야 한다.

③ 허가(등록, 신고) 대상인 식품 원료를 구입 사용할 때에는 제조 영업허가(등록, 신고)를 받았거나 수입신고를 마친 것으로서 해당 식품의 기준 및 규격에 적합한 것이어야 하며, 유통기한 경과 제품 등 부정 · 불량식품을 원료로 사용하여서는 아니 된다.

④ 원재료는 품질과 선도가 양호하고 부패 · 변질되었거나, 유독 유해물질 등에 오염되지 아니한 것으로 안전성을 가지고 있어야 한다.

⑤ 식품 제조 · 가공 영업 허가(등록, 신고) 대상이 아닌 천연성 원료를 직접 처리하여 가공식품의 원료로 사용할 때에는 흙, 모래, 티끌 등과 같은 이물을 충분히 제거하고 필요한 때에는 먹는 물로 깨끗이 씻어야 하며, 비가식 부분은 충분히 제거하여야 한다.

[2] 가공식품 등

가공식품은 영업 등록 및 품목 보고(수입식품은 수입신고)를 마치고, 기준 및 규격에 적합한 것으로서 유통기한이 경과되지 않은 제품을 사용하여야 한다. 여기서 가공식품이라 함은 일반 식품은 식품위생법에 의한 기준 및 규격(식품공전), 축산물 및 그 가공품은 축산물가공처리법에 의한 기준 및 규격, 건강기능식품은 건강기능식품에 관한 법률에 의한 기준 및 규격(건강기능식품공전, 개별로 인정한 건강기능식품)에 해당하는 식품을 말한다.

3 식품첨가물

식품첨가물은 품목 신고(수입 첨가물은 수입 신고)를 마치고 기준 및 규격에 적합한 것으로서 유통기한이 경과되지 않은 제품을 사용하여야 한다.

4 기구 용기 포장

식품의 용기 · 포장은 용기 · 포장류 제조업 신고를 필한 업소에서 제조한 것으로써 용기 포장의 기준 및 규격에 적합한 것이어야 한다. 단 그 자신의 제품을 포장하기 위하여 용기 · 포장류를 직접 제조하는 경우는 제조업 신고를 필하지 않아도 가능하나, 기준 및 규격에는 적합한 것을 사용하여야 한다.

5 식품 용수, 주정, 수처리제

① 식품용수는 먹는 물 관리법의 수질 기준에 적합한 것이어야 한다.

② 주정은 주세법에 의한 품질 기준에, 수처리제는 먹는 물 관리법에 적합한 것이어야 한다.

2) 식품의 안전 제조

안전한 식품을 제조하기 위해서는 식품 제조 가공업의 시설 기준에 따라 제조시설, 원료 및 제품의 보관시설, 작업장, 가공기계시설, 급수시설, 화장실 등을 갖추어야 한다.

그리고 식품 제조 가공기준(식품위생법 제7조에 근거)을 따라 제조하여야 한다. 이때 영업자는 식품 제조 가공업자의 준수사항을 준수하고 식품 등의 위생적 취급에 관한 기준에 따라 제조된 식품을 취급하여 유통하여야 한다.

[표 7-1] 식품의 안전 제조 절차

식품제조가공업의 시설 기준에 따른 식품 제조 가공장	⇒	식품 제조 가공기준에 적합한 제조 공정 식품 제조 가공업자의 준수사항을 준수 식품 제조	⇒	식품 등의 위생적 취급에 관한 기준에 따라 제조된 식품을 취급 · 유통

(1) 식품 제조를 위한 시설

1 식품의 제조시설과 원료 및 제품의 보관시설 등이 설비된 건축물 (이하 '건물'이라 한다)의 위치 등

① 건물의 위치는 축산 폐수 · 화학물질 기타 오염물질의 발생 시설로부터 식품에 나쁜 영향을 주지 아니하는 거리를 두어야 한다.

② 건물의 구조는 제조하고자 하는 식품의 특성에 따라 적정한 온도가 유지될 수 있고, 환기가 잘 될 수 있어야 한다.

③ 건물의 자재는 식품에 나쁜 영향을 주지 아니하고 식품을 오염시키지 아니하는 것이어야 한다.

2 작업장

① 작업장은 독립된 건물이거나 식품 제조 · 가공 외의 용도로 사용되는 시설과 분리되어야 한다.

② 작업장은 원료 처리실 · 제조 가공실 · 포장실 및 기타 식품의 제조 · 가공에 필요한 작업실을 말하며, 각각의 시설은 분리 또는 구획되어야 한다.

3 식품 취급시설 등

① 식품을 제조 · 가공하는데 필요한 기계 · 기구류 등 식품취급시설은 식품의 특성에 따라 식품 등의 기준 및 규격에서 정하고 있는 제조 · 가공 기준에 적합한 것이어야 한다.

② 식품 취급시설 중 식품과 직접 접촉하는 부분은 위생적인 내수성 재질로써 씻기 쉬우며, 열탕 · 증기 · 살균제 등으로 소독 · 살균이 가능한 것이어야 한다.

4 급수시설

① 수돗물이나 먹는 물 관리법에 의한 먹는 물의 수질 기준에 적합한 지하수 등을 공급할 수 있는 시설을 갖추어야 한다.

② 지하수 등을 사용하는 경우 취수원은 화장실 · 폐기물 처리시설 · 동물 사육장, 기타 지하수가 오염될 우려가 있는 장소로부터 20m 이상 떨어진 곳에 위치하여야 한다.

5 검사실

식품 등의 기준 및 규격을 검사할 수 있는 검사실을 갖추어야 한다. 다만, 식품 등 자가 품질 위탁시험 검사기관에 위탁하여 자가 품질검사를 하고자 하는 경우 불필요하다.

6 시설 기준 적용의 특례

식품 제조 · 가공업자가 제조 · 가공시설 등이 부족한 경우에는 식품 제조 · 가공업의 영업신고를 한 자에게 위탁하여 식품을 제조 · 가공할 수 있다.

(2) 안전한 식품 제조 · 가공 주요 요건

① 식품 제조 · 가공에 사용되는 기계 · 기구류와 부대시설물은 항시 위생적으로 유지 · 관리하여야 한다. 각종 기계류는 녹이 슬지 않도록 유지하여야 하며, 기구, 용기 등은 사용 전 · 후에 '기구 등의 살균 소독제'를 이용하여 살균 소독을 하여야 한다.

② 식품 제조 · 가공 및 조리에 사용하는 물은 먹는 물 관리법에 적합한 것이어야 한다. 우리가 먹는 물은 기본적으로 환경부에서 관장하고 있는 먹는 물 관리법에 적합하여야 한다. 식품을 제조하는데 사용한 물도 이와 마찬가지다. 주의할 사항은 음용수 수질 기준에 적합하다고 하여 먹을 수 있는 물은 아니며, 먹는 물 관리법에 의한 먹는 물로 적합한 것이어야 한다.

③ 식품 제조 · 가공 과정 중에는 가능한 한 이물의 혼입이나 병원 미생물 등에 오염되지 않도록 적절한 예방 대책을 강구하여야 한다. 이를 위해서는 HACCP 시스템을 갖추는 것이 최상의 방법이 될 것이다. HACCP에서는 이물의 혼입이나 병원 미생물 등에 오염되지 않도록 미리 위해요소(기준)를 설정하고 관리하는 절차가 있기 때문이다. 예를 들어 고춧가루나 밀가루의 제조는 제조 공정에서는 발생할 수 있는 쇳가루를 위해요소(기준)로 설정하고 이를 예방할 수 있는 자석 등을 설치하여 위해요소를 제거하고, 이들 위해요소가 제거되었는지를 검사하고 관리하는 것이다. 제조 공정상 미생물의 오염을 방지하기 위해서는 철저한 살균 소독과 오염원의 제거가 필요하다. 살균 소독의 방법으로는 화학적 방법으로 '기구

등의 살균 소독제'의 사용 등이 있을 수 있으며, 물리적 방법으로는 가장 일반적인 가열에 의한 방법이 있을 것이다. 일반적으로 식품 제조 공정에서는 기구 등의 시설은 기구 등의 살균 소독제를 사용하고, 식품 자체에 대해서는 가열 처리 방법을 채택하여, 두 방법 모두를 병행하고 있다. 이외에도 식품의 가공 특성에 따라 다양한 살균 소독 방법이 있다.

또한, 식품 제조 가공 중에는 유해물질의 혼입이나 유해 성분이 생성되지 않도록 하여야 한다.

④ 식품의 제조, 가공, 보존 및 유통 중에는 항생물질, 합성 항균제, 호르몬제를 사용할 수 없다. 항생물질, 합성 항균제, 호르몬제 등은 식물이나 동물을 사육 또는 재배하면서 부득이 하게 사용하는 약물로서 엄격한 잔류 허용기준이 정해져 있으며, 이 기준 이상으로 잔류 시에는 식품 원료로 사용할 수 없다. 따라서 이러한 약물을 식품의 제조 가공, 유통, 보존을 위해 사용해서는 아니 된다. 한편, 여기서 언급한 약물이외에도 이와 유사한 목적으로 사용하고 있는 물질은 마찬가지로 식품의 제조, 가공, 보존 및 유통 중에 사용할 수 없다.

⑤ 상온에서 장기 보존이 어려운 식품은 제품의 특성에 따라 냉장, 냉동하거나 적정한 방법으로 살균 또는 멸균 처리하여야 한다. 이러한 방법들은 유통기한(품질 유지 기한)의 연장을 위한 하나의 방법이며, 이외에도 다양한 방법들이 있을 것이다. 식품 제조업자는 유통기한(품질 유지 기한)이 수입과 직결되므로 식품 제조에 있어 이러한 부분이 매우 중요하다.

⑥ 제조 · 가공 중에는 수시로 자가 품질관리를 실시하여야 한다. 자가 품질관리 방법으로는 원료에 대한 관리와 완제품에 대한 관리가 있을 수 있다. 식품 가공에 사용하는 모든 원료는 사전에 수시로 기준 규격 검사나 안전성 검사를 실시하는 것이 좋다. 만약 원료를 납품을 받아 사용한다면 납품받으면서 그 원료에 대한 안전성(기준 규격 등) 검사 시험 성적서를 받아서 검토하는 것도 좋은 방법이다. 완제품에 대해서는 식품의 기준 및 규격에 적합하게 제조되었는지를 수시로 시험 검사하여야 한다. 자체 실험실을 갖추지 못한 업체는 자가 품질검사 기관에 의뢰하여 기준 및 규격 검사를 실시하고 그 시험 성적서를 보관하여야 한다. 식품

의 기준 및 규격 시험검사 이외에도 관능검사 등의 자체적인 품질 기준을 설정하여 자가 품질관리를 하는 것도 좋은 방법이다.

⑦ 식품 제조 · 가공 중 열처리, 냉각 또는 냉동 공정은 제품의 영양성, 안전성을 고려하여 적절한 방법으로 실시하여야 한다. 식품의 제조 가공은 영상 손실을 최소화하면서 안전성을 유지할 수 있는 방법으로 하여야 한다. 제조공정중 열처리는 영양적 측면에서는 가능한 한 조리 가공의 목적에 따라 낮은 온도에서 행하는 것이 좋지만, 안전성 측면에서는 위해 미생물을 사멸할 수 있어야 한다. 그렇다고 너무 과도한 온도에서의 식품 제조 가공은 벤조피렌, 아크릴아마이드 등과 같은 유해물질을 생산할 수 있다. 아크릴아마이드는 무취의 백색 결정으로 고탄수화물 식품을 제조 · 가공 · 조리하는 과정에서 고온(160℃ 이상)으로 처리할 때 자연적으로 생성되며 감자칩, 스낵, 후렌치후라이드 등은 물론 커피에서도 나오고 있다.

벤조피렌은 고온에서 볶은 후 착유하는 올리브유나 최근 인삼을 9번 찌고 9번 건조했다는 일명 흑삼 등에서 검출되고 있다.

⑧ 가공식품은 용기 또는 포장에 넣어 가능한 한 신속하게 포장하고, 미생물의 오염이 방지되도록 위생적으로 포장하여야 한다. 제품이 완성되면 용기에 넣거나 포장을 해야 하는데, 첫째, 포장에 사용할 용기나 포장지는 '기구 용기 포장의 기준 및 규격'에 적합한 것을 사용하여야 하고, 둘째, 포장은 청결 구역(무균에 준하는 구역)을 정하여 실시함으로써 미생물의 오염을 방지하여야 한다. 공중에도 부유균이 존재하므로 제품의 품질 유지를 위해서는 청결 구역에서 위생적으로 포장이 이루어질 수 있도록 하여야 한다. 용기나 포장지는 납품 업체로부터 납품을 받을 때 반드시 '기구 용기 포장의 기준 및 규격'에 적합하다는 시험 성적서를 받아 보관하는 것이 좋다.

⑨ 식품첨가물은 소기의 목적을 달성할 수 있는 최소량을 사용하여야 한다. 식품첨가물 중 보존료나 산화방지제 등과 같이 사용 기준이 정해져 있는 첨가물은 그 사용 기준 이내에서 사용하면 되지만, 색소와 같이 사용 기준이 정해져 있지 않은 첨가물은 사용 기준이 없다 할지라도 사용 목적에 부합되도록 과학적 근거

를 토대로 최소량만을 사용하여야 한다. 화학적 식품첨가물의 사용량을 최대한 줄이는 것이 웰빙 시대에 걸맞은 식품을 제조하는 것이고 국민 건강을 지키는 것이다. 물론 영양소와 같은 식품첨가물은 목적에 따라 적정량을 섭취할 수 있도록 첨가하여야 하며, 식품에 너무 많이 첨가하는 것은 적절하지 않다.

⑩ 식품 제조 가공 중에 사용할 수 있는 추출용매로는 물 또는 주정 그리고 물과 주정 혼합물만 가능하다. 예외적으로 식용유와 커피, 추출차 제조 시 이산화탄소를 이용한 초임계 추출이 허용되어 있으며, 또한, 식용유의 추출용매로 핵산이 허용되어 있는데 최종 제품에 잔류해서는 아니 된다.

(3) 식품의 제조 가공상 유의사항

1 식품 주원료 및 배합 비율

① '주원료'는 해당 개별 식품의 주용도, 제품의 특성 등을 고려하여 다른 식품과 구별, 특징짓게 하기 위하여 사용되는 원료를 말한다.

② 식품별 기준 및 규격에서 원료 배합 시의 기준이 정하여진 식품은 그 기준에 의한다. 다만, 어떤 원료 배합 기준이 100%인 경우에는 식품첨가물의 함량을 제외하되, 첨가물을 함유한 당해 제품은 제4. 식품별 기준 및 규격의 당해 제품 규격에 적합하여야 한다.

③ 제품의 특성에 따라 첨가되는 배합수는 제외하며, 물을 첨가하여 복원되는 건조 또는 농축된 식품의 경우는 복원 상태의 성분 및 함량비(%)로 환산 적용한다.

2 살균과 멸균 방법

살균이라 함은 세균, 효모, 곰팡이 등 미생물의 영양세포를 사멸시키는 것을 말하고, 멸균이라 함은 미생물의 영양세포 및 포자를 사멸시켜 무균 상태로 만드는 것을 말한다.

멸균 처리를 적용하고 있는 대표적인 것은 통·병조림식품과 레토르트식품이다. 멸균은 제품의 중심 온도가 120℃에서 4분간 또는 이와 동등 이상의 효력을 갖는 방법으로 열처리하여야 한다.

'살균'은 그 중심부의 온도를 63℃ 이상에서 30분간 가열하거나 이와 동등 이상의 효력이 있는 방법으로 가열 살균하여야 한다고 규정하고 있다.

3 주정침지

주정침지는 생면류 · 숙면류에 정해진 것으로 미생물 규격, 즉 세균수, 대장균, 대장균군을 적용함에 있어 주정침지 제품과 살균 제품을 구분하여 규격 값을 달리 적용하고 있다.

그리고 식품을 살균하기 위해 주정에 침지할 때는 잔류 주정에 의한 식품의 품질 변화가 없도록 처리하여야 한다. 또한, 주정침지에 사용하는 주정은 주세법의 품질 기준에 적합한 것, 즉 곡물을 원료로한 주정으로 알코올분 85% 이상 90% 이하의 곡물 발효 주정을 사용하여야 한다.

4 유처리와 유탕

유탕은 식용유지로 튀기는 것이며, 유처리는 제품을 성형한 후 식용유지를 분사하는 등과 같은 제조 · 가공하는 것을 말한다. 유처리는 기름 함량에 대한 제한이나 언급 없이 '식용유지를 분사하는 등'으로 규정되어 있으므로 기름의 함량과 관계없이 제품을 생산하는 일련의 제조 공정 중에 기름을 뿌리거나, 묻히거나, 바르는, 볶는, 팽화시키는 등의 포괄적 행위를 말한다. 또한 유처리는 '제품을 성형한 후'라는 가공 시기를 정함으로써 빵 또는 과자를 만들기 위해서 원료인 밀가루, 소금, 설탕, 달걀 등과 함께 버터나 식품성 유지를 넣고 반죽하는 과정은 유처리로 보지 않는다. 이러한 유탕, 유처리 공정은 식품의 산패, 변질과 관련되므로 산가, 과산화물가를 정하여 관리하고 있다.

5 유통기간과 유통기한

'유통기간'이라 함은 소비자에게 판매가 가능한 최대 기간을 말하고 제품의 특성에 따라 설정한 유통기간 내에서 유통기한을 자율적으로 정할 수 있다. 다만, 표시된 유통기한 내에서는 이 공전에서 정하는 식품의 기준 및 규격에 적합하여야 한다.

'유통기간'은 말 그대로 기간적 측면이므로 보통 6개월이니 1년이라고 하는 것으로 영어로 말하면 'for'의 개념이고, '유통기한'은 언제까지라는 시점적 측면을 말하므로 식품 등의 표시 기준에서 표시 방법에서 규정하는 것처럼 '0월 0일까지'와 같이 표현하는 것을 말하며 영어로는 'from ~ to'에서 'to에서 to'의 개념으로 볼 수 있다.

이를 요약하면 유통기간, 유통기한 두 단어의 차이는 '기간'과 '기한'이다. 기간(期間)은 어느 일정한 시기의 사이로 흔히 체재 기간 6개월, 방학 기간 2개월과 같이 사용된다. 그리고 기한(期限)은 '미리 한정한 시기'로 일정한 시점을 정하고 그 시점까지라는 뜻을 갖는다.

참고적으로 유통기한은 CODEX 규격에서 유통기한(Sell by Date), 품질 유지 기한(상미 기한, Best before), 소비기한(Use by Date)으로 정의하여 구분하듯이 실제 국가마다 식품업체마다 약간씩 차이를 보이고 있다.

첫 번째 우리나라에서 표시에서 적용하고 있는 유통기한(Sell by Date)으로 소비자에게 판매를 위해 제공될 수 있는 최종 일자, 그 이후에도 통상적인 기간 동안 가정에서 보관할 수 있다.

두 번째로 일본에서 적용하고 있는 품질 유지 기한(상미 기한, Best before)인데 미개봉의 식품이 바람직한 보존 조건에서 보존된 경우, 식품이 본래 갖는, 또는 기대되는 맛, 냄새, 색, 식감 및 영양소(특히 비타민)에 대해서 본래의 특성을 충분히 유지하고 있다고 인정되는 기간이다. 일반적으로 이들 특성은 경시적으로 저하되기 때문에 맛, 냄새, 색 및 식감에 대해서는 주로 관능적으로 문제가 없다고 인정되는 기간(이 기간이 지난 식품은 먹어서는 안 된다든지 먹을 수 없다는 것을 의미하는 기간은 아니다.) 즉 색의 변화 및 풍미 저하의 의미이고, 섭취 시 신체에 어떤 영향이 있는 것도 아니다. 단 상미 기간이 경과한 식품은 판매 대상으로 하지 않는다.

세 번째 소비 기한(Use by Date)으로 미개봉 식품이 바람직한 보존 조건으로 보존된 경우, 부패에 의해 식품으로서 제공할 수 없게 될 때까지의 기간(반드시 미생물학적 검사 결과에 의해 결정하고 그 기간이 지난 것은 외관적 이상이 없어도 먹어서는 안 됨)이다.

※ '유통기간'이라 함은 소비자에게 판매가 가능한 최대 기간을 말하고 제품의 특성에 따라 설정한 유통기간 내에서 유통기한을 자율적으로 정할 수 있다. 다만, 표시된 유통기한 내에서는 이 공전

에서 정하는 식품의 기준 및 규격에 적합하여야 한다.

- 소비자에게 판매 가능한 최대 기간이므로 유통기간을 설정할 때는 소비자가 구매한 후 일정 기간의 조리 · 섭취하는 기간을 고려하여야 한다.
- 유통기간은 업체에서 자율적으로 정할 수 있다. 그러나 '자율'이므로 업체가 정한 유통기간에 대한 책임을 갖는다.
- 특히 업체가 자율적으로 정한 유통기간 동안은 식품공전에 수재된 기준 · 규격에 적합하여야 한다, 유통기간 내 어느 때라도 해당 기준 · 규격에 적합하여야 하므로 유통기간이 종료되는 시점에 수거하여 기준 · 규격 적부 시험을 하여도 적합하여야 한다.
- 이러한 유통기간은 식품공전에서 유통기간을 산출하는 방법, 설정된 유통기간 준수 기준 등을 규정하고, 식품 등의 표시 기준에서 유통기한을 표시하는 구체적인 방법 등을 규정하는 체계로 되어 식품의 제조, 가공, 조리, 유통, 보존 시 엄격하게 관리하고 있다.

6 식품첨가물 이행

어떤 식품에 사용할 수 없는 식품첨가물이 그 식품첨가물을 사용할 수 있는 원료에서 유래되었을 경우에는 그 식품 중의 식품첨가물 함유는 원료로부터 이행된 범위 안에서 첨가물 사용 기준의 제한을 받지 아니할 수 있다.

소스류 제품에서는 간혹 보존료 함유 또는 초과 시비가 일어난다. 소스를 제조하는 업체는 보존료를 사용하지 않았는데 수거 검사 결과 보존료가 검출되는 경우 또는 식품 철가물공전의 사용 기준보다 적게 사용하였음에도 불구하고 수거 검사 결과 보존료 과다 검출로 부적합이 되는 경우가 발생할 수 있다. 심지어 보존료를 사용할 수 없는 식품에서 보존료가 검출되는 경우도 발생할 때가 있다. 이러한 상황을 요약하면 아래와 같다.

① 사용 가능한 식품첨가물이 사용한 양보다 많이 검출된 경우

② 사용 안 한 식품첨가물이 검출된 경우

이러한 경우는 불법적으로 식품첨가물을 사용해서 발생되는 경우도 있지만, 많은 경우 원료로 사용한 가공식품에서 유래된 보존료가 문제가 될 때가 있다.

만약 적법한 원료를 사용하고, 적법한 원료 배합 · 제조 · 가공을 하였다면 상기 (4) 식품첨가물 ② 규정을 통하여 적법함을 인정받을 수 있다. 이 규정은 원료의 식품첨가물이 최종 제품으로 전이 또는 이행(Carry over)되는 것을 인정하고 있다.

즉 이 규정은 식품첨가물공전에 수재된 식품첨가물을 해당 사용 기준에 적합하게 사용한 원료를 사용한 경우, 그 원료에 있던 식품첨가물의 양만큼을 최종 제품의 식품첨가물 양에서 감해주는 근거를 제공한다.

결론적으로 제품을 만들 때 가공식품을 원료로 사용한 경우 원료 가공식품의 적법한 보존료 때문에 최종 제품이 부적합이 되면 상기 규정의 식품첨가물 이행(Carry over)을 적용한다.

따라서 식품 업체는 적법하게 생산한 제품이 식품첨가물 규격 부적합이 발생되면 우선 부주의로 식품첨가물이 오염 또는 초과 첨가되었는 지를 확인하고, 그다음 원료 가공식품의 식품첨가물 함유 및 함유량을 파악한다. 마지막으로 원료로부터 유래된 식품첨가물량을 산출하여 최종 제품의 식품첨가물량에서 제외하면 최소한 일단은 식품첨가물의 이행(Carry over) 가능성을 추론할 수 있다. 만약 식품첨가물의 이행 결과라면 근거 자료를 관련 부서에 제출하여 그 사실을 입증하면 된다.

예를 들어 설명하면 아래와 같다.

- 간장을 원료로 20% 사용한 소스 제품
  - 검사 결과 파라옥시안식향산프로필 (보존료) 0.25 g/kg 검출되어 부적합 (소스류의 파라옥시안식향산프로필 규격 0.2 g/kg)
- 간장의 보존료 규격 0.25 g/ *l*
- 간장 비중을 1.1이라면 0.275 g/kg으로 환산됨
- 소스 중 간장에서 유래된 보존료량 = 0.275×0.2 = 0.055 g/kg
- 0.25 g/kg(제품의 보존료량) - 0.055 g/kg(간장의 보존료) = 0.195 g/kg(소스에서 사용한 보존료량)
- 0.195 g/kg < 0.2 g/kg

∴ 소스 제품은 보존료 규격 적합

이러한 식품첨가물 이행은 CODEX 규격 - 192 식품첨가물에 대한 CODEX 일반기준 '4. 식품으로 이행된 식품첨가물'에도 원료에서 유래한 식품첨가물에 한하여 적법하게 사용한 범위 내에서 인정하고 있다.

주의할 것은 수입 제품의 경우 우리나라의 식품첨가물 규정과 외국이 부분적으로 틀릴 수 있으므로 식품첨가물의 이행 여부를 검토하기 앞서 우리나라 규정에 적합한 식품첨가물인지를 먼저 확인하여야 한다.

(4) 식품 제조 · 가공 영업자의 주요 준수사항

① 생산 및 작업 기록에 관한 서류와 원료의 입고 · 출고 · 사용에 대한 원료 수불 관계 서류를 작성하여 보관하여야 한다.

② 유통기한이 경과된 제품은 판매 목적으로 진열 · 판매(대리점 또는 직접 진열 · 판매하는 경우에 한한다)하거나 이를 식품 등의 제조 · 가공에 사용하지 아니하여야 한다.

③ 식품 제조 · 가공 영업자는 축산물위생관리법에 의하여 검사를 받지 아니한 축산물을 식품의 제조 또는 가공에 사용하여서는 아니 된다.

④ 수돗물이 아닌 지하수 등을 먹는 물 또는 식품의 제조 · 가공 등에 사용하는 때에는 먹는 물 관리법 제35조의 규정에 의한 먹는 물 수질 검사기관에서 1년(음료류 등 마시는 용도의 식품인 경우에는 6월)마다 먹는 물 관리법 제5조의 규정에 의한 먹는 물의 수질 기준에 따라 검사를 받아 마시기에 적합하다고 인정된 물을 사용하여야 한다.

(5) 식품 등의 위생적 취급에 관한 기준

① 식품 등을 취급하는 원료 보관실 · 제조가공실 · 포장실 등의 내부는 항상 청결하게 관리하여야 한다.

② 식품 등의 원료 및 제품 중 부패 · 변질이 되기 쉬운 것은 냉동 · 냉장시설에 보관 · 관리하여야 한다.

③ 식품 등의 보관 · 운반 · 진열 시에는 식품 등의 기준 및 규격이 정하고 있는 보존 및 보관 기준에 적합하도록 관리하여야 하고, 이 경우 냉동 · 냉장시설 및 운반 시설은 항상 정상적으로 작동시켜야 한다.

④ 식품 등의 제조 · 가공 · 조리 또는 포장에 직접 종사하는 자는 위생모를 착용하는 등 개인 위생관리를 철저히 하여야 한다.

⑤ 제조 · 가공(수입품 포함)하여 최소 판매 단위로 포장된 식품 또는 식품첨가물을 영업 허가 또는 신고하지 아니하고 판매의 목적으로 포장을 뜯어 분할하여 판매하여서는 아니 된다.

⑥ 식품 등의 제조 · 가공 · 조리에 직접 사용되는 기계 · 기구 및 음식기는 사용 후에 세척 · 살균하는 등 항상 청결하게 유지 · 관리하여야 한다.

⑦ 유통기한이 경과된 식품 등을 판매하거나 판매의 목적으로 진열 · 보관하여서는 아니 된다.

4. 신제품의 식품화

개발된 제품을 식품으로 유통시키기 위해서는 먼저 개발 제조된 식품의 기준 및 규격을 설정해야 한다. 기준 및 규격 설정은 제품의 식품 유형에 따라 결정되므로 식품의 유형을 결정하여야 한다. 식품 유형의 결정은 제품의 용도, 원료 배합 비율, 제조 공정, 제품의 특성 등을 검토하여 '식품별 기준 및 규격'에 따라 결정한다.

식품별 기준 및 규격에 적용이 안 될 경우 기준 및 규격 외에 일반 가공 식품으로 분류하여 기준 및 규격을 적용한다. 기본적으로 식품의 기준 및 규격은 일반 공통 기준과 식품 유형에 따른 기준 및 규격을 동시 적용하는 것이 원칙이다.

개발 제조된 제품의 식품 유형이 결정되면 이에 따른 기준 및 규격에 따라 품질검사(자가 품질검사)를 실시하여야 한다. 검사 결과 기준 및 규격에 적합하면 안전한 식품으로 제조되었다고 볼 수 있다.

이렇게 하여 제품이 완료되면 제품을 포장하여야 하는데, 식품을 포장할 때는 제품의 특성에 따라 유통기한 등을 고려하여 기구 용기 포장의 기준 및 규격에 적합한 용기나 포장지를 사용하여야 한다.

포장 방법을 선택하고 포장이 완료된 식품에 대한 유통기한을 설정하여야 한다.

유통기한을 포장 재질, 보존 조건, 제조 방법 등 제품의 특성을 고려한 '유통기한 설정 실험'을 통하여 유통기한 설정 지침에 따라 과학적이고 합리적으로 설정한다. 단 유통기한 내에서는 그 식품의 기준 및 규격에 적합하여야 하고 정상적인 제품으로 유지하여야 한다.

포장 방법이 결정되고 유통기한이 설정되면 최종 제품의 포장에 표시를 하여야 한다. 이때 표시 방법의 '식품 등의 표시기준'에 따라 적법하게 표시하여야 한다. 제품 포장에 표시가 완료되면 식품으로서 개발이 완성된 것이다.

이렇게 개발된 제품은 식품 제조 가공업, 영업 등록과 품목 제조 보고를 거쳐 식품으로 유통하게 된다.

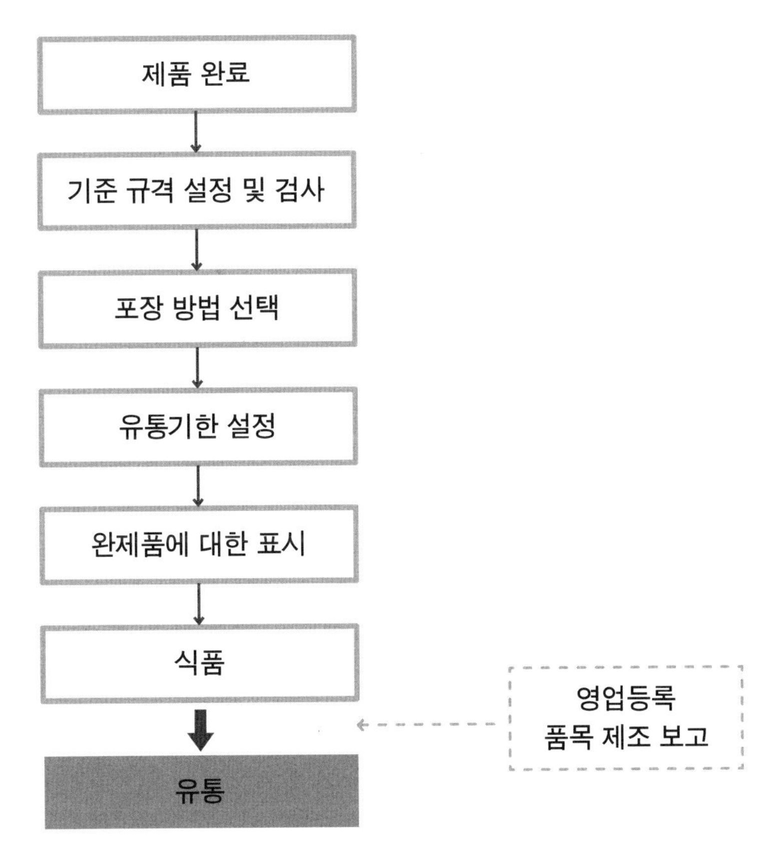

[그림 7-2] 식품의 유통 전 행정 절차

1) 신제품의 기준 및 규격 적용

(1) 식품으로서 갖추어야 할 요건

식품은 다음 사항이 고려되거나 충족되어야 한다. 즉 식품 등의 기준 및 규격(식품공전)에서 규정하고 있는 사항을 충족하여야 식품으로서 판매가 가능하다.

① 원료의 구비 요건에 적절하고 위생적일 것(식품 원료 기준)

② 제조 · 가공의 적정성(제조 · 가공 기준)

③ 기준 및 규격에 맞는 식품첨가물 적정량 사용(식품첨가물 사용 기준)

④ 원료 성분 배합의 타당성(식품별 기준 및 규격)

⑤ 제품에 부합되는 명칭 사용(식품 등의 표시 기준)

⑥ 성분 규격에 적합할 것 : 일반 성분, 미생물, 중금속류, 곰팡이독소 등

식품의 기준 및 규격에서 '기준'이라 함은 식품의 제조 · 가공 · 사용 · 조리 및 보존의 방법에 관한 규정을 말한다. 그래서 이것을 개별적으로 부를 때에는 '제조 기준' · '사용 기준' 또는 '보존 기준' 등으로 부르고 있다.

또한, '규격'이라 함은 식품 및 그 원재료의 성분에 관한 규정을 말한다. 이 역시 개별적으로 부를 때에는 '성분 규격'이라고 부르고 있다. 위 규정에서 말하는 성분에는 유익하고 필요한 성분뿐 아니라 사람에게 부적당하거나 해로운 물질, 예컨대 세균, 중금속, 농약, 기타 화학물질, 항생물질, 이물 등도 모두 이에 포함된다.

식품의 기준 및 규격은 식품 일반에 대한 공통 기준 및 규격과 식품별 기준 및 규격으로 나누는데, 공통 기준 및 규격은 식품 원료 기준, 제조 · 가공 기준, 식품 일반의 기준 및 규격(성상, 이물, 식품첨가물, 식중독균, 중금속 기준, 방사선 조사 기준, 방사능 기준, 곰팡이독소 기준, 마비성 패독 기준, 농약의 잔류허용기준, 동물용 의약품의 잔류허용기준, 식품 중 기타 유해물질 기준), 보존 및 유통 기준 그리고 장기보존 식품의 기준 및 규격(병 · 통조림식품, 레토르트식품, 냉동식품)이 있으며, 식품별 기준 및 규격은 과자류, 두부류, 식용유지류, 면류, 다류 등으로 규정하여 관리하고 있다.

식품의 기준 및 규격 적용은 '식품 일반에 대한 공통 기준 및 규격'을 적용함과 동시에 '식품별 기준 및 규격', '장기 보존 식품(병 · 통조림식품, 레토르트식품, 냉동식품)의 기준 및 규격'이나 '규격 외 일반 가공식품('식품별 기준 및 규격'에 해당되지 아니한 식품)의 기준 및 규격'을 선별 적용하여야 한다. 그리고 '장기 보존 식품의 기준 및 규격'은 '식품별 기준 및 규격'이나 '규격 외 일반 가공식품의 기준 및 규격'과도 동시에 적용된다.

예를 들어 식품 유형이 '양조간장'인 식품의 기준 및 규격 적용 예를 보면 다음과 같다.

1 식품 원료 기준(원료 등의 구비 요건)

① 원재료는 품질과 선도가 양호하고 부패 · 변질되었거나, 유독 유해물질 등에 오염되지 아니한 것으로 안전성을 가지고 있어야 한다.

② 식품 제조 · 가공 영업 허가(신고) 대상이 아닌 천연성 원료를 직접 처리하여 가공식품의 원료로 사용하는 때에는 흙, 모래, 티끌 등과 같은 이물을 충분히 제거하고 필요한 때에는 먹는 물로 깨끗이 씻어야 하며 비가식 부분은 충분히 제거하여야 한다.

③ 허가(신고) 대상인 식품 원료를 구입 사용할 때에는 제조 영업 허가(신고)를 받았거나 수입 신고를 마친 것으로서 해당 식품의 기준 및 규격에 적합한 것이어야 하며 유통기한 경과 제품 등 부정 · 불량식품을 원료로 사용하여서는 아니 된다.

④ 기준 및 규격이 정해져 있는 식품, 식품첨가물, 기구 및 용기 · 포장은 그 기준 및 규격에, 건강기능식품은 건강기능식품에 관한 법률에 의한 기준 및 규격에 적합한 것이어야 한다.

⑤ 식품의 용기 · 포장은 용기 · 포장류 제조업 신고를 필한 업소에서 제조한 것이어야 한다. 단 그 자신의 제품을 포장하기 위하여 용기 · 포장류를 직접 제조하는 경우는 제외한다.

⑥ 식품 용수는 먹는 물 관리법의 수질 기준에 적합한 것이어야 한다.

⑦ 원료로 파쇄분(대두분)을 사용할 경우에는 선도가 양호하고 부패 · 변질되

었거나 이물 등에 오염되지 아니한 것을 사용하여야 한다.

⑧ 생물의 유전자 중 유용한 유전자만을 취하여 다른 생물체의 유전자와 결합시키는 등의 유전자 재조합 기술을 활용하여 재배 · 육성된 농 · 축 · 수산물 등을 원료 등으로 사용하고자 할 경우는 식품위생법 제15조 제1항에 의한 '유전자 재조합 식품의 안전성 평가 심사 등에 관한 규정'에 따라 안전성 평가 심사 결과 적합한 것이어야 한다.

2 제조 · 가공 기준

① 발효 또는 중화가 끝난 간장 원액은 여과하여 간장박 등을 제거하여야 한다.

② 여과된 간장 원액과 조미 원료, 식품첨가물 등을 혼합한 후 곰팡이 등의 위해가 발생되지 않도록 하여야 한다.

③ 제조 공정상 알코올 성분을 제품의 맛, 향의 보조, 냄새 제거 등의 목적으로 사용할 수 있다.

3 식품 일반의 공통 규격

① 성상 : 제품은 고유의 색택을 가지고 이미 · 이취가 없어야 한다.

② 이물 : 식품은 원료의 처리 과정에서 그 이상 제거되지 아니하는 정도 이상의 이물과 오염된 비위생적인 이물을 함유하여서는 아니 된다. 다만, 다른 식물이나 원료 식물의 표피 또는 토사 등과 같이 실제에 있어 정상적인 제조 · 가공상 완전히 제거되지 아니하고 잔존하는 경우의 이물로써 그 양이 적고 일반적으로 인체의 건강을 해할 우려가 없는 정도는 제외한다.

③ 식품첨가물 : 어떤 식품에 사용할 수 없는 식품첨가물이 그 식품첨가물을 사용할 수 있는 원료로부터 유래된 것이라면 원료로부터 이행된 범위 안에서 식품첨가물 사용 기준의 제한을 받지 아니할 수 있다.

④ 식중독균 : 식육(제조, 가공용 원료는 제외한다), 살균 또는 멸균 처리하였거나 더 이상의 가공, 가열 조리를 하지 않고 그대로 섭취하는 가공식품에서는 특성에 따라 살모넬라(Salmonella spp.), 황색포도상구균(Staphylococcus aureus), 장염비브리오균(Vibrio parahaemolyticus), 클로스트리디움 퍼프린젠스(Clostridium perfringens), 리스테리아 모노사이토제네스(Listeria monocytogenes), 대장균 O157:H7(Escherichia coli O157:H7), 캠필로박터 제주니(Campylobacter jejuni), 바실러스 세레우스(Bacillus cereus), 여시니아 엔테로콜리티카(Yersinia enterocolitica) 등 식중독균이 검출되어서는 아니 된다. 다만, '제5. 식품별 기준 및 규격'에서 식중독균에 대한 규격이 정량적으로 정하여진 식품에는 정량 규격을 적용한다. 또한, 식육 및 식육 제품에 있어서는 결핵균, 탄저균, 브루셀라균이 검출되어서는 아니 된다.

4 개별 규격

① 총 질소 (w/v%) : 0.8 이상(간장에 한하며, 한식 간장은 0.7 이상)

② 타르 색소 : 검출되어서는 아니 된다.

③ 바실러스세레우스 : 1g당 10,000 이하(메주, 간장제품은 제외)

④ 보존료(g/kg 단 간장은 g/L) : 다음에서 정하는 것 이외의 보존료가 검출되어서는 아니 된다(단 메주는 검출되어서는 아니 된다).

- 소르빈산 및 그 염류 : 1.0 이하(소르빈산으로서, 간장 제외, 청국장은 비건조 식품에 한한다)
- 안식향산 및 그 염류 : 0.6 이하(안식향산으로서 간장에 한한다)
- 파라옥시안식향산 및 그 염류 : 0.25 이하(파라옥시안식향산으로서 간장에 한한다)

2) 식품의 유통기한 설정

① 유통기한은 해당 제품을 제조 · 가공하는 식품 제조 · 가공 업소에서 스스로 유통기한 설정을 위한 실험(이하 '유통기한 설정 실험')을 통하여 과학적 · 합리적으로 설정하는 것을 원칙으로 한다.

② 유통기한을 설정하기 위해서는 해당 제품의 사용 원료, 제조 공정, 포장 재질, 보존 방법 및 유통 실태 등을 고려하여 실험에 반영하여야 한다.

③ 실험에 사용되는 검체는 생산 · 판매하고자 하는 제품 또는 실제로 유통되는 제품으로 하여야 한다.

④ 다음의 경우에는 '2. 유통기한 설정 실험'을 생략할 수 있으며, 유통기한 설정 사유서에 그 사유를 기재한다.

▪ 유통기한을 권장 유통기간 이내로 설정하는 경우

▪ 신규 품목 제조 보고 시 유통기한을 인정받은 기존 유통 제품과 다음의 각 항목이 모두 일치하는 제품으로서 신규 제품의 유통기한을 기존 제품의 유통기한 이내로 설정하는 경우

- 식품 유형
- 성상(예 : 건조물, 고체 식품, 액체 식품)
- 포장 재질 및 포장 방법(ex. 진공포장, 밀봉포장)
- 보존 및 유통 온도
- 보존료 종류
- 살균 또는 멸균 방법
- 인위적으로 가한 정제수를 제외하고 함량 순위에 따른 주원료 3종

⑤ 수출을 목적으로 하는 제품은 품목 제조 보고 시 유통기한 설정 사유서를 제출하지 아니하고 수입자가 요구하는 기준에 따라 유통기한을 정할 수 있다.

3) 식품의 표시

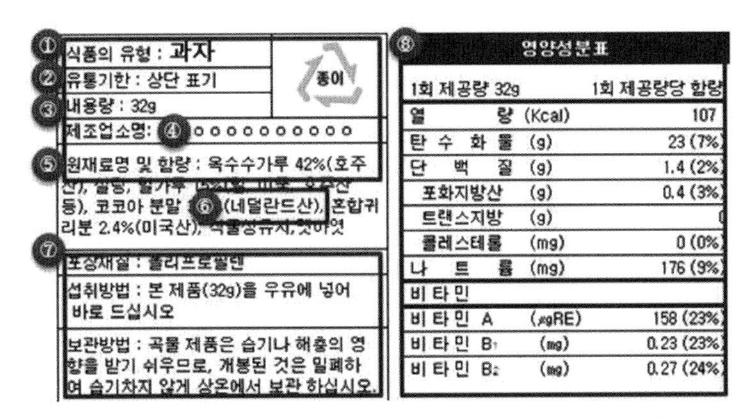

① 제품명 / 식품의 유형
② 제조연월일 / 유통기한 또는 품질유지기한
③ 내용량
④ 제조자, 수입품의 경우 수입자 또는 판매자
⑤ 원재료명 및 함량(원재료를 제품명 또는 제품의 일부로 사용하는 경우에 한함)
⑥ 원산지
⑦ 포장상태 및 보관방법
⑧ 영양성분표시

[그림 7-3] 식품 표시 필수 항목

[1] 제품명, [2] 식품의 유형, [3] 업소명 및 소재지, [4] 제조연월일 · 유통기한 또는 품질 유지 기한, [5] 내용량, [6] 원재료명 및 함량, [7] 성분명 및 함량, [8] 영양성분

[원재료명 및 함량]

① 인위적으로 가한 정제수를 제외한 모든 **원재료명 또는 성분명**을 제조 · 가공 시 **많이 사용한 순서에 따라** 표시

② 식품첨가물 표시 : 식품첨가물공전의 고시된 명칭이나 동 표에서 규정한 **간략명** 또는 그 식품첨가물에 해당하는 **주용도**로 표시하여야 하도록 정하여진 식품첨가물

③ **복합 원재료 표시**

복합 원재료 명칭을 표시하고 괄호로 정제수를 제외하고 **많이 사용한 5가지 이상의 원재료명 또는 성분명을 표시**. 다만, 복합 원재료를 구성하고 있는 복합 원재료는 그 명칭만 표시하는 것이 가능

복합 원재료가 당해 제품의 원재료에서 차지하는 중량 비율이 5% **미만**에 해당하는 경우에는 **복합 원재료의 명칭만을 표시** 가능

당해 제품에 직접 사용하지 않았으나 식품의 원료에서 이행(carry-over)된 식품첨가물이 당해 제품에 효과를 발휘할 수 있는 양보다 적게 함유된 경우에는 그 식품첨가물의 명칭 표시 생략 가능

식품첨가물 중 **천연 착향료**를 사용한 경우 '천연 착향료' 또는 구체적인 명칭으로, 합성 착향료를 사용한 경우 '합성 착향료와 그 향의 명칭'으로 표시

④ **알레르기 표시**

난류(가금류에 한한다), 우유, 메밀, 땅콩, 대두, 밀, 고등어, 게, 돼지고기, 복숭아, 토마토를 함유하거나 이들 식품으로부터 추출 등의 방법으로 얻은 성분과 이들 식품 및 성분을 함유한 식품을 원료로 사용하였을 경우에는 함유된 양과 관계없이 원재료명을 표시하여야 한다.

예) 달걀을 함유한 과자 : 달걀, 달걀을 원료로 하여 추출한 난황을 원료로 하여 제조한 과자 : 난황(달걀), 달걀이나 난황을 원료로 하여 제조한 과자를 원료로 제조한 가공식품 : 달걀, 난황(달걀)

⑤ 제품의 제조·가공 시에 사용한 원재료명이나 성분명을 제품명 또는 제품명의 일부로 사용하고자 하는 경우와 2가지 이상의 원재료 명칭을 서로 합성하여 제품명 또는 제품명의 일부로 사용하고자 하는 경우에는 당해 원재료명 또는 성분명과 그 함량을 주표시면이나 원재료명 또는 성분명 표시란에 12포인트 이상의 활자로 표시

[영양 성분]

① 표시 대상 성분 : 열량

② 탄수화물 : **당류**

③ 단백질 지방 : **포화지방·트랜스지방 콜레스테롤**

④ 나트륨

⑤ 그 밖에 강조 표시를 하고자 하는 영양 성분

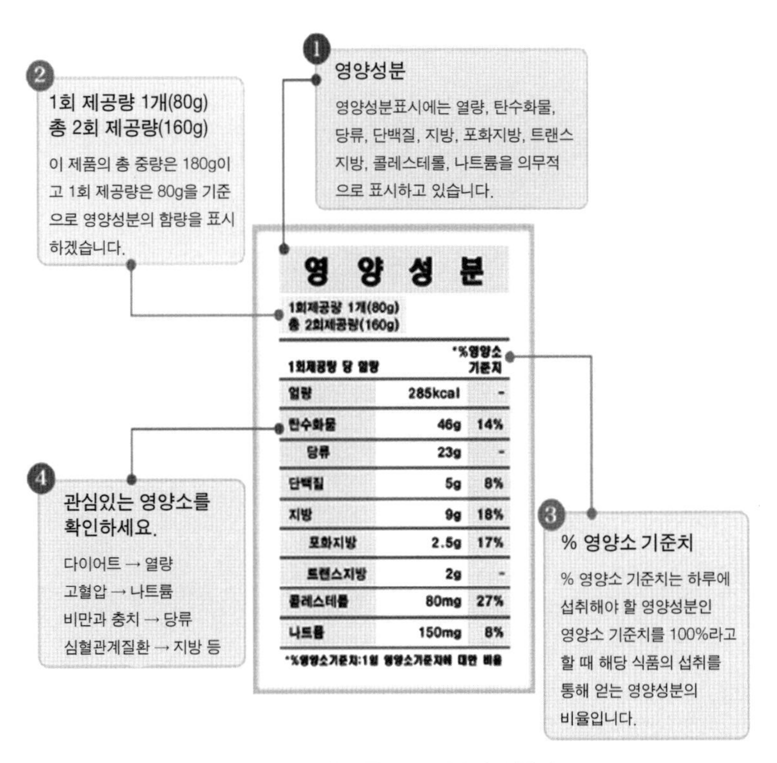

[그림 7-4] 식품 표시 중 영양성분 표시

5. 식품의 유통 · 사후 관리

기준 규격을 적법하게 설정하고 자가 품질검사, 포장, 표시를 거친 식품은 보존 및 유통기준에 따라 유통시키면 된다.

1) 식품(제조 · 가공 등) 영업 등록

식품 제조 가공시설을 갖추어 식품 제조업 영업 등록을 하고 식품 제조 가공업자 준수사항을 준수하여 식품 제조 가공 기준에 따른 식품을 제조한 후 품목 제조 보고를 시 · 군 · 구에 하여야한다.

2) 식품 품목제조 보고

품목제조보고서는 제품 생산의 개시 전이나 개시 후 7일 이내에 제출해야 합니다.

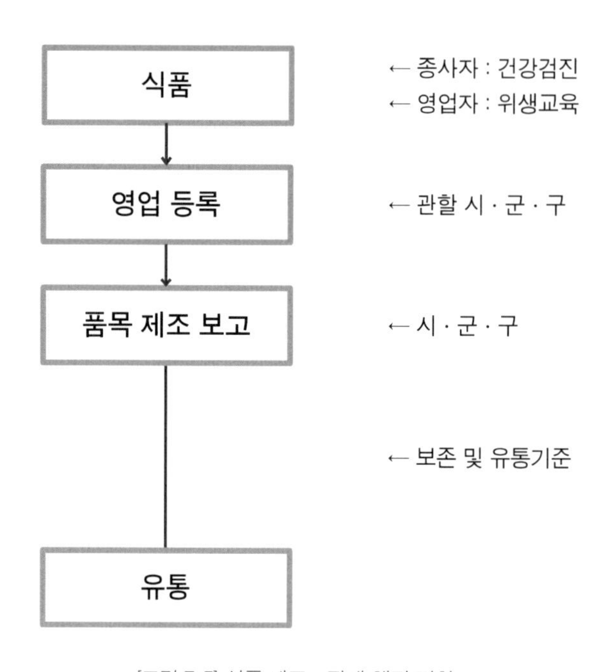

[그림 7-5] 식품 제조 · 판매 행정 절차

3) 식품위생교육

식품 제조 · 가공업 신규 영업자

- 교육 내용 : 식품위생, 개인위생, 식품위생 정책, 식품의 품질관리 등
- 교육 시간 : 12시간

4) 건강진단 관련

영업에 종사하지 못하는 질병의 종류

- 결핵(비전염성인 경우는 제외), 피부병, 기타 화농성 질환, 후천성 면역결핍증, B형 간염(취업 제한 대상자에서는 제외되었으나 영양사 및 조리사의 면허 교부 시 식품위생법 및 전염병 예방법에 의거 면허 교부 결격 대상임)

5) 보존 및 유통기준

① 모든 식품은 위생적으로 취급 판매하여야 하며, 그 보관 및 판매 장소가 불결한 곳에 위치하여서는 아니 된다. 또한, 방서 및 방충 관리를 철저히 하여야 한다.

② 식품의 취급 장소는 비 · 눈 등으로부터 보호될 수 있어야 하며, 인체에 유해한 화공약품, 농약, 독극물 등과 같은 것을 함께 보관하지 말아야 한다.

③ 이물이 혼입되지 않도록 주의하여야 하며, 제품의 풍미에 영향을 줄 수 있는 다른 식품 및 식품첨가물 등과는 분리 보관하여야 한다.

④ 제품은 서늘한 곳에서 보관 유통하여야 하며 상온에서 7일 이상 보존성이 없는 식품은 가능한 한 냉장 또는 냉동시설에서 보관 유통하여야 한다.

⑤ 냉동제품을 해동시켜 실온 또는 냉장제품으로 유통시켜서는 아니 되며, 실온 또는 냉장제품을 냉동시켜 냉동제품으로 유통시켜서는 아니 된다. 또한, 냉장제품을 실온에서 유통시켜서는 아니 된다.

⑥ 해동된 냉동제품을 재냉동하여서는 아니 된다.

⑦ '유통기간'의 산출은 포장 완료(단 포장 후 제조 공정을 거치는 제품은 최종 공정을 마친 시점) 시점으로 하고 캡슐 제품은 충전 · 성형 완료 시점으로 하며, 선물 세트와 같이 유통기한이 상이한 제품이 혼합된 경우에는 유통기한이 짧은 제품을 전체 제품의 유통기한으로 정하여야 한다. 다만, 소분 판매하는 제품은 소분용 원료 제품의 포장시점을 유통기간 산출 시점으로 하여야 하고 원료 제품의 저장성이 변하지 않는 단순 가공 처리만을 하는 제품은 원료 제품의 포장 시점을 유통기간 산출 시점으로 하여야 한다.

⑧ 제품의 유통기간 설정은 당해 제품의 제조자 (수입식품의 경우에는 제조자가 정한 유통기간 내에서 수입자)가 포장 재질, 보존 조건, 제조 방법, 원료 배합 비율 등 제품의 특성과 냉장 또는 냉동 보존 등 기타 유통 실정을 고려하여 위해방지와 품질을 보장할 수 있도록 정하여야 한다.

6) 식품의 사후 관리

식품을 생산하여 유통이 시작되면 식품의 생산 및 사후 관리에 주의를 기울여 안전성 확보에 최선을 다하여야 한다.

식품 등의 위생적 취급 기준에 따라 위생관리를 철저히 하여야 하며 생산된 제품에 대한 자가 품질검사를 실시하고 그 성적서를 비치하여야 한다. 또한, 식품 제조 가공업의 준수사항을 준수하여 생산 및 작업 기록, 원료 수불대장 작성, 제품 거래 기록 작성, 음용수 수질검사 실시, 출입검사 대장을 작성하여 관리하여야 한다.

완제품과 원료에 대해서는 '보존 및 유통 기준'에 따라 유통 관리하여야 한다. 그리고 영업자는 위생교육을 이수하여야 하고 종사자에 대해서는 매년 건강진단을 실시하여야 한다.

또한, 매년 당해 연도 종료 후 3월 이내에 생산 실적 보고를 하여야 한다.

(1) 자가 품질검사

'자가 품질검사'라 함은 식품을 제조 · 가공하는 영업자가 자신이 제조 · 가공한 식품이 '식품의 기준 및 규격'에 적합 여부를 출하 전후 주기적으로 검사하는 것을 말한다.

① 식품에 대한 자가 품질검사는 판매를 목적으로 제조 · 가공하는 품목별로 실시하여야 한다. 다만, 즉석 판매 제조 · 가공 대상 식품의 경우에는 동일한 성분 · 규격을 적용받는 식품 유형별로 이를 실시할 수 있다.

② 자가 품질검사 주기의 적용 시점은 제품 제조일을 기준으로 산정한다.

③ 검사 항목의 적용은 당해 제품의 해당 항목에 한한다. 다만, 식품 제조 · 가공 과정 중 특정 식품첨가물을 사용하지 아니한 경우에는 그 항목을 생략할 수 있다.

(2) 사후 관리 주요사항

구분	세부 항목	주요 관리사항
1. 영업 등록 및 품목 제조 보고	영업 등록 및 품목 제조 보고	- 영업 등록 이외의 영업 행위 여부 - 등록 사항 임의 변경 여부(대표자 성명, 영업소 명칭, 소재지, 영업장 면적, 시설 등) - 품목 제조 미보고 품목 생산 여부 - 품목 제조 변경 보고 여부(제품명, 원재료명 및 배합 비율)
2. 제조 가공 원료 등 관리 사항	허용 외 원료 사용	- 사용이 금지된 동 · 식물 원료 사용 여부 - 허용 외 식품첨가물 사용 여부 - 식품첨가물 사용 기준 위반 여부 - 썩었거나 상하였거나 설익은 것, 유독 유해물질이 들어 있거나 묻어 있는 것, 또는 그 염려가 있는 것, 병원미생물에 오염된 것, 불결하거나 다른 물질이 혼입된 것으로 인체의 건강을 해할 우려가 있는 식품 등의 판매 여부 - 병육을 원료로 사용하는지 여부 - 식용으로 부적합한 비가식 부분을 원료로 사용하는지 여부
	무허가(신고) 등 원료 사용	- 무허가(무신고) 원료 사용 여부 - 수입이 금지되거나 수입 신고를 하지 아니한 원료 사용 여부(식품 외의 용도로 수입된 것 포함) - 무표시 원료 사용 여부 - 유통기한 경과 원료 사용 여부
3. 위생적 취급	원료 및 제조가공 등 위생적 취급 기준	- 원료 보관실, 제조 가공실, 포장실 등 청결 관리 여부 - 원료, 제품의 냉동, 냉장 보관 온도 이행 여부 및 냉동, 냉장시설 정상 가동 여부 - 제조, 가공, 조리 또는 포장에 직접 종사하는 자의 위생모 착용 등 개인위생 관리 여부 - 식품 제조 · 가공에 직접 사용되는 기계 · 기구 사용 후 세척 · 살균 등 청결 유지 · 관리 여부 및 어류 · 육류 · 채소류를 취급하는 칼, 도마 각각 구분 사용 여부

4. 시설 기준	건축물	- 오염 발생원(축산 폐수, 화학물질, 기타 오염물질 등)과 일정 거리 유지, 오염 방지 방법 등 확보 여부 - 적정 온도 및 환기 유지 여부
	작업장	- 식품제조 · 가공 외 용도로 사용되는 시설과 분리 여부 - 원료 처리실, 제조 가공실, 포장실 등의 분리(벽 또는 층) 또는 구획(칸막이, 커텐 등) 여부 - 바닥은 콘크리트 등으로 내수처리 및 배수 여부 - 내벽은 바닥으로부터 1.5m 내수성 설비 및 도색여부 - 환기시설 여부 - 방충 · 방서시설 여부
	식품 취급 시설 등	식품 접촉 부분의 위생적인 내수성 재질(스테인레스, 알루미늄,에푸알피, 테프론등) 및 세척 용이성 및 소독 · 살균 가능성 여부
		냉동 · 냉장시설 및 가열 처리시설의 온도 측정계기 설치 및 적정 온도 유지 관리 여부
	급수시설	수돗물 또는 먹는 물 수질기준에 적합한 급수시설로서 취수원은 오염원으로부터 20m 이상 떨어진 곳에 위치 여부
	화장실	정화조를 갖춘 수세식 화장실로서 바닥과 내벽(1.5m이상) 내수 처리 여부
	창고등 시설	원료와 완제품을 위생적으로 보관 · 관리할 수 있는 창고(양탄자 설치 금지) 설치 여부 * 창고로 갈음할 수 있는 냉동 · 냉장시설 갖춘 업소 제외
5. 품질관리	검사실 관리	당해 식품 등의 기준 및 규격을 검사할 수 있는 검사실, 기계 · 기구 및 시약류 구비 여부 * 식품위생법 제19조 제2항의 규정에 의하여 식품위생검사기관 등에 위탁하여 자가 품질검사를 하고자 하는 경우 제외
	완제품의 품질관리	자가 품질검사 실시(검사 항목 및 검사 횟수의 준수) 및 2년간 성적서 비치 여부

6. 영업자 준수사항	생산 작업 기록	생산 및 작업 기록 서류 작성 및 3년간 보관 여부
	원료수불부	원료수불 관계 서류 작성 및 3년간 보관 여부
	제품 거래기록	제품 거래기록 작성 및 3년간 보관 여부
	음용수, 수질검사	수돗물 또는 먹는 물 수질기준에 적합한 지하수 사용 및 관련 서류 보관(음용수의 경우 연 2회 이상, 기타 용수의 경우 연 1회 이상 정기 수질검사) 여부
	축산물 사용	검사를 받지 아니한 축산물 사용 여부
	출입검사 등 기록부	출입검사 등 기록부 작성 및 2년간 보관 여부
	행정 처분 이행 여부 보고	시정명령, 폐기처분, 시설 개수명령 등 사후 조치가 필요한 행정 처분 이행 결과 보고 여부
7. 표시 및 허위 표시 · 과대광고	표시 기준	표시 대상 식품에 표시 사항 전부 또는 일부를 표시하지 아니하였는지 여부
		제조연월일 또는 유통기한 임의연장, 변조 여부
	허위 표시, 과대 광고	질병 치료 또는 의약품으로 혼동할 우려가 있는 내용의 표시 · 광고 여부
		기타 허위 표시 또는 과대 광고, 과대 포장 여부
8. 보존 유통관리	완제품 및 원료 보존 및 유통관리	식품 등의 기준 및 규격이 정하고 있는 보존 및 유통기준에 적합하도록 보관, 운반 여부
9. 건강진단 등	건강진단	종사자의 건강진단 실시(연 1회 이상) 및 건강진단서 보관 여부
		영업에 종사하지 못하는 질병의 대상자 종사 여부(이질, 콜레라, 장티푸스, 폐결핵, 화농성질환 및 전염성 피부질환)
	위생교육	영업자 위생교육 이수 여부
	생산 실적 보고	생산 실적 보고 이행 여부(매년 당해 연도 종료 후 3월 이내)

부록

1. 실험동물을 이용한 독성시험 절차
2. 위해평가 절차
3. 위해요소의 안전기준 설정 절차

부록 1 실험동물을 이용한 독성시험 절차

발생할 수 있는 잠재적 위해와 인체 적용 시험에서 파악하기 힘든 독성을 동물시험 연구를 통해 예측해 볼 수 있다. 일반적으로 물질의 독성은 포유류 전반에 걸쳐 유사하므로 동물실험을 통해 관찰된 독성은 별도의 안전성 근거 자료가 없는 경우 안전성 평가를 위하여 유용하게 사용될 수 있다. 얼마만큼 섭취하면 어떤 독성이 나오는지를 파악하는 것이 독성시험이다. 독성을 파악함으로써 안전한 섭취량을 산출할 수 있다.

안전성을 확인하기 위한 독성시험은 일반적으로 랫트, 마우스, 개 등이 이용되고, 대상 물질을 사료에 섞어 오랫동안 섭취하도록 하여 나타나는 독성을 관찰하거나 독성이 나타나지 않는 섭취량을 구한다.

단회 투여 독성시험(설치류, 비설치류), 3개월 반복 투여 독성 자료(설치류), 유전독성시험(복귀돌연변이 시험, 염색체 이상 시험, 소핵 시험)을 기본으로 하며, 물질의 특성에 따라 필요한 경우 생식 독성, 면역 독성, 발암성 시험 등이 추가로 필요할 수 있다.

일반 독성시험

독성시험은 투여량(용량)과 그에 따른 결과(반응)로서 그 결과를 해석하고 안전성을 평가한다. 독성시험에 따른 용량-반응곡선은 미지의 독성을 가진 식품에 대해 그 식품의 독성 용량과 비독성 용량의 기준 · 특성 등을 파악하는데 중요한 요소이다.

㉠ 급성 독성시험(1회 투여 독성시험)

- 시험 물질을 한 번만 투여(24시간 이내에 분할하여 투여하는 경우도 포함)하였을 때 단기간에 나타나는 독성을 검사하는 시험

㉡ 아급성(단기) 독성시험

- 시험 물질을 실험동물에 중/장기적(몇 주 ~ 몇 달)으로 반복 투여하여 독성을 검사하는 시험으로 실험동물은 일반적으로 랫트(rat) 1종과 비설치류 중 1개를 선택하여 2종 이상 실시

㉢ 만성(장기) 독성시험(반복 투여 시험)

- 아급성 독성과 유사하며, 실험 기간이 길게 확장되어 생애의 대부분의 노출로부터 일어날 수 있는 독성을 확인하는 데 이용

특수 독성시험법

㉠ 발암성 시험 : 동물을 사용한 발암성 시험은 시험 물질을 실험동물에 만성독성 시험보다 오랜 기간 투여하여 암(종양)의 유발 여부를 질적 · 양적으로 검사

㉡ 생식 독성시험 : 시험 물질이 생식기간의 성숙, 임신, 수정 및 태아의 성장, 발달, 분만, 수유뿐만 아니라 후손의 행동 기능 발달 등을 포함한 생식 기능 발달 분만 뿐만 손 행동 능 발달 등을 포함한 생식 능력에 어떠한 영향을 미치는가에 대한 정보를 얻기 위한 동물실험

㉢ 유전 독성시험 : 화학물질이 세포의 유전물질(DNA)에 직접 또는 간접적으로 영향을 끼쳐 돌연변이를 휴발하는 것을 유전 독성이라 하는데, 이를 기초로 한 시험물질의 돌연변이 유발

㉣ 발생 독성시험 : 태아의 기관 형성기 동안 임신 모체에 약물을 투여하여 기형 유발 여부 및 차세대의 신체 발달, 반사 기능, 학습 기능 발달 등의 이상 유무를 일으키는 물질을 확인하기 위한 시험

1) 일반 독성시험

일반 독성시험은 식품첨가물이나 의약품, 농약 등 화학물질의 안전성 평가의 중심이 되는 것으로, 단회 투여 독성시험(급성 독성시험)과 반복 투여 독성시험(28일, 90일, 6개월, 1년간 등)이 있다.

(1) 단회 투여 독성시험

단회 투여 독성시험은 실험동물에게 비교적 대량의 화학물질을 1회 투여함으로써 나타나는 중독 증상이나 치사량을 조사하기 위한 시험이다.

단회 투여 독성시험은 시험 물질을 실험동물에 단회 투여(24시간 이내의 분할 투여하는 경우도 포함)하였을 때 단기간 내에 나타나는 독성을 질적 · 양적으로 검사하는 시험을 말한다. 설치류에 있어서 기존에 요구되어 왔던 반치 사용량(이하 LD_{50})은 고정된 것이 아니며 시험 조건의 차이에 의해 수치의 변동이 큰 생물학적 지표이다.

일반적으로 단회 투여 독성시험에 사용되는 동물 종으로는 반복 투여 독성시험에서 사용한 동물 종과의 대응을 고려할 때 설치류는 랫트가, 비설치류는 개가 현재 가장 많이 사용되고 있다.

만약 LD50 값이 인체 가능 섭취량의 10배 이하인 경우 해당 물질은 식용으로서는 부적합하다고 판단하여 기타 독성실험을 중단한다. 만약 10배 이상인 것은 다음 단계의 독성실험을 진행할 수 있다. LD50이 인체 가능 섭취량의 10배 전후인 경우 재실험을 하거나 다른 방법으로 검증을 진행한다.

시험 물질을 실험동물에 1회 투여하고 그 후 중독 증상 및 치사량을 정성 및 정량적으로 평가, 조사하는 급성 독성시험이다.

① **동물 종** : 2종 이상의 동물(1종은 설치류, 다른 1종은 토끼 이외의 비설치류)

② **성별** : 적어도 1종에서는 암 · 수 동물 사용하여 성차를 검토

③ **동물 수** : 일반적으로 설치류는 군별 5마리, 비 설치류는 군별 2마리

④ **체중 또는 주령** : 설치류의 경우 5~6주령, 개의 경우 5~6개월령

⑤ **투여 경로 및 관찰 기간** : 임상 적용 경로 원칙, 경구 투여의 경우 강제 투여 원칙, 통상 14일

⑥ **용량** : OECD 허용 한계 용량인 2000mg/kg에서 사망이 관찰되지 않아도 이 용량 이상에서의 시험은 수행하지 않음 : 사망 여부, 체중 감량 여부, 조직 변화 등

(2) 반복 투여 독성시험

반복 투여 독성시험은 시험 물질을 실험동물에게 오랫동안 반복 투여함으로써 나타나는 독성을 밝히는 것으로, 중독 증상을 나타내는 용량이나 독성의 종류와 정도, 독성을 나타내지 않는 최대 용량(무독성량)을 조사하기 위한 시험이다.

반복 투여 독성시험은 시험 물질을 실험동물에 반복 투여하여 중 · 장기간 내에 나타나는 독성을 질적, 양적으로 검사하는 시험을 말한다. 용량 단계는 적어도 3단계 시험 물질 투여군으로 하고, 최대 내성 용량 및 무해 용량 등을 포함하여 용량-반응 관계가 나타날 수 있도록 설정한다. 독성 변화의 가역성과 지연성(지속성) 독성을 검토하기 위해 회복군을 두어 시험하는 것이 바람직하다.

독성량을 비교하여 안전역을 추정하기 위해 독성 동태적인 측면에서도 적절한 동물의 선택이 요구된다. 종 또는 계통의 차이에 의해 약물 반응에 차이가 있으므로, 두 종 이상의 동물을 사용하여야 하며 한 종은 설치류, 다른 한 종은 토끼 이외의 비설치류에서 선택하여야 한다. 독성 발현의 기전 해명을 위해서는 암 · 수 모두에 대해서 정보를 얻는 것이 보다 중요한 경우도 있다. 설치류에서는 암 · 수 각각 10마리 이상, 또 비설치류에서는 암 · 수 각각 3마리 이상으로 하고 있다. 인체에 처음 투여하는 임상시험의 경우 비임상시험에서 결정된 무독성량이 가장 중요한 정보를 제공한다.

90일 반복 투여 실험의 평가 원칙은 가장 민감한 지표로 얻은 최대 무독성량에 따라 평가를 한다.

① 최대 무독성량이 인체 가능 섭취량의 100배보다 작거나 같은 독성이 비교적 강한 것임으로 해당 물질의 사용을 포기해야 한다.

② 최대 무독성량이 100배 이상 300배 이하인 경우 만성 독성실험을 실시한다.

③ 300배 혹은 그 이상일 경우 만성 독성실험을 할 필요 없이 안전성 평가를 할 수 있다.

한편, 만성 독성실험(발암실험 포함)의 평가 원칙은 최대 무독성량을 근거로 평가를 한다.

① 무독성량이 인체 가능 섭취량의 50배보다 작거나 같은 독성이 비교적 강한 것임으로 해당 물질의 사용을 포기해야 한다.

② 무독성량이 50배 이상 100배 이하인 경우, 안전성 평가 후 해당 물질의 사용 여부를 결정한다.

③ 최대 무독성량이 100배 혹은 100배 이상인 경우, 식용으로서의 사용 승인을 고려할 수 있다.

시험 물질을 일정 기간(3개월) 연속적으로 실험동물에 투여하여 시험 물질을 일정시간에 걸쳐 섭취한 경우 생기는 독성 증상 및 유해성을 예측하고 시험 물질을 사용할 때 대체적인 안전성을 추정하는 시험이다.

① **동물 종** : 폐쇄군(closed colony)인 SD 랫트, Wister 랫트, ICR 마우스 사용

② **성별** : 암 · 수 동물 사용하여 성차를 검토

③ **동물 수** : 일반적으로 설치류는 군별 5~10마리

④ **체중 또는 주령** : 설치류의 경우 5~6주령, 개의 경우 12개월령부터 투여 시작

⑤ **투여 경로 및 투여 기간** : 임상 적용 경로 원칙, 경구 투여의 경우 강제 투여 원칙, 통상 1일 1회 주 7회

⑥ **용량** : 적어도 3단계, 확실 중독량과 무해용량이 파악되도록 설정

⇒ 체중 변화, 혈액학적 생화학적 변화, 요 성분 변화, 병리 조직 변화

2) 특수 독성시험

발암성 시험은 화학물질의 안전성 평가에서 가장 중요한 시험으로 화학물질의 발암성을 조사하는 시험이다. 발암성이 확인된 경우에는 그 물질의 사용을 금지한다.

생식 · 발생 독성시험이란 시험 물질이 포유류의 생식 · 발생에 미치는 영향을 규

명하는 시험을 말한다. 시험 결과는 생식 · 발생에 대한 의약품 등의 안전성 평가에 이용된다. 생식 · 발생에 미치는 영향으로는 생식세포의 형성 장애, 수태 저해, 임신 유지, 분만, 포육 등에 대한 영향, 차세대의 발육 지연 및 기형 발생 등에 대한 영향, 출생 후 성장과 발달, 생지능에 대한 영향 등이 있다.

생식 · 발생 독성시험을 계획하고 시작할 때, 보통 단회 투여 독성 및 1개월 이상 반복 투여 독성시험에서 얻은 정보를 이용할 수 있다. 이러한 정보로부터 생식 · 발생독성시험의 시험 물질 투여량을 설정하는 것이 가능하다.

반드시 포유동물을 사용하여야 한다. 배 · 태자 발생 시험에 한하여 두 종류의 포유동물이 사용되는데 비설치류로서는 토끼를 많이 사용한다.

유전 독성시험은 시험 물질의 발암성을 예측하기 위한 단기 검색법의 하나로 중요한 역할을 하여 왔다. 그러나 유전 독성시험은 발암성 평가에만 국한되는 것은 아니다. 예를 들면 DNA에 대한 상해성이 태아에 미친다면 최기형성(teratogenicity)으로 연결되고, 또한 생식세포(정자 또는 난자)에 영향을 미치게 된다면 다음 세대에 유전적 상해(genetic hazard)가 전달될 수 있다.

첫 번째는 유전자 돌연변이(gene mutation)를 지표로 하는 것, 두 번째는 염색체 이상(chromosomal aberration)을 지표로 하는 것, 세 번째는 DNA에 대한 상해성 또는 그 수복성(DNA damage or repair)을 지표로 하는 것이다.

물리화학적인 요인 또는 생리적인 요인 등에 의해 DNA의 염기나 유전자 및 염색체에 직접 손상을 주어 형태학적 및 기능적 이상을 일으키는 현상(유전 독성) 여부를 판단한다.

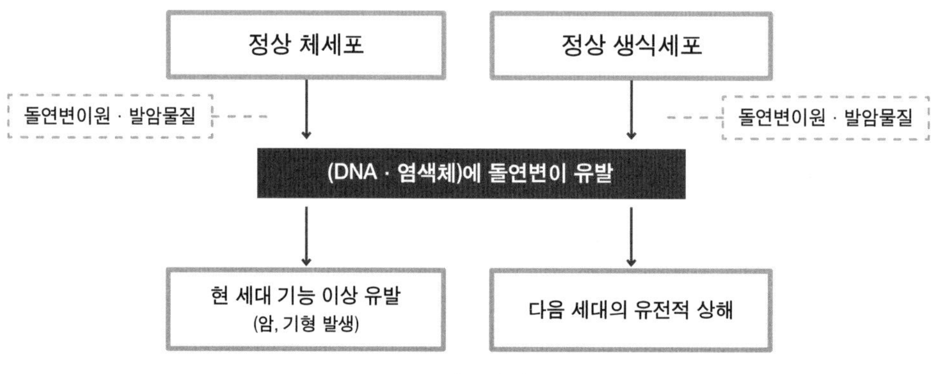

[그림 8-1] 유전 독성시험

유전독성의 종류 : DNA 손상, DNA 수복, 유전자돌연변이, 염색체 이상

[1] **복귀돌연변이 시험** : 특정 아미노산 요구성 균주를 이용하여 시험 물질에 의한 돌연변이(저해된 아미노산 합성 균주)로 전환되는지를 확인함으로 유전 독성을 측정하는 시험

[2] **염색체 이상 시험** : 시험 물질에 의한 염색체 이상 유발 유무와 유발 정도를 염색체 수의 이상 및 구조의 이상 판단을 통해 검색하는 시험

[3] **소핵 시험** : 시험 물질에 의해 소핵이 생성되는 정도를 관찰함으로써 시험 물질에 의한 염색체 또는 유사분열 기관의 손상 여부를 통해 유전 독성을 평가하는 시험방법

유전 독성 평가를 위한 표준 시험법의 조합으로 수행되어야 한다. 이들 표준 시험법은 in vitro 및 in vivo 시험법을 포함하며 상호보완적이다.

실험 대상 물질의 화학 구조, 물리화학적 성질 및 유전 물질에 대한 작용 종점의 상이함과 체외, 체내 실험과 체세포, 생식세포를 동시에 고려하는 원칙에 따라 유전독성실험 중에서 4가지 실험을 선택하여 다음의 원칙에 따라 결과에 대해 판단을 내린다.

① 만약 3가지 실험이 양성인 경우, 해당 실험 물질은 유전 독성 작용과 발암 작용의 가능성이 있기 때문에 일반적으로 해당 물질을 식품에 응용하는 것을 포기해야 한다. 따라서 기타 항목의 독성실험은 할 필요가 없다.

② 만약 2가지 실험이 양성이며 단기 사육 실험에서 해당 물질이 현저한 독성 작용을 나타낸 경우 일반적으로 해당 물질의 사용을 포기한다. 만약 단기 사육 실험에서 독성 작용이 있는 것으로 의심될 경우 기초 평가 후에 실험 대상 물질의 중요성과 가능 섭취량 등을 근거로 종합적인 이해관계를 따져 결정한다.

③ 만약 그중 한 가지 실험에서 양성 반응을 나타낼 경우 다시 3, 1, 2, 4 중의 두 가지 유전독성 실험을 선택한다. 만약 재실험한 결과 모두 양성인 경우 단기 사육 실험과 전통 기형 유발 실험에서 독성 작용과 기형 유발 작용의 유무를 막론하고 해당 물질의 사용을 포기해야 한다. 만약 그중 하나에서 양성으로 나타났지만 단기 사육 실험과 전통 기형 유발 실험에서 명확한 독성과 기형 유발

작용이 없다면 제3단계 독성실험을 진행할 수 있다.

④ 네 가지 실험이 모두가 음성인 경우 제3단계 독성실험을 진행할 수 있다.

3)실험동물 독성시험으로 안전성 평가 시 고려할 사항

1 인체 가능 섭취량

일반 집단의 섭취량 외에 특수, 민감 집단(예를 들어 아동, 임산부 및 고 섭취량 집단)도 고려해야 한다.

2 인체 자료

동물과 인간 사이에는 종족의 차이가 존재하고 있으므로 동물실험의 결과를 인체에 적용할 때에는 인체가 실험 물질과 접촉한 후의 반응에 관한 자료를 되는대로 수집해야 한다. 예를 들어 직업적인 접촉 혹은 사고에 의한 접촉 등 실험 지원자 체내의 대사 자료는 동물실험을 인체에 적용할 때 아주 중요한 의미를 지니고 있다. 안전이 확보된 조건에서 관련 규정에 따라 필요한 인체 시식 실험의 진행을 고려할 수 있다.

3 동물 독성실험과 체외 실험 자료

동물 독성실험과 체외 실험 체계는 아직 보완할 점이 많지만 현재 수준에서 얻을 수 있는 가장 중요한 자료이며 평가를 하는 데 있어 가장 중요한 근거이다. 실험이 양성 결과를 나타내고 결과의 판단이 실험 물질의 식용으로서의 사용 여부와 관계되었을 경우, 결과의 중복성과 용량-반응의 관계를 고려해야 한다.

4 동물 독성실험의 결과를 인체에 적용할 때

동물과 인간의 종속적 차이와 개체 사이의 생물 특성의 차이를 감안하여 일반적으로 안전계수의 방법을 채택하여 인체의 안전성을 확보한다. 안전계수는 일반적으로 100배로 하지만 실험 대상물질의 물리화학 성질, 독성 강도, 특징, 접촉 집단의 범위, 식품 중의 사용량과 사용 범위 등 요소를 근거로 하여 안전계수의 가감을 종합적으로 고려해야 한다.

5 대사 실험의 자료

대사연구는 화학물질의 독성 평가에 있어 아주 중요한 측면이다. 이는 각기 다른 화학물질 용량은 대사 측면의 차이에서 독성 작용에 아주 큰 영향을 미치기 때문이다. 독성실험에서 원칙적으로 인간과 동일한 대사 경로와 방식을 지닌 동물을 선별하여 실험을 해야 한다. 실험 대상 물질이 실험동물과 인체 내의 흡수, 분포, 배설과 생물 전화 측면의 차이를 연구하는 것은 동물실험의 결과를 인체에 비교적 정확하게 적용하는 것에 대해 중요한 의미를 지니고 있다.

6 종합평가

최후 평가를 내릴 때 실험 대상 물질이 인체 건강에 대해 있을 수 있는 위해와 유익한 작용 사이에서 가늠해야 한다. 평가의 근거는 과학실험 자료뿐 아니라 당시의 과학 수준, 기술 조건 및 사회적 요소와도 관계가 있다. 따라서 시간이 흐름에 따라 결론이 다를 수도 있다. 계속되는 상황 변화와 과학기술의 발전, 그리고 연구의 계속되는 진전에 따라 이미 평가를 내린 화학물질에 대해서도 재평가하여 새로운 결론을 내려야 할 것이다.

이미 오랜 기간 동안 식품에 응용해온 물질에 대해 접촉 대상에 대한 유행성 질병 조사는 중요한 의미를 갖고 있지만, 용량-반응의 관계 차원에서의 신빙성 있는 자료를 얻지 못한다. 새로운 실험 대상 물질에 대해서는 동물실험과 기타 실험에 의존할 수밖에 없다. 그러나 설령 완벽하고 상세한 동물실험 자료와 일부 일류 접촉자의 유행 질병학 연구 자료가 있다 한들 인류의 종족과 개체의 차이로 모든 사람의 안전을 보증할 수 있는 평가를 내릴 수는 없다. 이른바 절대적 안전은 실제로 존재하지 않는 것이다. 최종 평가를 내릴 때에는 실제 가능을 전면 가늠하고 고려해야 한다. 해당 물질의 최대 효능을 끌어내고 인체 건강과 환경에 최소의 위해의 조성을 보증하는 것을 전제로 결론을 내려야 할 것이다.

부록 2 위해평가 절차

1) 화학적 위해평가 절차

식품의 화학적 위해 평가를 위한 과학적 근거는 생물학적 유해평가와는 약간 다르다. 부정적 건강 영향을 일반적으로 화학물질에 대한 장기간 노출에 대하여 예측하지만, 생물학적 유해는 단일 노출과 급성 건강 위해 측면에서 평가된다. 일부 화학물질(마이코톡신, 복어독, 마비성 패독, 살충제 등)도 급성 건강 영향을 검토할 필요가 있다.

(1) 위해요소 확인

위해요소 확인은 특정 성분의 부정적 영향, 그 화학물질의 내재적 특징으로써 부정적 영향을 유발할 가능성, 그리고 위험 가능성이 있는 집단을 파악한다. 역학조사를 통해 인체 자료가 충분히 확보되지 못한 경우도 있으며, 위해 평가자는 실험동물 대상 독성시험 자료와 체외 실험 데이터에 의존해야 한다.

위해요소 확인 내용 및 절차는 다음과 같다.

① 물리화학적 성질, 사용 용도, 제조 과정 등을 조사한다.

② 노출원, 노출 기간, 인체 영향 여부 및 생물학적 자료(흡수, 분포, 대사, 배설, 체내 축적성)을 조사한다.

③ 독성 자료조사는 단기 독성, 장기 독성, 발암성, 유전 독성, 생식 독성, 면역 독성 등을 조사하고, 발암성이 있는 경우, 임상 및 동물실험 결과 등을 검토하여 발암성 판단 근거 자료를 확보한다.

④ 인체역학연구 결과, 독성 동태 자료 등을 확보한다.

⑤ 외국의 국제기구(WHO, FAO, IPCS, IARC) 및 관련 기관(EPA, FDA, EU 집행위, 일본 후생성 등)에서 발간된 보고서 등을 활용한다.

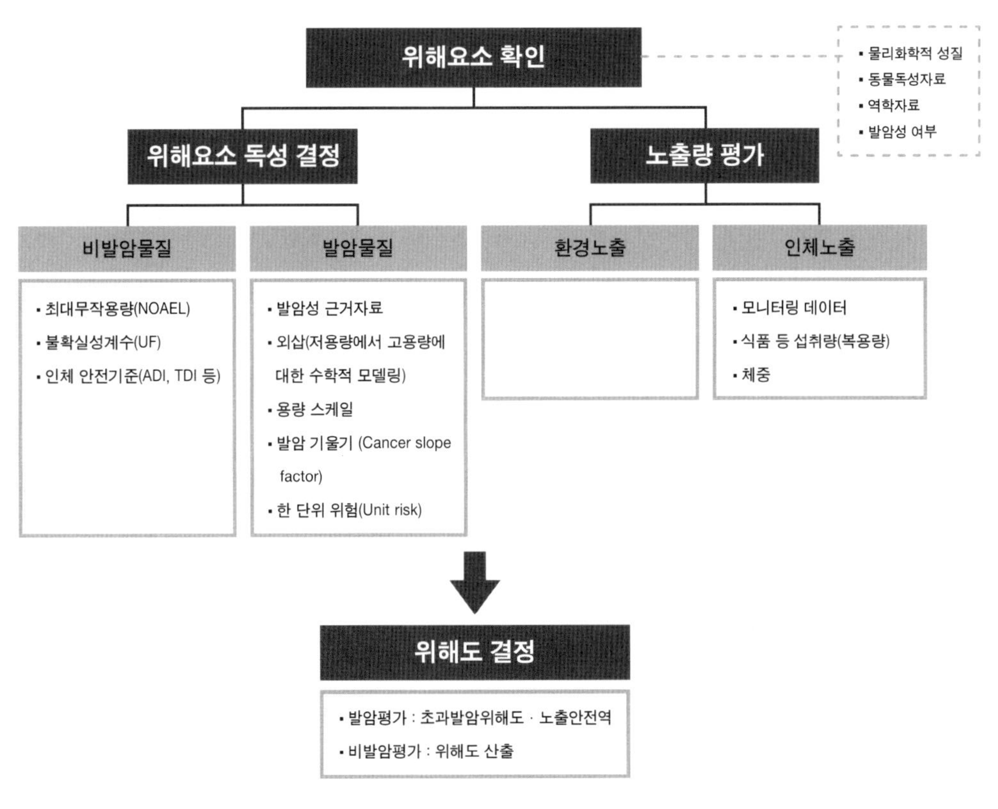

[그림 8-2] 화학적 위해평가 절차

(2) 위해요소 독성 결정

가장 민감한 부정적 건강 영향에 대하여 용량-반응 관계를 파악하고 평가한다. 예를 들어 고용량 실험에서 관찰된 화학물질의 작용 메커니즘이 가장 낮은 추정 노출 수준에서도 사람에게 의미가 있으면, 역학적 측면도 고려한다.

화합물의 역치를 갖는 메커니즘으로 독성을 발휘하는 경우, 위해 요소 독성 값은 안전한 섭취 수준으로 일일 허용(許容) 섭취량(ADI. acceptable daily intake) 또는 일일 내용(耐容) 섭취량(TDI, tolerable daily intake)를 정한다.

안전 섭취 수준(인체 노출 안전 수준)의 추정은 ADI나 TDI(PTWI) 추정하는 것으로 동물 모델에서 얻은 데이터를 사람에 적용할 때 나타나는 불확실성과 개인 간 변동성을 감안하여, 실험 또는 역학 조사에서 관찰된 무영향 수준 또는 저영향 수준에 '불확실성 계수'를 적용한다. 그러므로 ADI나 TDI는 실제 만성적으로 안전한 일일 섭취량의 보수적 추정에 해당된다. 위해 추정치와 내재적 불확실성 추정치 모두 계산하지 않은 상태다. 충분한 데이터가 있으면, 데이터 유래 화학물질 외삽 계수로 불확실성 계수를 대체할 수 있다. ADI와 달리 TDI나 PTWI는 오염물질에 대하여 사용하며, 동일한 방법과 원칙을 적용하여 정한다. 이와 같은 안전 평가에 내재된 보수주의는 일반적으로 사람 건강을 충분히 보호한다고 생각한다.

또한, 독성 화학물질에 대한 급성 노출 시의 참고 용량 계산 방법도 개발되었다. 예를 들어 잔류허용기준(MRL)을 훨씬 초과하는 우발적인 잔류물 섭취 가능성을 감안하여 농약에 대한 ARfD(Acute Reference Dose)를 산출하고 있다.

1 비발암 물질의 독성 결정

일일 섭취 허용량(Acceptable Daily Intake, ADI) 과정은 비발암 작용에 근거하여 인간에게 허용되는 만성 노출 수준을 계산하는 데 이용되어 왔다. ADI는 사람이 일생 동안 고통스러운 유해 작용 없이 매일 노출될 수 있는 화학물질의 양이다. 이는 독성을 유발하지 않는 사람과 동물실험에서 무독성량(NOAEL)에 대한 안전 인자(safety factor)를 적용함으로써 결정된다.

$$\text{일일 섭취 허용량} = \frac{\text{무독성량}}{\text{안전 계수}}$$

ADI를 결정하는 과정에서 무독성량(NOAEL)이 허용 인체 노출(allowable human exposure)에 대한 안정 영역을 제공하기 위하여 안전 인자들(불확실 인자)에 의해 나눠진다.

NOAEL을 얻을 수 없을 때는 최소 독성용량(LOAEL)이 RfD 값을 계산하기 위해 사용된다. 또한, 비발암성 작용에 대한 용량 반응 곡선에서 NOAEL과 LOAEL이 확인된다. 어떠한 독성작용이라도 인간에게 나타날 것 같은 가장 민감한 독성작용이라면 NOAEL이나 LOAEL로 사용될 것이다.

ADI, RfD를 이끌어 내기 위해 사용되는 불확실인자 또는 안전 인자는 아래와 같다.

① 10 : 인간의 다양성에 대하여

② 10 : 동물에서 인간으로 외삽할 경우

③ 10 : 만성 자료가 아닌 것을 사용한 경우

④ 10 : NOAEL 대신 LOAEL을 사용한 경우

ADI, RfD를 계산하기 위해 사용된 인자의 수는 적절한 LOAEL과 NOAEL을 제공하기 위해 사용된 연구에 의존한다.

RfD를 유도하기 위한 일반적인 공식은

$$\text{독성 참고 값} = \frac{\text{무독성량}}{\text{안전계수}}$$

불확실한 또는 신뢰할 수 없는 결과일수록 적용되는 전체 불확실 인자는 더 높아진다. RfD 계산의 한 예를 아래에 나타내었다.

$$\text{RfD} = \frac{50\ \text{mg/kg b.w/day}}{10 \times 10 \times 10 \times 10} = 0.005\ \text{mg/kg b.w/day}$$

50 mg/kg/day의 LOAEL을 가진 아만성 동물실험(subchronic animal study)이 사용되었다. 그러므로 불확실 인자들은 인간의 다양성에 대해 10, 동물실험에 대해 10, 만성 노출 이하의 사용에 대해 10, NOAEL 대신에 LOAEL을 사용한 것에 대한 10이 된다.

2 발암성 물질의 독성 결정

발암성 화학물질에 대한 독성학적 참고 값은 국가별로 다를 수 있다. 역학 데이터와 동물실험 데이터의 조합에 근거한 것도 있고, 동물 데이터에만 근거하여 정하기도 하며, 서로 다른 수학적 모델을 활용해 위해 추정치를 저용량에 외삽하기도 한다. 이러한 차이에 따라 동일 화학물질에 대한 암 위해 추정치가 차이를 보일 수 있다.

발암 위해 평가는 두 단계를 가진다. 첫 단계는 모든 역학연구, 동물실험, 생물학적 활성 측정의 정성평가이다. 만약 증거가 풍부하다면 물질은 확실한(definite), 발암성이 추정되는(probable) 혹은 가능성이 있는(possible) 인체 발암원으로 분류될 것이다. 두 번째 단계는 인간에게 확실한 혹은 잠재적인 발암원으로 분류되는 물질들에 대한 위해성을 정량하는 것이다.

국제 암연구소(International Agency for Research on Cancer, IARC)의 발암성 물질 분류이다.

[표 8-1] 발암성 물질 분류

그룹	정의	해석
Group 1	인체 발암성 물질 (Carcinogenic to humans)	인체에 대한 충분한 발암성 근거 있음
Group 2A	인체 발암성 예측 · 추정 물질 (Probably carcinogenic to humans)	실험동물에 대한 발암성 근거는 충분하지만 사람에 대한 근거는 제한적임
Group 2B	인체 발암성 가능 물질 (Possibly carcinogenic to humans)	실험동물에 대한 발암성 근거가 충분하지 못하며, 사람에 대한 근거 역시 제한적임

Group 3	인체 발암성 미분류 물질 (Not classifiable as to its carcinogenicity to humans)	실험동물에 대한 발암성 근거가 제한적이거나 부적당하고 사람에 대한 근거 역시 부적당함
Group 4	인체 비발암성 추정 물질 (Probably not carcinogenic to humans)	동물, 사람 공통적으로 발암성에 대한 근거가 없다는 연구 결과

물질 노출과 인체에 있어서 암 사이의 원인 관계를 명확하게 보여주는 역학연구는 충분한 인체 증거(sufficient human evidence)의 기본이 된다.

만약 관측된 작용을 위한 대체적인 설명이 존재한다면 그 자료는 인체에 있어서 제한된 증거(limited evidence in humans)로 결정된다. 만약 만족할 만한 역학연구가 존재하지 않는다면, 그 자료는 인체에 있어서 부적절한 증거(inadequate evidence in humans)가 된다.

실험동물 한 종 혹은 한 계통 이상 또는 한 실험 이상에서 암의 증가는 동물에 있어서 충분한 증거(sufficient evidence in animals)로 여겨질 수 있다. 단일 실험으로부터 얻은 자료일지라도 만약 발생 확률이 높거나 특이한 종양이 유발되었다면 역시 동물에 대한 충분한 증거로 간주될 수 있다. 그러나 일반적으로 오로지 하나의 종 한 계통 혹은 한 연구에서만 발암 반응을 나타내었다면 이는 단순히 동물에 있어서 제한적 증거(limited evidence in animals)로 간주된다.

- 벤치마크 용량(Benchmark dose, BMD)
- · 용량-반응 모델을 근거로 계산되는 값, 어떤 독성에 대해 사전에 정한 척도나 생물학적 영향의 변화가 대조군에 비해 5% 혹은 10%의 유해한 영향이 나타나는 용량

※ BMDL(Benchmark Dose Lower Confidence Limit, BMD 중 95% 신뢰구간의 하한치)

- · 최대 무독성 용량(NOAEL) 접근 방법의 단점을 보완하기 위해 개발된 방식으로 최근 용량-반응 평가에서 BMD 사용 선호
- 노출 안전역(Margin of Exposure, MOE)
- · NOAEL, BMD 등과 같이 독성이 관찰되지 않는 기준값을 인체 노출량으로 나

는 값으로, 화학물질이 적절하게 관리되고 있는지 혹은 여러 가지 화학물질 중 우선 관리 대상을 선정하는 등의 위해관리를 지원할 때 사용

식품 안전에 있어 가장 어려운 이슈 중의 하나는 유전 독성과 발암성 둘 모두를 지닌 물질이 식품에 존재한다는 사실과 이 물질을 쉽게 제거하거나 피할 수 없다는 사실이 밝혀졌을 때 인간 보건에 미치는 잠재적 위험성을 알리는 일이다.

BMD는 기준이 되는 종양 발생에 있어 사전에 정한 증가율(예 : 10%)을 유발하는 것으로 추정되는 용량을 말한다. BMDL는 BMD의 일 방향 95% 신뢰구간의 하한치를 말하는데, 이 BMDL은 MOE 계산의 기준점으로 사용될 수 있다.

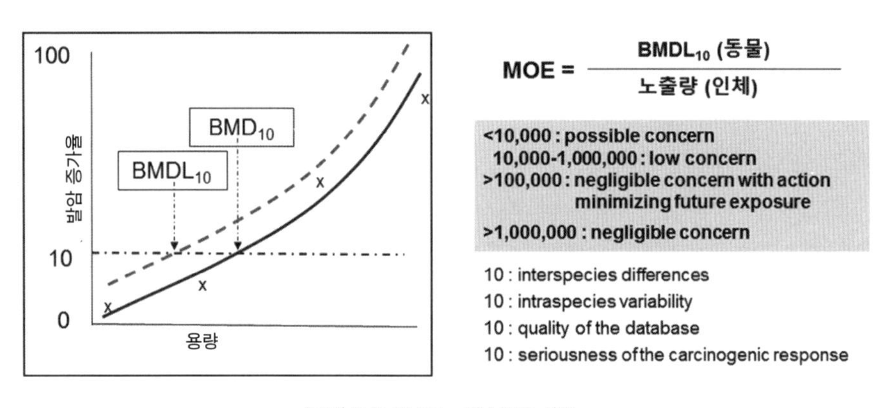

[그림 8-3] $BMDL_{10}$과 MOE 산출

에틸 카바메이트, 니트로사민, 헤테로사이클릭 아민과 같이 식품 처리 과정에서 생성될 수 있는 물질과 음료, 바질에서의 메칠유제놀과 같은 자연 발생 물질 등이 포함된다.

MOE 접근 방식은 ALARA 접근 방식(식품 내 불가피한 유전 독성 발암물질 농도는 가능한 '낮게' 유지해야 한다)과 관찰된 용량 범위 밖에서의 생물 검정에서 관찰된 반응을 보간법을 통해 적용하는 것이 필요한 모델링 접근 방식의 대안적 접근 방식이라 할 수 있다.

위해성이란 측면에서 MOE 수치를 해석하는 것에 관한 여러 이슈들도 함께 요약하였다.

- 유전 독성 발암성 물질이 의도적으로 식품에 첨가되지 않았다는 사실을 분명

하게 할 필요가 있고, MOE 산출에는 ALARA(ALARA는 위해 관리 선택 사항임)의 사용을 홍보하는 것은 포함되어 있지 않다.

결론적으로 MOE는 계산에 매우 의존적이며, 식품 소비와 발생 데이터의 가정들은 섭취 노출 추정치에 극적인 영향을 미칠 수 있다.

[표 8-2] 위해평가에서 인체노출안전역(MOE) 적용 물질

물질명	임계 종말점	$BMDL_{10}$ (mg/kg b.w./day)
Acrylamide	고환	1.0
	유방	0.16
Aflatoxin B1	간세포	0.00025 0.00087[a)]
Benzene	Zymbal gland	17.6
Benzo[α]pyrene and polycyclic aromatic hydrocarbon	전체	0.12
1, 3-dichloro-2-propanol	신장	9.62
Ethyl carbamate	폐, 기관지	0.25
Furan	간세포	-
Leucomalachite green	간세포	20.4
1-methylcyclopropene(1MCP) impurities	코	11.0
Methyleugenol	간세포	7.90
PhIP[b)]	전립선	0.48
	유방	0.74
Sudan I	간세포	7.32

a) 노출 기간을 60년(수명)으로 하였을 경우 10% 간암 발생률을 BMD10으로 산출하고 외삽을 통해 $BMDL_{10}$ 산출함 ⇒ 870 ng/kg b.w./day

b) PhIP, 헤테로고리아민류(HCAs)의 일종

출처 : Food and Chemical Toxicology 48 (2010) S2 - .S24

위해요소의 독성 결정 절차는

① 위해요소의 독성실험 자료는 용량-반응 실험의 결과로서 얻은 NOAEL, LOAEL, BMDL 등을 활용한다.

- 직접 실험으로 얻거나, WHO, 미국, 일본, 호주, 유럽 등 선진국 자료 활용

② 독성실험 자료를 활용하여 독성값(TDI, ADI, BMDL 등)을 결정하는데 이때는 불확실성 계수를 적용한다.

- 불확실성 계수 적용 : 동물과 사람 1~10, 사람 간 민감도 1~10, NOAEL 대신 LOAEL 사용한 경우 1~10 등이다.
- 독성 종말점 선택은 체중 감소, 장기 무게 감소, 조직학적, 그 밖의 독성시험 결과 및 인체역학 결과 등을 활용한다.
- 논문이나 국제기구에서 발표한 알려져 있는 TDI, ADI, BMDL 등 활용할 수 있다.

▪ 비발암성 유해물질의 노출에 따라 의도적, 비의도적 노출로 구분하여 독성값을 결정한다.

- 첨가물, 잔류농약과 같이 의도적 노출의 경우 ADI를 설정하고, 환경 또는 제조과정 등에 의한 비의도적 노출의 경우 TDI를 설정한다.

▪ 완전 발암 물질은 아니나, NOAEL 설정을 위한 자료가 부족한 경우 BMDL을 이용하여 평가하고 독성 값을 결정한다.

- BMDL(BMD의 lower 95% 신뢰구간에 해당하는 양)은 동물실험 결과로부터 외삽된 그래프에서 통상 control로부터 5% (BMDL5) 또는 10%(BMDL10) 종양 발생률을 타나내는 양으로 산출한다.

▪ 유전 독성, 발암성 유무에 따라 평가 방법이 달라질 수 있다.

- 유전 독성, 발암성이 있어 NOAEL 값이 없는 경우 LOAEL 또는 BMDL값 사용한다.

(3) 노출량 평가

노출평가는 화학적 위해요소의 노출 경로를 파악하고 총 섭취량을 추정한다. 일부 화학물질의 경우에는 섭취가 단일 식품과 관련이 있을 수 있으며, 잔류물이 여러 식품과 음용수, 때로는 가정에서 사용하는 제품에 존재할 수도 있다. 이런 경우에 식품은 전체 노출 가운데 일부만을 차지한다.

노출평가 결과를 ADI나 TDI에 비교하여, 식품 중의 노출 추정 수준이 안전한지 결정한다.

1 식품 중 비의도적 오염물질의 노출량 평가 절차

① 노출 인자로는 식품별 유해물질 오염도, 식품 섭취량 및 체중 등을 활용한다.

- 식품별 오염도 모니터링 자료를 사용한다.
  - 최근 모니터링 자료를 우선 사용하고 대표성 있는(지역 분포, 시료 수 등) 자료를 활용한다.
  - 불검출 결과는 ND or NQ의 개수가 전체 시료 수의 60% 이하이면 각각 LOD/2, LOQ/2로 나타낼 수 있다.(GEMS/Food-Euro, 1995)
- 식품 섭취량(연령별, 성별 등) 자료는 '국민건강영양조사서' 등을 활용한다.
- 체중은 대상 인구 집단의 평균 체중을 활용(기술표준원, 국민건강영양조사서 등)한다.

② 노출량 평가는 평가 목적에 따라 식품 섭취 특성별로 위해요소의 노출 대상을 정하여 평가한다.

- 평균섭취군, 연령별, 성별 섭취군, 극단섭취군(상위 95th percentile), 민감군(특정 연령군 등) 등을 고려하여 작성한다.

③ 인체 노출량 산출 (mg/kg bw/day)

$$= \frac{\text{오염도(mg/kg)} \times \text{섭취량(mg/kg bw/day)}}{\text{체중(kg)}}$$

2 의도적 사용 물질의 노출량 평가 절차

① 노출 인자 자료를 확보한다.

- 식품 중 잔류량 자료는 식품 중 잔류된 농약 및 동물용 의약품 모니터링을 사용한다.
- 식품별 섭취량 자료는 농약은 잔류농약 데이터베이스 자료를 활용하고 동물용 의약품은 식품수급표(한국농촌경제연구원)를 활용한다.
- 체중은 대상 인구 집단의 평균 체중을 활용(기술표준원, 국민건강영양조사서 등)한다.

② 인체 노출량 산출 (mg/kg bw/day)은 다음과 같이 산출한다.

- 잔류농약 및 잔류 동물용 의약품 추정 섭취량 모델 활용

  $TMDI = \Sigma\ [\ MRLi \times Fi\ ]$

※ 이론적 일일 최대 섭취량(TMDI : Theoretical Maximum Daily Intake)

: 농약 잔류허용기준에 해당 식품들의 섭취량을 곱한 것을 모두 합산한 값

MRLi : 농약 잔류허용기준, Fi ; 식품 섭취량

3 식품 중 첨가물 등에 대한 노출량 평가 절차

① 노출 인자는 다음 자료를 활용한다.

- 사용량 모니터링 자료
  - 식품 유형별 사용 기준 및 사용 현황 파악 후 사용 대상 식품 유형 선정 (시장점유율, 계절별 소비 빈도 등 고려)
  - 개별 분석값과 함께 식품 유형별 평균, 검출 평균, 검출률, 회수율 등
- 식품 섭취량(연령별, 성별 등) 자료는 '국민건강영양조사' 등을 활용
- 체중은 대상 인구 집단의 평균 체중을 활용(기술표준원)

② 노출량 평가는 다음과 같이 산출한다.

- 식품첨가물 일일 섭취량 :

$$= \frac{\text{특정 식품 중 첨가물 농도} \times \text{식품 일일 섭취량}}{\text{체중}}$$

▪ 개별 식품첨가물에 대한 ADI 적용 식품첨가물 노출량 평가

$$= \frac{\text{특정 식품첨가물 1인 일일 섭취량(mg/kg)}}{\text{ADI(mg/kg bw/day)}}$$

(4) 위해도 결정

화학적 위해평가에서 위해도 결정은 주로 '개념적 제로리스크'라고 추정되는 노출 수준을 규정하는 형식이다.

매우 낮은 노출 수준에서는 뚜렷한 위해를 가하지 않는 것으로 생각되는 화학적 위해요소(발암성 화학물질 제외)에 대해서는 정량적 위해평가 방법을 거의 적용하지 않는다. 일반적으로 추가적인 위해 결정 필요성 없이 적절한 안전 마진을 제공하기 때문이다.

비발암 물질의 위해도 결정 절차는

① 비발암 물질의 위해도는 아래와 같이 산출한다.

$$= \frac{\text{유해물질의 인체 노출량(mg/kg bw/day)} \times 100}{\text{인체 노출 안전기준[ADI or TDI (mg/kg bw/day)]}}$$

▪ 위해도가 100(%) 이상일 경우 위해 가능성이 있다고 볼 수 있다.

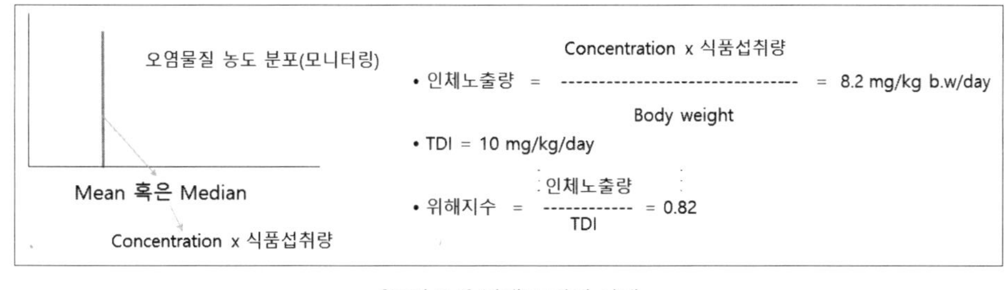

[그림 8-4] 위해도 결정 사례

② **발암 물질의 위해도**는 MOE(Margin of exposure)로서 산출한다.

▪ MOE(Margin of exposure) : NOAEL or BMD값과 실제 노출량을 비교하여 어떤 물질의 인체 노출이 적절하게 관리되고 있는지 결정할 때 사용한다.

- 유전 독성 발암물질은 ALARA 원칙을 적용하여 가능한 낮은 수준으로 관리한다.

$$\text{노출 안전역(Margin of Exposure, MOE)} = \frac{\text{BMD 등 독성 값}}{\text{인체 총 노출량}}$$

[표 8-3] MOE의 위해관리 판단 근거

MOE 노출 안전범위	판단 근거 (영국, FSA)
x < 10,000	위해관리를 해야 하는 수준(Possible concern)
10,000 < x < 100,000	위해 우려가 낮은(Low concern)
100,000 < x < 1,000,000	위해관리는 필요 없으나, 향후 노출을 낮추려는 노력이 필요한 수준(Negligible concern with action minimizing future exposure)
1,000,000 < x	위해관리가 필요 없는 수준(Negligible concern)

(5) 화학적 위해평가의 인체 노출 안전기준 적용

- 농약 · 동물용의약품(ADI)
- 첨가물(ADI)
- 중금속(PTWI)
- 환경오염물질(TDI) ex) 다이옥신
- 곰팡이독소(TDI)
- 식품첨가물 중 불순물(TDI) ex) 4MI
- 식품제조공정 중 사용된 용매 (TDI)
- 포장재 이행물질(TDI) ex) DEHP, BPA
- 동물사료 첨가물 유래 잔류물(TDI)

- 농약 · 동물용 의약품 · 첨가물 : ADI를 적용하여 위해지수 산출
- 중금속 : PTWI를 적용하여 위해지수 산출
- 곰팡이독소 · 환경오염물질 등 : TDI를 적용하여 위해지수 산출
- PTWI나 TDI가 설정되어 있지 않을 경우 : NOAEL이나 BMDL을 적용하여 MOE 산출

$$\text{※ 위해지수} = \frac{\text{인체 노출량(mg/kg bw/day)}}{\text{ADI 또는 TDI(mg/kg bw/day)}}$$

- 위해지수 ≥ 1 : 유해영향 발생 우려됨
- 위해지수 ≤ 1 : 유해영향 발생 우려되지 않음

※ TDI가 설정되어 있지 않을 경우

$$\text{MOE(Margin of Exposure, 안전역)} = \frac{\text{NOAEL 또는 } BMDL_{10}\text{(동물)}}{\text{인체 노출량(사람)}}$$

- MOE ≥ 100 : Low concern

* 왜 100인가?
- 10 : 동물자료를 사람에게 외삽
- 10 : 사람간 차이

- **ADI**(Acceptable Daily Intake, **일일 섭취 허용량**) : 농약 등과 같이 의도적으로 사용하는 화학물질로 인체 안전수준으로 위해성이 확인될 경우, 사용 중단 등으로 위해 상황을 쉽게 개선시킬 수 있는 물질에 적용
- **PTWI**(Provisional Tolerable Weekly Intake, **잠정 주간 섭취 한계량**) : 중금속의 축적되는 대사특성과 사람간 차이를 고려하여 정한 인체 안전값, TDI×7일과 동일한 의미
- **TDI**(Tolerable Daily Intake, **일일 내용 섭취량 또는 일일 섭취 한계량**)
- **NOAEL**(No Observed Adverse Effect Level) : **동물에서 확인된 무영향 최대값**
- **BMDL**(Benchmark Dose Lower Confidence Limit) : **NOAEL에 상응하는 모델 추정값**

2) 생물학적 위해평가 절차

생물학적 위해평가는 일반적으로 정량적 모델을 활용하여, 기본 식품 안전 상황을 기술하고 현재 가능한 소비자 보호 수준을 추정한다. 일련의 시뮬레이션을 통해 상황을 변화시키면서 위해평가자는 기본 모델 추정치와 비교하여, 각종 관리 대책이 위해수준에 미치는 영향을 예측한다.

위해평가 절차 : 생물의 유해성(위해도, 식중독 발생 현황, 유통 환경 등) 확인 → 식품에서 오염도 조사 → 성장 가능성 예측[1] → 유해성 결정[2] (위해 용량) → 식품 섭취량에 따른 위해도 결정

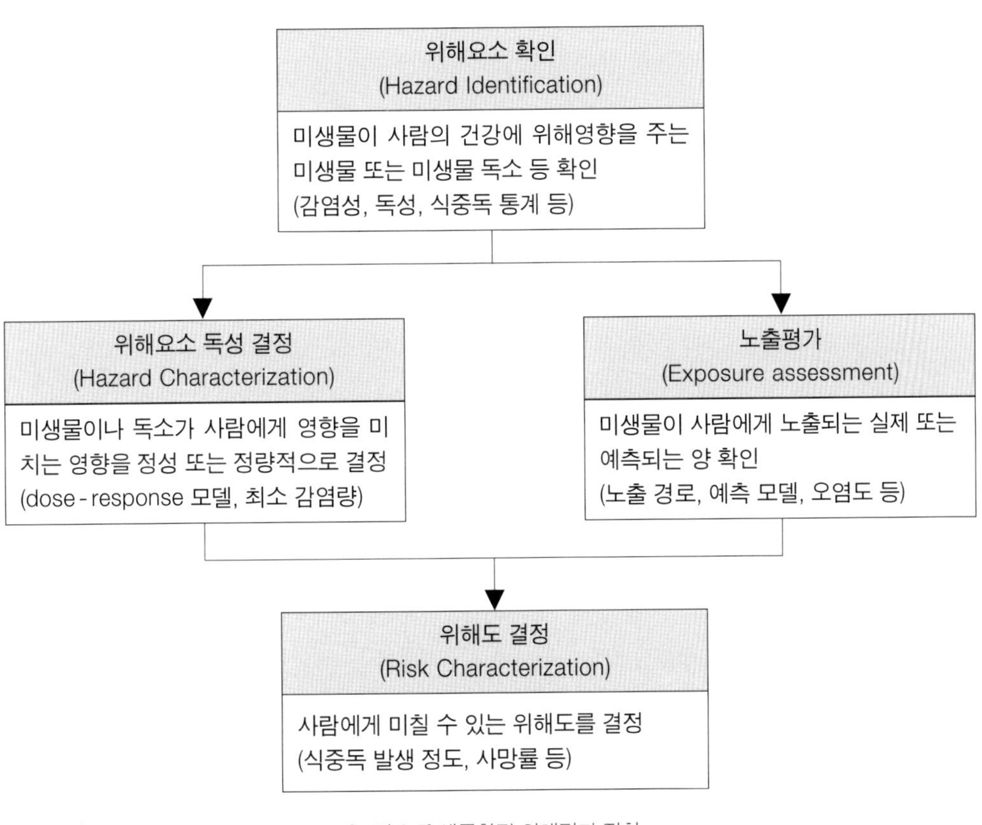

[그림 8-5] 생물학적 위해평가 절차

1) 평가 대상 식품에 인위적으로 식중독균을 접종하여 보관 온도, 유통 조건별 증식 속도를 확인한 후 증식 속도의 차이에 따라 정성 또는 정량 규격 설정에 대한 검토
2) 식중독균의 섭취량에 대한 식중독 발생 가능성을 도출하여 위해용량(최소 식중독 발생량)을 결정

(1) 위해요소 확인

다양한 생물학적 위해요소가 식품 매개 질병을 유발할 수 있다. 대표적인 것이 미생물, 바이러스, 기생충, 그리고 생물학적 유래의 독소가 있지만, E. coli O157 : H7, BSE 프리온 인자, 항생제 내성 Salmonlla 균주 등 새로운 위험이 계속 확인되고 있다. 특정 상황에서 위해를 유발하는 병원체의 유전형이나 균주를 파악하고 이에 맞춰 평가를 진행할 수 있다.

위해요소의 확인 절차는

① 미생물의 일반적 특성(성장, 증식), 위해성 인자(감염성, 독소), 생태학적 특성, 식중독균 또는 전염병 관리 유무 등을 조사한다.

② 감염 경로, 임상적 증상, 감수성 집단을 조사한다.

③ 식중독 또는 전염병 등 발생 통계(국내, 국외) 즉 주요 오염원, 주요 원인 식품, 유병률, 이완율 등을 파악한다.

(2) 위해요소 독성 결정

다양한 위해요소(감염성, 독성, 항생제 내성)와 숙주 요소(생리적 민감성, 면역 상태, 노출 이력, 동반 질환)가 위해요소 특성과 관련 변동성에 영향을 준다. 완전한 위해요소의 독성 값 산출을 위해서는 역학 정보가 필수적이다.

정량적 생물학적 위해평가를 위해서는 용량-반응 데이터가 필수적이지만, 특정 유해에 대해서는 이런 데이터를 확보하기가 쉽지 않다. 특정 집단에 한 용량-반응 곡선을 정하는데 필요한 인체 실험 데이터가 상대적으로 적을 수 있으므로, 때로는 가정하여 적용해야 한다(ex. 다른 병원체의 용량-반응 데이터). 하지만 발병 조사 데이터는 용량-반응 관계를 정하는데 매우 유용할 수 있다.

위해요소의 독성 결정 절차는

① 유해영향을 일으키는 미생물의 양(용량-반응 모델)은 지금까지 개발되어 있는 WHO, 미국, 일본, 호주, 캐나다 등의 이용 가능한 Dose-Response model 자료를 활용한다.

② 발병 데이터는 증상 및 증세의 심각성, 개인별 차이에 대한 분석, 유해영향 발생 조건 및 상황 분석 등 지금까지 보고되어 있는 최소 감염량(infection dose) 등의 자료를 활용한다.

(3) 노출평가

소비 시점까지의 식품 공급 과정을 대상으로 한 노출 경로 모델로 삼아 노출량을 평가한다. 전체 식품 공급 경로를 항상 고려할 수 는 없지만, 위해관리에 필요한 범위까지는 고려해야 한다. 사람 노출 수준은 원료 식품의 최초 오염 정도, 그리고 유해 생물체의 생존, 증식, 사멸 측면에서 식품의 특성과 식품공정, 그리고 식사 전의 보관 및 조리 조건 등 많은 요소에 따라 달라진다. 일부 전파 경로는 소매 또는 가정에서의 교차오염과 관련이 있을 수 있다.

노출량 평가 절차는

① Farm-to-Table 개념의 노출 시나리오를 작성한다.

· 각 단계별 미생물 오염 빈도 및 농도, 교차오염, 조건에 따른 미생물의 증식, 사멸 등에 대한 변화 분석

· 최종 섭취 단계에서의 미생물을 정성 및 정량적으로 평가

· 오염도는 국내 · 외 모니터링 자료 활용

② 노출 인자를 산출한다.

· 원인 식품의 1회 또는 1일 섭취량, 원인 식품의 미생물 오염량(온도, pH, 염도 등 다양한 조건에 따라), 섭취 집단, 감수성 집단 등 조사

· 섭취량 자료는 '국민건강영양조사서'를 이용하고, 필요시 섭취량 및 섭취 빈도 등을 별도 조사

※ 노출 인자의 정확한 정보 파악을 위해서는 생산 및 소비 단계까지의 미생물 생장(pH, 염도, Aw 등) 및 사멸 등을 예측할 수 있는 모델이 필요하다.

유해 미생물의 인체 노출평가는 대상 식품 파악, 대상 식품별 오염도 측정, 섭취량 · 빈도, 미생물 섭취량을 종합하여 평가한다.

(4) 위해도 결정

위해 추정 결과는 정성적(높음, 중간, 낮음)으로 또는 정량적(식사당 누적 위해도 수 분포, 표적 집단의 연간 위해, 음식이나 병원체별 상대 위해)으로 나타낼 수 있다.

Codex 미생물 위해 평가 가이드라인에서 "미생물 위해평가 시에는 식품 중의 미생물 증식, 생존, 사멸과 추가 확산 가능성 및 소비 이후 사람과 미생물 사이 상호작용(후유증 포함)의 복잡성을 고려해야 한다."라고 제시하고 있다. 하지만 병원체 · 숙주 관계의 생물학적 특성이 확실하지 않은 경우도 있으며, 생산부터 소비까지의 노출 경로에 관한 데이터가 충분하지 않을 수 있다.

이런 점을 생각하면 미생물 위해요소의 위해도 결정은 부정확할 수 있지만, 미생물 위해평가는 여러 식품 관리 대책들 사이에 현 대책이 위해 추정에 미치는 영향을 모델화할 수 있는 장점이 있다.

위해도 결정 절차는

① 인체 유해 유발 가능성에 대한 위해도를 결정한다.

- 노출 평가 시나리오에 근거하여 실제 노출량과 허용 가능한 용량과 비교

② 시뮬레이션을 통한 위해도를 평가할 수 있다.

- 식품의 미생물 초기 오염도, 성장 예측 모델, 식품의 섭취량 · 섭취 패턴 및 용량 반응 모델 자료를 시뮬레이션용 소프트웨어에 대입하여 환자 수 등의 위해도 예측

③ 위해수준이 결정되면 기준 설정의 타당성, 관리 공정(CCP 등의 결정) 개선 등의 관리 방안을 마련한다.

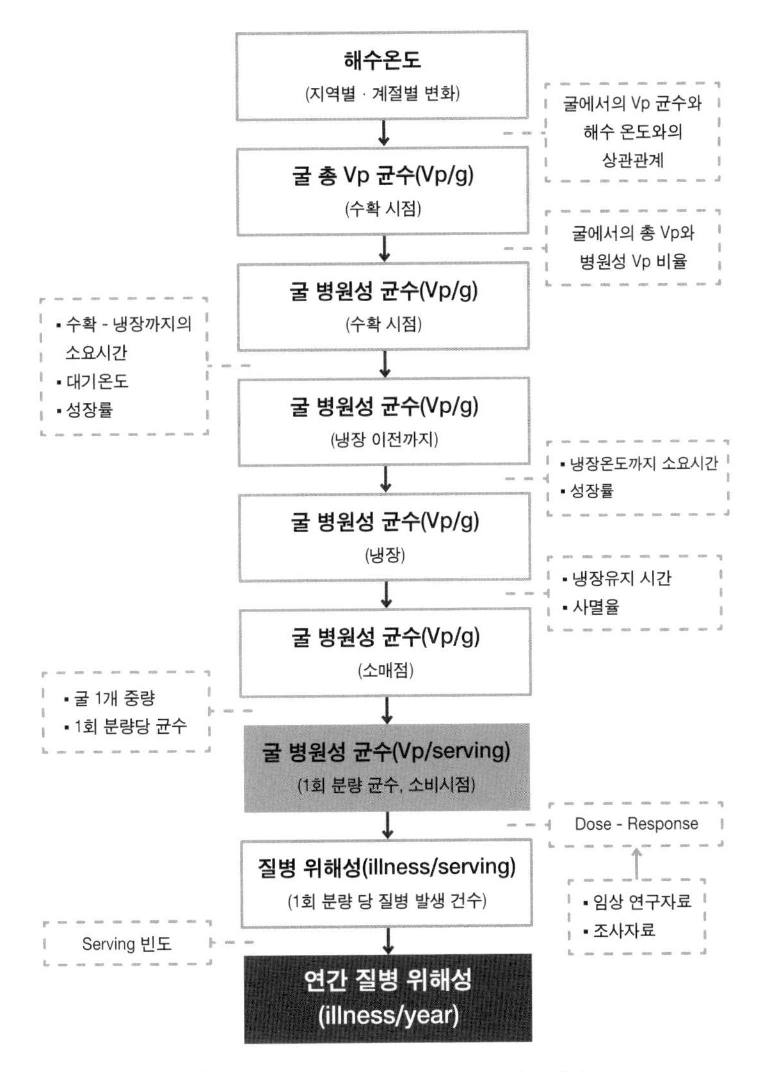

[그림 8-6] 굴 중 병원성 대장균의 위해평가 절차 예시

부록 3 위해요소의 안전기준 설정 원칙 및 절차

1) 의도적 사용 허가 화학물질의 잔류허용기준

농약, 동물용 의약품의 식품 중 잔류허용기준 설정 : 농산물 재배 또는 동물 사육 기간 중 발생되는 병해충 방제 및 질병 치료를 위해 의도적으로 사용되는 농약 및 동물용 의약품은 잔류허용기준(Maximum Residue Limit, MRL)을 설정하여 관리

(1) 농약의 등록 및 잔류허용기준 설정 과정

농약은 안전성과 품질면에서 검토하여 인정되면 등록하고 제조 판매할 수 있다. 안전성 측면에서는 발암성이 있거나 축적성 만성 독성이 있거나 하면 농약으로 사용할 수 없다. 또한, 농약은 빠른 시간 내에 효과를 발휘하고 신속히 분해되어 없어져야 한다. 그래서 반감기가 짧아야 하고 잔류 기간도 짧아야 한다. 결국, 농약으로 효과를 발휘하고 식품에 잔류하지 않고 신속히 분해되어 인체에 영향을 주지 않아야 된다. 이렇게 하여 등록된 농약은 식품 중 잔류허용기준만 준수하면 인체에 안전하다는 이유가 여기에서 나온다.

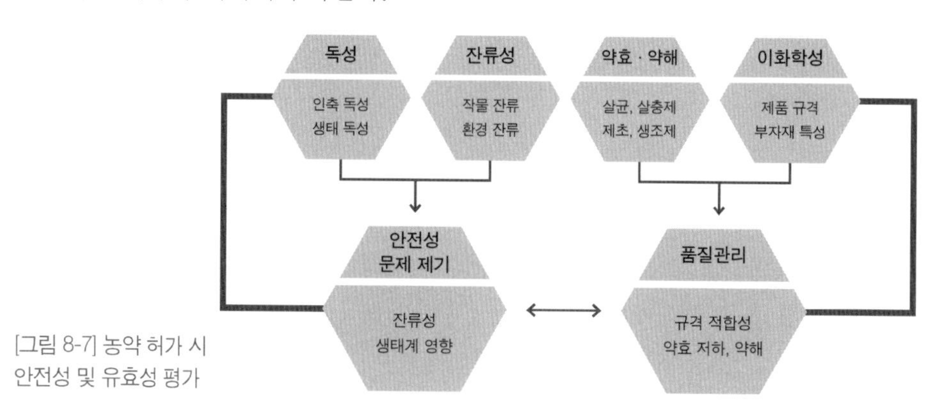

[그림 8-7] 농약 허가 시 안전성 및 유효성 평가

(2) 농약의 잔류허용기준과 안전 사용기준 설정

최대 무독성량(NOAEL)에 통과하게 되며(안전계수 100~1,000), 일일 섭취 허용량(ADI) 기준(식품별 일일 섭취량, 농약의 적정 사용 시 잔류량)에 부합하는지 확인 후 농약 잔류허용기준(MRL)과 농약 안전 사용기준(PHI)을 설정한다.

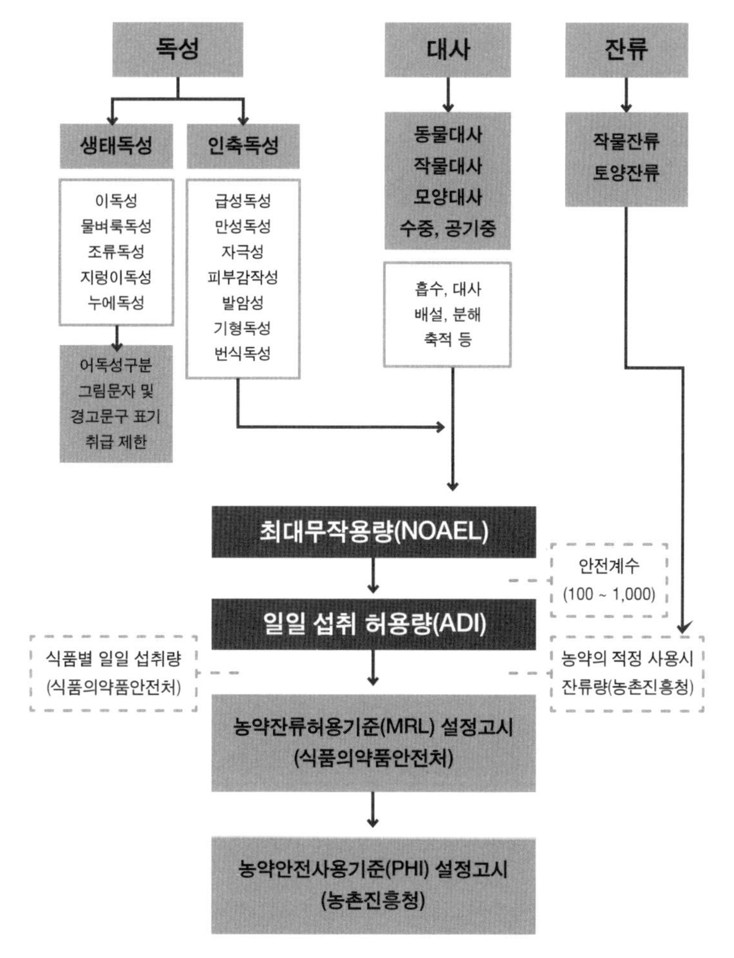

[그림 8-8] 농약의 잔류허용기준과 안전 사용기준 설정 절차

① 농약 잔류허용기준

농약은 독성 자료를 검토하여 일일 섭취 허용량(Acceptable daily Intake, ADI)를 설정하고, 농산물 또는 축 · 수산물 중 농약의 잔류 자료(식품 중 잔류량)에 근거하여 잠정 잔류허용기준(안)을 마련한다.

잠정 잔류허용기준(안)을 참고하여 식품 섭취량, 체중 등을 고려한 노출평가를 실시하고 국민이 평생 섭취하더라도 이상이 없는 수준에서 잔류허용기준을 설정한다. 즉 잠정 잔류허용기준(안), 식품 섭취량, 평균 체중 등을 고려하여 농약의 전체 섭취량이 100% ADI 값을 초과하지 않도록 기준 설정한다.

※ 대부분 국가의 잔류허용기준 설정 판단 기준은
- TMDI ≤ 100% ADI → 기준 설정(섭취량 : 식품 80%, 환경 10%, 음용수 : 10%)
- TMDI 〉 100% ADI → 기준 재검토(기준치 또는 기준 설정 식품 대상 조정)

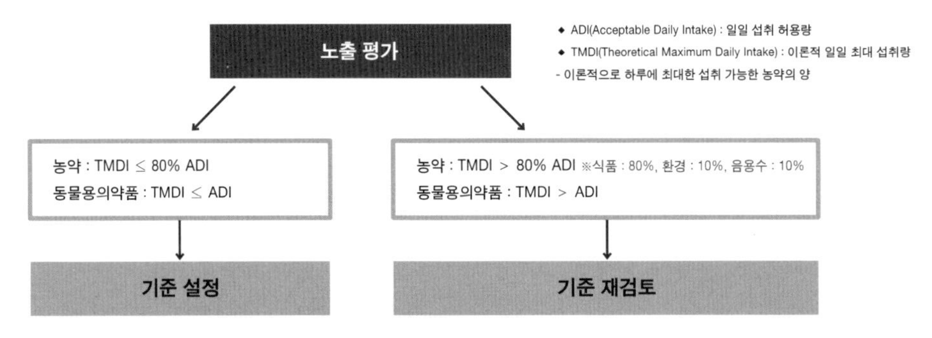

[그림 8-9] 농약의 잔류허용기준 설정 원칙

② 농약 안전 사용기준(PHI, Pre - Harvest Interval)

수확한 농산물에 남아 있는 농약의 양이 잔류허용기준을 초과하지 않도록 살포 횟수와 최종 살포일을 설정한다.

2) 비의도적 유해 오염물질의 최대 기준

유해 오염물질의 기준은 식품 중 유해 오염물질 오염도를 조사하고 인체 위해수준을 평가하여, 인체 위해우려가 없도록 하고, 식량 안보에 영향을 최소화할 수 있도록 설정한다.

우리나라는 유해 오염물질의 기준 설정 원칙을 다음과 같이 정하고 있다.

먼저, 식품 섭취로 인한 유해 오염물질 섭취량을 산출한다. 섭취량은 국민영양조사에 의한 식품 섭취량에 유해 오염물질 오염도를 곱한 것으로 인체 노출량이라고 한다. 그리고 인체 총 노출량이 인체 노출 안전기준(TDI 등)을 초과하지 않도록 사전에 미리 기준 설정 등으로 관리하는데, 그 비율이 10%(절대적인 수치는 아님)를 초과할 경우, 인체 총 노출량의 노출 점유 5% 식품 또는 10% 식품군에 대해 기준 설정을 검토하고, 극단 섭취자도 인체 노출 안전기준을 초과하지 않도록 기준을 설정한다.

참고로 유해 오염물질은 환경오염 등으로 식품 이외에 대기, 물 등으로 노출될 수 있어 식품의 경우 낮은 농도에서도 관심을 가질 필요 있다.

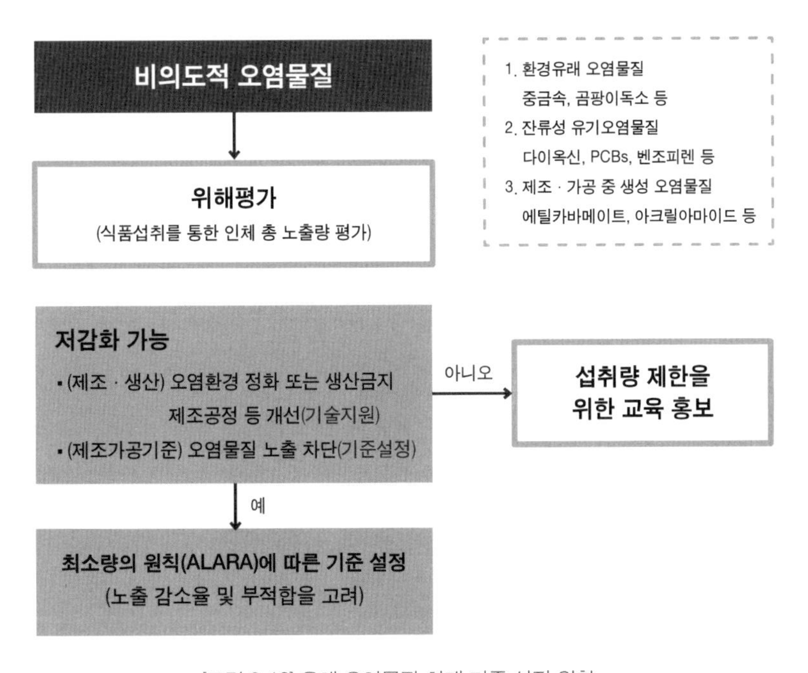

[그림 8-10] 유해 오염물질 최대 기준 설정 원칙

국제식품규격위원회(CAC), 오염물질 기준 설정 원칙은 합리적으로 소비자를 보호하는데 필요한 범위 내에서 가능한 한 낮게 설정한다. 하지만 현재의 기술적 방법으로 식품을 버리지 않고서는 더 이상 낮출 수 없는 수준(현 오염 수준)보다 약간 높게 설정해서 식품 생산과 거래에 불필요한 분쟁이 일어나지 않도록 하고 있다.

기준은 기본적으로 원료 식품(1차 산물)에 설정하고 가공식품은 기준에 적합한 원료를 사용하도록 하고 있다.

예외적으로 최종 가공식품에 기준을 설정하는 경우는 다음과 같다.

① 보다 더 강하게 관리할 필요가 있는 영 · 유아 식품

영 · 유아는 성인과 달리 유해 오염물질에 민감하고 영 · 유아용 식품의 의존도가 높기 때문에 기준 · 규격을 더 엄격히 관리할 필요가 있다.

※ 조제분유 등 영 · 유아 식품 중 납(Pb), 아플라톡신 M1 기준 설정

② 제조 · 가공 중에 유해 오염물질이 생성되는 식품

우선적으로 저감화를 추진하고, 위해 관리가 가능한 범위 내에서 국내 오염도를 고려하여 기준을 설정한다.

※ 참기름 등 식용유지, 훈제 건조 어육 등의 벤조피렌 기준 설정

(1) 비발암물질의 기준 설정

비발암물질 또는 유전 독성이 없는 발암물질을 신규로 기준을 설정하고자 할 경우는 식품 섭취로 인한 인체 총 노출량이 인체 노출 안전(허용)기준(TDI 등) 대비 일정 수준 이상일 때(우리나라는 10% 이상일 때) 전문가 검토를 통해 기준 설정 대상 물질을 선정한다.

다만, 10% 이하라 하더라도 식품 이외에 다양한 노출원(먹는 물, 대기, 토양 등 환경, 화장품, 의약품, 한약재, 용기 · 포장 등)을 통해 노출될 소지가 있어 관찰이 필요한 물질은 기준을 설정한다.

기준 설정 대상 물질이 정해지면 그다음으로 기준 설정 대상 식품을 선정하고 그 식품에 대하여 해당 물질의 기준을 설정한다.

기준 설정 대상 식품은 우리 국민이 일상적으로 섭취하는 식품을 대상으로 오염도와 섭취량을 고려하여 선정한다. 식품 섭취로 인한 인체 총 노출량의 노출 점유율이 대체적으로 5% 식품 또는 10% 식품군을 우선 선정하여 기준 설정을 검토한다. 노출 점유율이 높은 식품(80% 이상 차지)을 대상으로 기준을 관리함으로써 효율적 총 노출량 관리가 가능하다.

식품별 유해 오염물질 기준은 인체 총 노출량 수준을 근거하여 안전성과 경제성을 고려한 비용 편익 분석을 통하여 현재 유지, 강화, 완화 등의 정책 결정에 따라, 최소량의 원칙(ALARA)에 따라 기준을 설정한다.

(2) 유전 독성이 있는 발암물질의 기준 설정

유전 독성이 있는 발암물질의 신규 기준 설정은 인체 노출량(식품별 오염도 X 식품별 섭취량)을 벤치마크 용량(BMD)과 비교하여 기준 설정이 필요할 경우 대상 물질과 대상 식품을 선정하여 최소량의 원칙(ALARA)에 따라 기준을 설정한다.

먼저, 식품별 오염도, 식품 섭취량, 평균 체중 등을 고려하여 인체 총 노출량을 산출하고 인체 노출 안전(허용)기준(BMDL10 등)과 비교하여 노출 안전역(MOE) 산출하는 위해평가를 한다. 그 결과 노출 안전역(MOE) 10,000 미만 시, 기준 설정 등의 위해관리 조치를 취한다.

다만, 10,000 이상이라 하더라도 식품 이외에 다양한 노출원(먹는 물, 대기, 토양 등 환경, 화장품, 의약품, 한약재, 용기 · 포장 등)을 통해 노출될 소지가 있으므로 관찰이 필요한 물질은 기준 설정 등 위해관리 조치를 하여야 한다.

(3) 급성 독성물질의 기준 설정

급성 독성물질은 신경독성, 심혈관계에 영향을 주는 경우로, 일일 총 섭취량(총 노출량)을 기준으로 삼는 만성 독성을 가진 중금속 등과는 달리, 1회 섭취로 인한 노출량이 급성 독성 참고량(aRfD)을 초과하지 않도록 관리하여야 한다. 주로 대상으로는 마비성 패독, 복어독, 히스타민 등 급성 독성물질이 이에 해당한다.

먼저 식품 중 오염도, 단회(1회) 섭취량, 평균 체중 등을 급성 독성 참고량(aRfD)과 비교하여 위해도를 산출하는 위해평가를 하고, 1회 섭취량이 급성 독성 참고량(aRfD)를 초과하지 않도록 기준을 설정하여야 한다.

예를 들어 마비성 패독 0.8 mg/kg으로 오염된 식품을 최대 섭취(45.8 g) 시, 마비성 패독 노출량은 36.6 μg으로 독성 참고치(aRfD)인 27.5 μg을 초과할 수 있어 마비성 패독 관리 기준을 0.8 mg/kg 이하로 설정한다.

3) 생물학적 위해요소(미생물) 안전 기준

미생물은 주로 식품의 원료에서 오염될 수 있으나, 제조 · 가공 과정에서 대부분 제어(세척, 가열, 살균 · 멸균 등)될 수 있다. 하지만 보존 · 유통 과정에서 오염되기도 한다.

위생지표균은 제조 · 가공 공정에 따라 비가열 시 대장균, 가열 · 살균 시 대장균군 또는 세균 수, 멸균 시 세균 수 기준을 설정하여 위생관리를 한다. 식중독균의 경우, 소량으로 위해를 일으키는 고위해성은 음성 기준, 다량으로 위해를 일으키는 저위해성은 위해평가를 거쳐 정량 기준을 설정한다.

미생물 오염의 불균일성을 고려하여 시료 수 확대, 검출 수준의 범위 지정 등 미생물 기준의 과학적 · 합리적 적용을 위한 2군법(n, c, m) 또는 3군법(n, c, m, M)을 적용한다. 국제식품규격위원회, 미국, 유럽연합, 호주 · 뉴질랜드 등에서 미생물 관리에 적용하고 있으며, 이군법은 고위해성 식중독균에 적용하고 삼군법은 저위해성 식중독균 및 위생지표균에 적용한다.

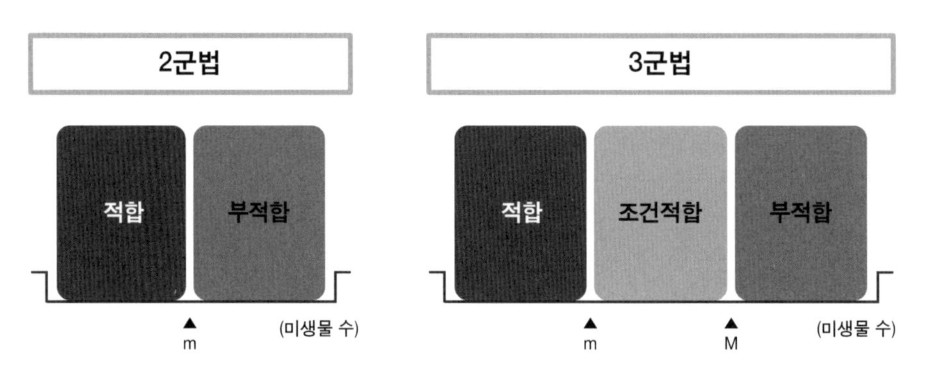

[그림 8-11] 식품 중 미생물 기준 적용(2군법과 3군법)

n = 검사하기 위한 시료 수

c = 최대 허용 시료 수, 허용 기준치(m)를 초과하고 최대 허용 한계치(M) 이하인 (> m and ≤ M) 시료의 수

m = 미생물 허용 기준치

M = 미생물 최대 허용 한계치

⇒ 판정 : 시험 결과, 시료가 최대 허용 한계치(M)를 하나(1개)라도 초과하거나, 허용 기준치(m)을 초과하고 최대 허용 한계치(M) 이하인 시료의 수(> m and ≤ M)가 최대 허용 시료 수(c)를 초과하는 경우 부적합

(1) 위생지표균

위생지표균은 일반 세균의 범주에 대장균군이 속해 있고, 대장균군의 범주에 대장균이, 대장균 범주에 병원성 대장균이 속해 있다. 미생물 오염은 일반 세균이 첫 번째로 존재할 가능성이 있으며, 만약 멸균이 되었다면 세균은 존재하지 않는다. 따라서 대장균군, 대장균, 병원성 대장균도 존재할 수 없다. 기준이 대장균 음성이라면 일부 세균, 일부 대장균군은 존재가 가능하나, 대장균, 병원성 대장균은 존재하면 안된다.

식품의 생산, 제조, 보관 및 유통 환경 전반에 대한 위생 수준을 나타내는 지표로서 병원성을 나타내는 것은 아니며, 식품의 특성에 따라 세균 수, 대장균 및 대장균군으로 관리한다.

① 식품 제조 공정(살균, 멸균)이 정상적으로 이루어졌는지 확인 수단

② 유통 중 품질의 변질을 최소화하기 위한 수단

③ 최종 제품에 대하여 기준 설정 관리

세균 수는 자연계에 널리 존재하여 식품에도 존재할 수 있는 자연균총으로 사람에게 직접적인 질병을 일으키지는 않지만 제품의 부패 · 변질에 관여하므로, 멸균 및 pH 4.6 이하의 살균 제품에서는 음성 규격을 적용하고 이외의 경우에서는 제어 가능 여부, 보관 · 유통 중 미생물 오염 · 증식 등을 고려하여 정량 기준을 설정하여 관리한다.

※ 부패 · 변질, 살균 · 멸균 효과에 대한 관리 수단으로 사용

※ pH 4.6 이하에서는 미생물이 거의 증식할 수 없고 살균만으로도 멸균의 효과가 나타나기 때문에 pH 4.6 이하의 살균 제품에서는 음성으로 관리

대장균은 분변오염의 지표균으로서, 제조 · 가공 시 가열 처리되지 않은 식품의 위생관리를 위해 대장균 기준을 설정한다.

대장균군은 가열 또는 살균 제품에서 음성 또는 정량 기준을 설정하여 관리하며, 외부 환경에 장시간 생존할 수 있고 검출하기 쉬워 위생지표균으로 주로 활용한다.

일반적으로 멸균이나 살균 제품에서는 대장균군 음성을 기준으로 멸균 · 살균 여부를 관리하고, 가열하지 않고 그대로 섭취하는 식품의 경우는 주로 대장균 음성을 기준으로 위생관리 한다.

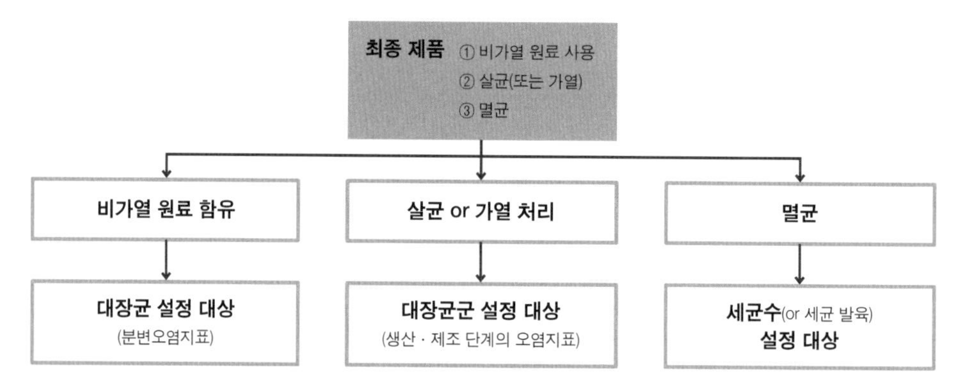

[그림 8-12] 식품 중 위생 미생물 기준 설정 원칙

(2) 식중독균

식품에 오염되어 인체에 미치는 영향에 따라 고위해성 식중독균과 저위해성 식중독균으로 구분하여 기준을 설정한다.

고위해성 식중독균은 소량(10마리 이하)으로도 식중독을 일으킬 수 있고 감염 시 사망을 포함하여 합병증 또는 휴유증을 유발할 수 있어 음성으로 관리하여야 한다.

저위해성 식중독균은 고위해성 식중독균에 비해 상대적으로 위해도가 낮아 위해평가 후 정량 규격으로 설정하여 관리한다.

	고위해성 식중독균	저위해성 식중독균
식중독균	살모넬라 장출혈성대장균 리스테리아 모토사이토제네스 캠필로박터 제주니 캠필로박터 콜리 여시니아 엔테로콜리티카 클로스트리디움 보툴리눔 크로노박터(엔테로박터) 사카자키	황색포도상구균 장염비브리오 클로스트리디움 퍼프린젠스 바실러스 세레우스
바이러스	노로바이러스	

바이러스는 주요 식중독의 원인체이나 바이러스 특성상 제어가 어렵고, 감염력이 있는 것과 없는 것에 대한 구분이 어려우며, 시험법 한계 등의 따라 일반적으로 식품에서는 규격을 설정하여 관리하지 않고 있으나, 노로바이러스의 경우 식품 용수에서 음성 규격으로 관리하고 있다.

생물학적 위해요소인 미생물의 위해평가 절차는 대상 미생물의 위험성(위해도, 식중독 발생 현황, 유통 환경 등) 확인 → 식품에서 오염도 조사 → 성장 가능성 예측 → 위험성 결정(위해 용량) → 식품 섭취량에 따른 위해도를 결정한다. 위해평가의 결과에 따라 기준 설정 등 위해관리 조치를 취한다.

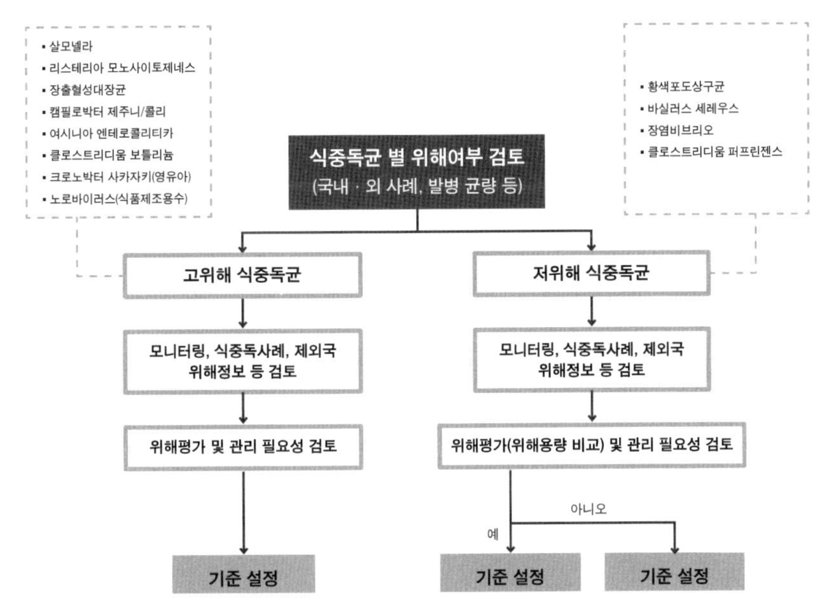

[그림 8-13] 식중독균 기준 설정 원칙

4) 방사능 기준

식품 중의 방사능 기준은 국민이 연간 섭취하는 음식물 총 섭취량의 10%가 매번 특정 방사선량(ex. 세슘 370Bq/kg)으로 오염되었을 경우를 가정하여, 임상적으로 산출된 섭취 대상(영아, 유아, 성인)별 선량환산계수를 곱하여 연간 누적 실효 선량이 최대 1mSv를 초과하지 않도록 설정하고 있다.

[표 8-4] 우리나라 방사능 기준

핵종	대상 식품	기준(Bq/kg, L)
^{131}I	영아용 조제식, 성장기용 조제식, 영 · 유아용 곡류 조제식, 기타 영 · 유아식, 영 · 유아용 특수 조제식품	100
	유 및 유가공품	100
	기타 식품	300
$^{134}Cs + ^{137}Cs$	모든 식품	370

[표 8-5] 영 · 유아 및 성인 섭취량 기준

구분	연간 섭취량		근거
	우유류	기타 식품	
성인 (19세 이상)	27kg	488kg	국민건강영양조사
	550kg		WHO
유아 (1~6세)	78kg	225kg	계절별 영 · 유아 식품 섭취량 조사
영아 (1세 이하)	200kg		국민건강영양조사, WHO

[표 8-6] 적용 선량환산계수

방사능	성인	유아	영어	근거
요오드 (^{131}I)	2.2×10^{-5} mSv/Bq	1.0×10^{-4} mSv/Bq (5세)	1.8×10^{-4} mSv/Bq (1세)	ICRP 72 (1996)
세슘 (^{137}Cs)	1.3×10^{-5} mSv/Bq	9.6×10^{-6} mSv/Bq	1.2×10^{-5} mSv/Bq	ICRP 72 (1996)

· 1 Bq를 섭취했을 때 향후 성인은 50년간 어린이는 70세까지 받을 선량을 의미

연간 방사선량 한도는 국제방사선방호위원회(ICRP)에서 1mSv를 권고

- 유엔방사선과학위원회(UNSCEAR)에서 과거 히로시마, 나가사키 등의 원폭 피해 생존자 수십만 명을 약 60년간 역학 조사한 결과를 바탕으로 설정한 것임
- 국제식품규격위원회(CODEX) 및 미국, 유럽 등 외국에서도 연간 방사선량 한도 1mSv를 기준으로 방사능 오염 정도를 평가하여 방사능 기준을 설정

※ mSv(밀리시버트) : 생물학적으로 인체에 영향을 미치는 방사선량, 1mSv 수준의 방사선에 피폭되었을 경우 1년 동안 방사능으로 목숨을 잃은 확률은 1,000,000분의 1 정도

우리나라는 원전 사고 발생 시 방출되는 대표적인 방사성 물질인 요오드(131)와 세슘(134+137)에 대하여 기준을 설정하고 있으며, 세슘의 경우 모든 식품에 대하여 370Bq/kg으로 정하고 있으며, 요오드(131)의 경우 영・유아 등 어린이의 갑상샘에 미치는 영향을 감안하여 어린이들이 많이 먹는 우유와 유가공품, 영아용 조제식 등에는 100Bq/kg의 기준을 정하고, 기타 식품은 300Bq/kg의 기준을 설정하고 있다. 성인, 유아, 영아의 식품 섭취량은 매년 실시하는 국민건강영양조사 결과에 기초하고 있다.

동 기준은 매일 1년 동안 연간 섭취량의 10%에 해당하는 다양한 종류의 식품(농・축・수산물, 가공식품)이 방사성 세슘에 370Bq/kg으로 오염되었을 경우에도 인체에 영향을 미치지 않는 수준(연간 1mSv 이하)으로 관리될 수 있도록 과학적 근거에 기초하여 최소한의 원칙을 적용하여 설정하고 있으며, 국민의 실제 섭취량은 거의 없는 수준이다.

현재 우리나라가 정하고 있는 기준치로 오염된 식품을 국민이 섭취한다고 가정할 경우 나타나는 연간 방사능 섭취(노출)량은 요오드(300Bq/kg - 성인, 100Bq/kg - 영유아)의 경우에는 성인 0.34mSv, 유아 0.16mSV, 영아 0.36mSV이고, 세슘(370Bq/kg)의 경우에는 성인 0.25mSv, 영아 0.11mSV, 영아 0.09mSv로서 모두 1mSv 이하 수준으로 안전하다.

식품 섭취를 통한 방사선 노출량

▪ 요오드 (^{131}I) 노출량 : 연간 식품 섭취량 성인 515kg, 유아 303kg, 영아 200kg

방사선량 (Bq/kg) / 방사선량 노출량(mSv)	1,000	500	300	200	150	100	75	10	1
성인	1.13	0.57	0.34	0.23	0.17	0.11	0.08	0.011	0.001
유아	1.58	0.79	0.47	0.32	0.24	0.16	0.12	0.016	0.002
영아	3.60	1.80	1.08	0.72	0.54	0.36	0.27	0.036	0.004

▪ 세슘 (^{137}Cs) 노출량 : 연간 식품 섭취량 성인 515kg, 유아 303kg, 영아 200kg

방사선량 (Bq/kg) / 방사선량 노출량(mSv)	1,250	1,200	1,000	500	400	370	300	200	100
성인	0.84	0.80	0.67	0.33	0.27	0.25	0.20	0.13	0.07
유아	0.38	0.36	0.30	0.15	0.12	0.11	0.09	0.06	0.03
영아	0.30	0.29	0.24	0.12	0.10	0.09	0.07	0.05	0.02

이와 같이, 식품의 방사능 기준은 과학적 근거를 바탕으로 산출되어 국민의 생명·신체를 보호할 수 있는 가장 합리적인 수준으로 설정·관리되고 있다.

요오드, 세슘 이외 기타 핵종에 대한 기준을 설정한 나라는 미국, EU, 캐나다, 일본, 중국 정도로 미국의 경우 식품 섭취로 인체 내 영향을 미치는 9개 방사성 핵종을 선택하고, 공통 특성을 가지는 핵종을 그룹으로 나눠 기준을 설정하고 있다.

※ 체르노빌 사고 근거로, ① 원자로 사고(^{131}I, ^{134}Cs, ^{137}Cs, ^{103}Ru, ^{106}Ru), ② 핵연료 재처리·핵폐기장(^{90}Sr, ^{137}Cs, ^{239}Pu, ^{241}Am), ③ 핵무기 사고(^{238}Pu, ^{239}Pu) 등 9개 핵종

[참고문헌]

1. Coleacp PIP Training manual 1. Principles of Hygiene and Food Safety Management. 2011, Coleacp
2. Coleacp PIP Training manual 3. Risk Analysis and Control in Production. 2011, Coleacp
3. Coleacp PIP Training manual 4. Operator Safety and Good Crop Protection Practices. 2011, Coleacp
4. Coleacp PIP Training manual 5. Regulations, Norms and Private Standards. 2011, Coleacp
5. Coleacp PIP Training manual 7. Foundations of Crop Protection. 2011, Coleacp
6. Coleacp PIP Training manual 9. Sustainable and Responsible Production. 2011, Coleacp
7. Coleacp PIP Training manual 10. Biological Control and Integrated Crop Protection. 2011, Coleacp
8. 유해오염물질 안전관리 종합계획. 2012, 식품의약품안전처
9. 식품 등의 기준 설정 원칙 및 적용. 2016, 식품의약품안전처
10. 위해평가 지침서. 2013, 식품의약품안전처
11. 독성학의 이해. 2007, 국립독성연구원
12. 식품안전 위해분석. 2007, 식품의약품안전처
13. 제외국 식품안전 위해분석 지침, 2007, 식품의약품안전처
14. 식품첨가물의 사용기준 설정에 관한 이해. 2011, 식품의약품안전처
15. 식품위해성 평가 방안 연구. 2011, 한국보건사회연구원
16. The Precautionary Principle. 2005, COMEST
17. 제3차 식품의약품 위기대응 국제심포지엄 자료집. - 식품의약품 안전 위기대응 사례와 미래대응 전략. 2016, 식품의약품안전처
18. 미국 식품안전 현대화법
http://www.foodnavigator-usa.com/Regulation/FDA-agrees-to-new-deadlines-on-FSMA-final-rules
19. 미국 FAO HACCP plan
http://www.fao.org/docrep/005/y1390e/y1390e0a.htm
20. (새로운 식품원료의 안전성 평가 가이드라인)
http://www.mfds.go.kr/index.do?mid=689&pageNo=1&seq=11469&sitecode=2016-12-28&cmd=v
21. 위해분석 기반 식품감시의 이해
http://www.nifds.go.kr/nifds/08_part/part01_c_c.jsp?mode=view&article_no=6651&pager.offset=10&board_no=80&default:category_id=20
22. 알기쉬운 독성학의 이해
http://www.nifds.go.kr/nifds/08_part/part10_c_c.jsp?mode=view&article_no=4483&pager.offset=0&board_no=80
23. http://www.law.go.kr/식품위생법
24. 식품공전
http://www.foodsafetykorea.go.kr/portal/safefoodlife/food/foodRvlv/foodRvlv.do
25. 식품첨가물공전
http://www.mfds.go.kr/fa/index.do?page_gubun=1&gongjeoncategory=1&nMenuCode=12
26. http://www.law.go.kr/식품표시기준
27. 건강기능식품 안전성 평가 해설서[해설서]
http://www.mfds.go.kr/index.do?searchkey=title:contents&mid=1161&pageNo=84&seq=4418&cmd=v
28. HACCP 제도(한국식품안전관리인증원)
https://www.haccpkorea.or.kr/info/info_01_01.do?menu=M_02_01

29. 위해평가보고서
https://www.nifds.go.kr/nifds/02_research/sub_09_10.jsp?mode=list&pager.offset=0&board_no=197
30. 위해평가 방법 및 절차 등에 관한 규정
http://www.cnpm.re.kr/board/lib/down.php?boardid=board_data&no=54&num=1
31. AFSCA (2004). Guide of "Good agricultural practices for food safety", published by the Federal Agency for the Safety of the Food Chain, FASFC (editor-in-chief: Piet Vanthemsche, written by: DG Contrôle, version February 2004).
32. AFSCA (2005). Terminology for hazard and risk analysis according to the Codex Alimentarius. PB 05-I 01 - REV 0 - 2005 - 30.
33. AFSCA (2007). Risk assessment as a basic process for a formal opinion of the Scientific Committee(General Pragmatic Approach). DRAFT-Version 5: 19-3-07.
34. BLANC, D. (2007). ISO 22000 - HACCP and food safety AFNOR Editions, La Plaine Saint-Denis Cedex, 416 pages.
35. BTSF (Better Training for Safer Food, DG SANCO) (2010).
Application Guide Good Manufacturing Practices, Good Hygiene Practices and HACCP(Manual). Editing coordinated by Dr R.BONNE, AETS, 2010, 115 pages.
36. EUROPEAN COMMISSION (DG SANCO) (2002). Preliminary report: Risk assessment of food borne bacterial pathogens: quantitative methodology relevant for humane exposure assessment.
37. FAO & OMS (Codex Alimentarius Commission) (2007). Working Principles for Risk Analysis for Food Safety for Application by Governments. FAO & WHO, first edition. Rome, 33 pages.
38. FSA (2007). Food Standards Agency's international workshop on food incident prevention and horizon scanning to identify emerging food safety risks, organised in cooperation with European. Food Safety Authority, London, 5-6 March 2007
39. ACIA (Agence canadienne d'inspection des aliments / Canadian Food Inspection Agency) : http://www.inspection.gc.ca/
40. BRC GLOBAL STANDARDS : http://www.brcglobalstandards.com/bookshop/
41. BRITISH RETAIL CONSORTIUM (BRC) : http://www.brcdirectory.com/
42. EPA ORD Research on 《environmental futures》 including 《emeging pollutant》 (USA, www.epa.gov/osp/regions/emerpoll_rep.pdf)
43. FOOD SAFETY MANAGEMENT : http://www.foodsafetymanagement.info/
44. FOOD SAFETY SYSTEM CERTIFICATION 22000 :
http://www.fssc22000.com/downloads/Register011210.pdf
http://www.fssc22000.com
45. FSS (Food Surveillance System) : http://www.food.gov.uk/enforcement/monitoring/fss/
46. GLOBAL FOOD SAFETY INITIATIVE (GFSI) : http://www.mygfsi.com
47. GPHIN : http://www.who.int/csr/alertresponse/en/
48. INFOSAN (OMS) : http://www.who.int/foodsafety/fs_management/infosan/en/
49. RASFF(CE) : http://ec.europa.eu/food/food/rapidalert/index_en.htm
50. SAFE QUALITY FOOD INSTITUTE : http://www.sqfi.com/sqf_documents.htm

• 저자

강길진(姜吉珍)

학력 : 전남대학교 식품공학과 졸업(학사, 석사, 박사, 1993)

경력 : 일본 국립 사가대학 연구원(1994), 서울대학교 농생물신소재연구센터(1995), 식품의약품안전처 식품기준(규격)과, 건강기능식품기준(정책)과, 식품관리총괄과, 수입식품분석과 근무(1996~)
현재 식품의약품안전처 식품의약품안전평가원 식품위해평가부 과장으로 근무 중, 한국식품과학회 평의원, 식품위생안전성학회 이사

수상 : 한국식품과학회 학술진보상(1998), 마르퀴스 후주 후 등재(2008 ~ 2012)

위해분석 기반 **식품 위해관리 개론**

2017년 6월 7일 1판 1쇄 인 쇄
2017년 6월 13일 1판 1쇄 발 행

지 은 이 : 강길진
펴 낸 이 : 박정태

펴 낸 곳 : **광 문 각**

10881
경기도 파주시 파주출판문화도시 광인사길 161
광문각 B/D 4층
등 록 : 1991. 5. 31 제12 - 484호
전 화(代) : 031-955-8787
팩 스 : 031-955-3730
E - mail : kwangmk7@hanmail.net
홈페이지 : www.kwangmoonkag.co.kr

ISBN : 978-89-7093-846-2 93590

값 : 29,000원

한국과학기술출판협회회원